# 車載用リチウムイオン電池の高安全・評価技術

## High Safety and Evaluation Technologies in Lithium-ion Batteries for xEV

監修：吉野　彰，佐藤　登
Supervisor：Akira Yoshino, Noboru Sato

シーエムシー出版

# 刊行にあたって

　本書は2009年2月に刊行された『リチウムイオン電池の高安全技術と材料』，14年8月に刊行された『リチウムイオン電池の高安全・評価技術の最前線』に続く第3弾として企画された書籍である。中でも本書籍の特徴は，車載用に焦点を当てたところにある。前回の書籍を刊行した時点から3年が経過する中，自動車の電動化は一気に大きな波としてグローバルに伝播している。

　2018年の米国ZEV（Zero Emission Vehicle）規制強化，同様に18年から導入される中国のNEV（New Energy Vehicle）規制，そして21年から段階的に強化される欧州$CO_2$規制が自動車の電動化を加速させている大きな要素となっている。

　このような状況を鑑み，電動化に遅れをとってきた欧州自動車各社はドイツ勢を中心に，大規模な研究開発投資を行い，2018年から25年にかけて多種多様な製品を市場投入する計画を打ち出している。特に，18年に始まるZEV規制とNEV規制のカテゴリー枠として認められているプラグインハイブリッド車（PHEV）と電気自動車（EV）に集中する開発に取り組んでいる。これまで電動化をリードしてきた日本勢にとって，今後，欧州勢の競合車種はブランド力を武器に，市場と顧客開拓において大きなライバルとなってくる。

　現状，車載用途ではリチウムイオン電池が多用されているが，電池メーカー間の競争力が問われつつある。性能，価格はもちろんのこと，安全性・信頼性に関する品質の重要性が増している中，電池の事故やリコールは電池各社のビジネスにとって致命傷になり得る。

　そのため自動車メーカーや電池メーカーは，過酷な独自評価試験を基本に，安全性・信頼性確保に向けた入念な取り組みを行っている。また，2016年7月に発効した国連規則ECE R-100 Part.2の車載電池の安全性に関する認証が義務付けられたことで，安全性や信頼性は着実に向上していると言える。中国政府筋では，この国連規則を多少改訂した内容でGB規格化を進めている。しかし一方では，なお車載電池に起因する自動車の火災事故やリコールが起きているのも事実であることから，大容量電池における一層の安全性・信頼性の確立が急務となっている。

　安全性に関する概論に始まり，安全性の高い電池開発，安全性を支えるリチウムイオン電池の各種材料，パッケージ技術，劣化評価解析，さらには市場分析についても解説した。実際の安全性・信頼性を評価する立場からは，試験法や評価結果についても詳細に記述されている。安全性を大きく向上させる全固体電池に関しても研究開発が進んでいる中，その現状と可能性についても採り上げたように，今後の実用化が期待されている。

　本書が関連業界，研究開発機関の方々へのご参考になれば幸いです。刊行に際し，シーエムシー出版の辻 賢司社長，吉倉広志専務，廣澤文様，山岡房子様のご尽力に感謝の意を表します。

　2017年4月

監修者代表　　佐藤　登

名古屋大学　未来社会創造機構　客員教授／エスペック㈱上席顧問／(前)サムスンSDI㈱常務

## 執筆者一覧（執筆順）

| | | |
|---|---|---|
| 吉野　　彰 | 旭化成㈱　顧問；工学博士 | |
| 佐藤　　登 | 名古屋大学　未来社会創造機構　客員教授／エスペック㈱<br>上席顧問／(前)サムスンSDI㈱　常務；工学博士 | |
| 鳶島　真一 | 群馬大学　理工学部　環境創生理工学科　教授；工学博士 | |
| 高見　則雄 | ㈱東芝　研究開発センター　首席技監；工学博士 | |
| 江守　昭彦 | 日立化成㈱　エネルギー事業本部　産業電池システム事業部<br>システム事業推進担当部長；博士(工学) | |
| 小林　弘典 | (国研)産業技術総合研究所　エネルギー・環境領域<br>電池技術研究部門　総括研究主幹；蓄電デバイス研究グループ<br>研究グループ長；博士(理学) | |
| 常山　信樹 | 住友金属鉱山㈱　材料事業本部　電池材料事業部　技術担当部長 | |
| 武内　正隆 | 昭和電工㈱　先端電池材料事業部　横浜開発センター　センター長 | |
| 堀尾　博英 | 森田化学工業㈱　常務取締役；森田新能源材料（張家港）有限公司<br>総経理 | |
| 西川　　聡 | 帝人㈱　電池部材事業推進班　機能材料開発室<br>帝人グループ技術主幹 | |
| 山田　一博 | 東レバッテリーセパレータフィルム㈱　技術開発部門<br>技術企画サービス部　部長；技監 | |
| 河野　公一 | 東レバッテリーセパレータフィルム㈱　技術開発部門<br>リサーチフェロー | |
| 薮内　庸介 | 日本ゼオン㈱　エナジー材料事業推進部　事業推進グループ | |
| 脇坂　康尋 | 日本ゼオン㈱　エナジー材料事業推進部　部門長 | |

| 山 下 孝 典 | 大日本印刷㈱　高機能マテリアル本部　開発第2部　副部長 |
| 右 京 良 雄 | 京都大学　産官学連携本部　特定教授；工学博士 |
| 末 広 省 吾 | ㈱住化分析センター　技術開発センター　主幹部員 |
| 新 村 光 一 | ㈱本田技術研究所　四輪R&Dセンター　上席研究員 |
| 野 口 　 実 | ㈱本田技術研究所　四輪R&Dセンター　主任研究員 |
| 中 村 光 雄 | ㈱SUBARU　技術研究所　シニアスタッフ |
| 梶 原 隆 志 | エスペック㈱　テストコンサルティング本部　試験1部　東日本試験所 |
| 奥 山 　 新 | エスペック㈱　テストコンサルティング本部　試験1部　東日本試験所 |
| 楠 見 之 博 | ㈱コベルコ科研　技術本部　高砂事業所　電池技術室　室長 |
| 辰巳砂 昌 弘 | 大阪府立大学　大学院工学研究科　応用化学分野　教授；工学博士 |
| 林 　 晃 敏 | 大阪府立大学　大学院工学研究科　応用化学分野　教授；博士（工学） |
| 井 手 仁 彦 | 三井金属鉱業㈱　機能材料事業本部　機能材料研究所　電池材料プロジェクトチーム　活物質グループ　リーダ |
| 所 　 千 晴 | 早稲田大学　理工学術院　創造理工学部　環境資源工学科　教授；博士（工学） |
| 大和田 秀 二 | 早稲田大学　理工学術院　創造理工学部　環境資源工学科　教授；工学博士 |
| 薄 井 正治郎 | JX金属㈱　日立事業所　HMC製造部　製造第1課　課長 |
| 稲 垣 佐知也 | ㈱矢野経済研究所　インダストリアルテクノロジーユニット；ソウル支社　事業部長；ソウル支社長 |

# 目　次

## 【第Ⅰ編　総論】

### 第1章　リチウムイオン電池の安全性に関する一考察　　吉野　彰

1 はじめに …………………………………… 1
2 車載用リチウムイオン電池の市場動向 … 2
3 安全性に関する技術進歩 ………………… 3
　3.1 無機物層表面被覆 …………………… 3
　3.2 Thermal Runaway 抑制技術の進歩
　　 ………………………………………… 3
　3.3 固体電解質電池の登場 ……………… 4
4 安全性向上に関する今後の展開方向 …… 6

### 第2章　車載用リチウムイオン電池の安全性概論　　佐藤　登

1 自動車業界間に課せられる環境規制と各社のビジネスモデル ……………………… 7
2 欧州勢を中心としたEV動向と各社戦略
　 ………………………………………………11
3 群雄割拠となるEVワールド ……………12
4 電池業界の動向と戦略 ……………………13
　4.1 自動車業界と一体化した日本の電池業界 ……………………………………13
　4.2 日韓電池業界の今後の課題 …………15
5 車載用電池の信頼性・安全性確保に関するビジネスモデル ……………………16
　5.1 各種電池の事故・リコールの歴史 …16
　5.2 受託試験ビジネスと認証事業による開発効率向上 …………………………16
6 日本の部材各社のビジネスモデル ………19
7 次世代革新電池研究から電池事業ビジネスモデルまで ………………………………20

## 【第Ⅱ編　リチウムイオン電池の高安全化技術】

### 第3章　安全性の現状，課題と向上策　　鳶島真一

1 はじめに ……………………………………23
2 リチウムイオン電池の市場トラブル例 …23
　2.1 事故原因の解析と対策品の安全性 …26
　2.2 電池の複数社調達（供給） …………27
　2.3 液漏れの課題 …………………………27
3 リチウムイオン電池の安全性評価の基本的な考え方 …………………………………28
4 リチウムイオン電池の安全性試験 ………30
　4.1 重要試験項目 …………………………30
　4.2 内部短絡試験 …………………………31
5 完全放電状態の電池の熱暴走 ……………33
6 まとめと今後の展開 ………………………34

## 第4章　安全，高出入力，長寿命性能に優れたチタン酸リチウム負極系二次電池　　高見則雄

1 諸言 …………………………………… 35
2 電池性能と安全性の課題 ……………… 36
3 基本性能と安全性 ……………………… 37
　3.1 LTO粒子のLi吸蔵・放出反応の速度論 …………………………………… 37
　3.2 LTO負極系二次電池の特長 ……… 38
　3.3 安全技術 …………………………… 40
　3.4 高出力型LTO/LMO系セル ……… 42
　3.5 高エネルギー型LTO/NCM系セル …………………………………… 43
4 今後の展望 ……………………………… 45

## 第5章　電池制御システムによる高安全化技術　　江守昭彦

1 まえがき ………………………………… 48
2 電池制御アーキテクチャ ……………… 49
　2.1 電池制御回路 ……………………… 49
　2.2 電池制御専用IC …………………… 50
　2.3 均等化回路 ………………………… 51
3 電池制御ソフト ………………………… 54
　3.1 ソフト構成 ………………………… 54
　3.2 電池制御パラメータの定義 ……… 55
　3.2.1 SOC ……………………………… 55
　3.2.2 SOH ……………………………… 56
　3.2.3 許容電流（電力）………………… 56
4 高安全，高信頼システム ……………… 57
　4.1 漏電検出 …………………………… 57
　4.2 フェールセーフ …………………… 58
5 むすび …………………………………… 59

## 【第Ⅲ編　電池材料から見た安全性への取り組み】

### 第6章　電気自動車用リチウムイオン電池　　小林弘典

1 はじめに ………………………………… 61
2 車載用LIBのセル設計 ………………… 62
3 車載用LIBの材料構成 ………………… 64
4 高性能化へ向けた材料開発の進展 …… 66
5 安全性の視点からの考察 ……………… 67
6 おわりに ………………………………… 68

### 第7章　正極活物質用非鉄金属原料確保の必要性　　常山信樹

1 BEV伸長には非鉄金属原料確保が必須 … 69
2 ニッケルは大丈夫か？ ………………… 70
3 BEV向け正極活物質用ニッケルをさらに確保するために ……………………… 72
　3.1 ニッケル資源の新規開発 ………… 73
　3.2 電気ニッケルの使用 ……………… 73
　3.3 リサイクル推進 …………………… 74
4 コバルトは危機的状態 ………………… 74

5 コバルト対策は？ …………………76
　5.1 新規ニッケル鉱山開発からのバイプロダクトに期待 ………………76
　5.2 コバルト使用量の削減 ……………76
　　5.2.1 NCAの優位性 ………………76
　　5.2.2 LFPはコバルトを使用しないという点が魅力 ………………77
　　5.2.3 PHV，HEVとの共存 …………77
6 マンガンは心配いらない ……………77
7 ここ数年間，リチウムは供給タイト ……78
　7.1 Big4の動向 ……………………78
　7.2 新興勢力 ………………………78
8 おわりに ………………………………79

## 第8章　負極材料　　武内正隆

1 はじめに：昭和電工の黒鉛系Liイオン二次電池（LIB）関連材料紹介 ………80
2 炭素系LIB負極材料の開発状況 ………81
　2.1 LIB負極材料の種類と代表特性 ……81
　2.2 LIB要求項目 …………………82
　2.3 各種炭素系LIB負極材料の特性 ……83
3 人造黒鉛負極材のサイクル寿命，保存特性，入出力特性の改善 ………………84
　3.1 人造黒鉛SCMG®-ARの特徴 ……84
　3.2 人造黒鉛SCMG®（AGr），表面コート天然黒鉛（NGr）の耐久試験後の解析 ……………………………88
　3.3 人造黒鉛SCMG®の急速充放電性（入出力特性）改良 ………………90
　3.4 人造黒鉛SCMG®のさらなる高容量化：Si黒鉛複合負極材の開発 ……91
4 VGCF®のLIB負極用導電助剤としての状況 ……………………………………92

## 第9章　電解質系　　堀尾博英

1 はじめに ………………………………94
2 中国における電気自動車と電解質の市場動向 ……………………………………95
3 電解質の種類 …………………………96
　3.1 LiPF$_6$ ……………………………96
　3.2 LiBF$_4$ ……………………………96
　3.3 LiTFSI ……………………………96
　3.4 LiFSI ………………………………97
　3.5 LiPO$_2$F$_2$ …………………………97
4 電解質に対する顧客の要求 ……………97
5 中国における原材料調達 ………………98
6 車載用の電池と電解質 …………………98
7 電解質の安全性について ………………99
8 中国における電池及び電解質事業の実態 ……………………………………99
9 北米及び欧州における電池及び電池材料 ……………………………………99
10 電気自動車市場の真実 ……………100
11 まとめ ………………………………100

## 第10章　セパレータ　　西川　聡

1　はじめに ………………………… 102
2　ポリオレフィン微多孔膜とシャットダウン機能 ……………………… 102
3　耐熱加工ポリオレフィン微多孔膜 …… 104
4　不織布セパレータ ……………… 108
5　接着層加工ポリオレフィン微多孔膜 … 109
6　おわりに ………………………… 110

## 第11章　高エネルギー密度・高入出力化に向けたセパレータ材料の安全性への取り組み　　山田一博，河野公一

1　リチウムイオン二次電池とその動向 … 112
　1.1　リチウムイオン二次電池の登場 … 112
　1.2　LIBのセル種とその用途拡大 …… 113
　1.3　LIBの高エネルギー密度化と高入出力化 …………………………… 114
2　LIBセパレータの役割 ……………… 116
　2.1　第1の役割「極板間の電子的絶縁性」…………………………… 117
　2.2　第2の役割「極板間のイオン伝導性」…………………………… 118
　2.3　第3の役割「LIB長期寿命への寄与」…………………………… 118
　2.4　第4の役割「高LIB安全化への寄与」…………………………… 119
3　LIBセパレータの製造プロセス …… 120
4　LIBセパレータの製品設計 ………… 123
　4.1　高エネルギー密度化・高入出力密度化に向けた製品設計 ………… 123
　4.2　高安全化に向けた製品設計 …… 126
5　LIBセパレータの技術動向 ………… 128
　5.1　高強度化/薄膜化，圧縮性制御（機械的性質関連）……………… 128
　5.2　シャットダウン（閉孔）の低温化 … 129
　5.3　熱破膜（メルトダウン）の高温化 … 130
　5.4　高電圧化対応 ………………… 133
　　5.4.1　セパレータ表面の酸化現象 … 133
　　5.4.2　セパレータの酸化抑制 …… 134
　5.5　細孔構造制御 ………………… 134
　5.6　その他技術動向 ……………… 137
6　次世代に向けて ………………… 138
　6.1　デンドライト成長検出技術 …… 139
　6.2　評価技術の高度化 …………… 139
7　最後に ………………………… 139

## 第12章　機能性バインダー　　薮内庸介，脇坂康尋

1　はじめに ………………………… 142
2　リチウムイオン二次電池用機能性バインダー …………………………… 143
3　負極用バインダー ……………… 144
　3.1　車載用負極バインダーに求められる特性 ……………………… 144
　3.2　長期繰り返し使用における電極の膨らみへの対応 ……………… 145
　3.3　シリコン系活物質への対応 …… 146
4　セパレータ関連材料 …………… 147

4.1　LIB内への耐熱層の導入 ………… 147
4.2　セパレータの耐熱収縮性向上 …… 148
4.3　セラミック層の配置場所による比較
　　　…………………………………… 149
5　おわりに …………………………… 151

## 第13章　パッケージングの技術と電池の安全性　　山下孝典

1　DNPバッテリーパウチの歴史 ……… 152
2　バッテリーパウチの安全性 ………… 153
3　製品へ要求される性能 ……………… 154
　3.1　成形性 …………………………… 154
　3.2　耐電解液性 ……………………… 154
　3.3　水蒸気バリア性 ………………… 156
　3.4　気密性 …………………………… 157
　3.5　絶縁性 …………………………… 160
　3.6　耐熱性／耐寒性 ………………… 161
4　ラミネートフィルム生産工程と品質 … 162
5　電池評価技術 ………………………… 163
6　バッテリーパウチの課題 …………… 164

## 【第Ⅳ編　リチウムイオン電池の解析事例】

## 第14章　リチウムイオン電池の高温耐久性と安定性　　右京良雄

1　はじめに ……………………………… 165
2　電池特性評価 ………………………… 165
3　サイクル試験による特性変化および解析
　　　…………………………………… 166
　3.1　サイクル試験による特性変化と電気
　　　　化学的解析 …………………… 166
　3.2　電極評価・解析 ………………… 167
4　Mg置換による（$LiNi_{0.8}Co_{0.15}Al_{0.05}O_2$）の安定化 ………………………………… 172
5　まとめ ………………………………… 173

## 第15章　リチウムイオン電池の高性能化に向けた分析評価技術　　末広省吾

1　はじめに ……………………………… 175
2　電極構造の数値化 …………………… 175
　2.1　概要 ……………………………… 175
　2.2　電極内の空隙構造 ……………… 175
　2.3　導電助剤分散・導電性ネットワーク
　　　…………………………………… 176
　2.4　バインダの偏在・剥離強度 …… 176
3　三次元空隙ネットワーク解析によるリチウムイオン電池電極の評価法 ………… 177
　3.1　概要 ……………………………… 177
　3.2　実験方法 ………………………… 177
　3.3　結果と考察 ……………………… 177
4　充放電中の電極活物質の構造変化を知るためのその場分析 …………………… 180
　4.1　概要 ……………………………… 180
　4.2　低温下におけるリチウムイオン電池の $in\ situ$ 分析 ……………………… 180
　　4.2.1　概要 ………………………… 180

4.2.2　実験方法 …………… 180
　　4.2.3　結果と考察 …………… 181
　4.3　電極断面のRamanイメージング… 181
　　4.3.1　概要 …………………… 181
　　4.3.2　実験方法 …………… 182
　　4.3.3　結果と考察 …………… 182
5　複合的分析手法によるLIB劣化原因の解析 ……………………………………… 183
　5.1　概要 ………………………… 183
　5.2　実験方法 …………………… 184
　5.3　結果と考察 ………………… 184
6　まとめ ………………………… 186

## 【第V編　安全性評価技術】

### 第16章　自動車メーカーから見る安全性評価技術　　新村光一, 野口　実

1　はじめに ……………………… 188
2　車両に搭載される電池の特徴 ………… 188
3　車両に搭載される電池の安全性 ……… 189
4　各国の安全性評価基準 ……………… 190
　4.1　SAE J2464 ………………… 191
　　4.1.1　一般試験指針 ………… 193
　　4.1.2　有害物監視 …………… 193
　　4.1.3　機械的試験 …………… 193
　　4.1.4　熱的非定常試験 ……… 194
　　4.1.5　電気的非定常試験 …… 196
　4.2　GB/T 31485-2015 ………… 197
　　4.2.1　GB/T 31485-2015 セル安全試験 …………………………… 197
　　4.2.2　GB/T 31485-2015 電池モジュール安全試験 ……… 197
　　4.2.3　UN R100 Part2 ……… 198
　4.3　UN38.3 …………………… 198
5　車両搭載電池の安全性における今後の展望 ……………………………………… 201

### 第17章　次世代自動車におけるリチウムイオン二次電池の使い方と評価　　中村光雄

1　はじめに ……………………… 204
2　電動車両と蓄電デバイス …………… 205
3　電動車両向け蓄電システムの出力/容量比 …………………………………… 205
4　車種ごとに異なる使い方とマネージメント ……………………………………… 208
　4.1　BEV（電気自動車） ……… 208
　　4.1.1　充放電パターン ……… 208
　　4.1.2　REESSのエネルギマネージメント（BEV） …………… 209
　4.2　HEV（ハイブリッド自動車） …… 211
　　4.2.1　充放電パターン ……… 211
　　4.2.2　REESSのエネルギマネージメント（HEV） …………… 211
　4.3　PHEV（プラグインハイブリッド自動車） …………………………… 213
　　4.3.1　充放電パターン ……… 213
　　4.3.2　REESSのエネルギマネージメント（PHEV） ………… 213
5　電池劣化の車両への影響 …………… 213

6 自動車用蓄電デバイスの評価 …………… 214
　6.1 REESS の試験標準 ………………… 215
　　6.1.1 ISO12405-1 ………………… 215
　　6.1.2 ISO12405-2 ………………… 215
　　6.1.3 ISO12405-3 ………………… 216
　6.2 REESS の安全性基準 ……………… 216
　6.3 その他の評価試験 ………………… 217
7 終わりに ………………………………… 218

## 第18章　安全性評価の認証　　梶原隆志

1 はじめに ………………………………… 219
2 安全性評価の重要性 …………………… 219
3 国連協定規則 …………………………… 220
4 UN ECE R100.02 PartⅡについて …… 221
5 UN ECE R100.02 PartⅡの安全性試験… 221
　5.1 Vibration（振動）［附則 8A］…… 221
　5.2 Thermal shock and cycling（熱衝撃
　　　およびサイクル試験）［附則 8B］… 221
　5.3 Mechanical shock（メカニカル
　　　ショック）［附則 8C］……………… 222
　5.4 Mechanical integrity（メカニカルイ
　　　ンテグリティー）［附則 8D］ …… 222
　5.5 Fire resistance（耐火性）［附則 8E］
　　　………………………………………… 223
　5.6 External short circuit protection
　　　（外部短絡保護）［附則 8F］……… 223
　5.7 Overcharge protection（過充電保護）
　　　［附則 8G］…………………………… 224
　5.8 Over-discharge protection（過放電
　　　保護）［附則 8H］…………………… 225
　5.9 Over-temperature protection（過昇
　　　温保護）［附則 8I］………………… 225
6 認可取得までのプロセス ……………… 225
7 おわりに ………………………………… 228

## 第19章　安全性評価の受託　　奥山　新

1 はじめに ………………………………… 229
2 外部短絡試験における温度依存性の検証
　…………………………………………… 229
　2.1 自動車用二次電池の安全性試験にお
　　　ける新たな技術課題 ……………… 229
　2.2 環境温度を考慮した安全性試験の現
　　　状 …………………………………… 230
　2.3 環境温度を制御した外部短絡試験の
　　　事例 ………………………………… 230
　2.4 試験結果と考察 …………………… 230
　2.5 その他 ……………………………… 232
3 圧壊試験における圧壊方法の検証 …… 233
　3.1 試験条件・治具の違いの検証事例
　　　………………………………………… 233
　3.2 試験結果と考察 …………………… 234
4 失活処理のノウハウ …………………… 236
　4.1 試験後の失活処理が必要なケース … 236
　4.2 失活方法事例 ……………………… 236
　　4.2.1 エネルギー放出系 ………… 236
　　4.2.2 破壊系 ……………………… 237
　4.3 失活方法の選択例 ………………… 237
5 おわりに ………………………………… 239

## 第20章　安全性評価の受託試験機能　　楠見之博

1 はじめに …………………………… 240
2 受託試験機関の目的，必要性 ……… 240
3 受託試験機関の状況 ………………… 242
4 受託試験の概要 ……………………… 243
5 安全性評価試験の実施例 …………… 244
　5.1 安全性評価試験設備 …………… 244
　5.2 安全性試験時の発生ガス分析 … 245
　　5.2.1 発生ガスの回収および分析手法 ………………………… 245
　　5.2.2 過充電試験時のリアルタイム発生ガス分析 ……………… 245
　5.3 リチウムイオン電池の安全性試験シミュレーション ……… 248
6 おわりに …………………………… 248

## 【第Ⅵ編　次世代電池技術】

### 第21章　全固体電池　　辰巳砂昌弘，林　晃敏

1 はじめに …………………………… 250
2 無機固体電解質の特性 ……………… 250
3 全固体電池の作動特性 ……………… 252
4 おわりに …………………………… 256

### 第22章　車載用次世代電池としての全固体電池の展望　　井手仁彦

1 はじめに …………………………… 258
2 ポストリチウムイオン電池 ………… 259
3 全固体電池 …………………………… 260
4 三井金属における硫化物系全固体電池材料の開発 ……………………… 261
5 硫化物系固体電解質 ………………… 261
6 硫化物系全固体電池の電池特性 …… 265
7 硫化物系全固体電池の展望 ………… 268
8 層状正極を用いた全固体電池の高充電圧電池特性 ………………………… 270
9 高電位正極LNMOを用いた全固体電池の高充電圧電池特性 ……………… 272
10 全固体電池の特長を活かしたシリコン負極の電池特性 ……………………… 273
11 おわりに …………………………… 275

## 【第Ⅶ編　リサイクル】

### 第23章　リチウムイオン電池のリサイクル技術　　所　千晴，大和田秀二，薄井正治郎

1 はじめに …………………………… 277
2 加熱プロセスにおけるCo等の形態変化 ………………………………… 278
3 物理選別によるCo成分の濃縮 …… 282

4　おわりに ……………………… 284

## 【第Ⅷ編　市場展望】

### 第24章　リチウムイオン電池及び部材市場の現状と将来展望　稲垣佐知也

1　概要 ……………………… 285
2　車載用 LiB 市場動向 ……………… 286
3　主要四部材動向 ………………… 287
4　正極材動向 ……………………… 289
5　負極材 …………………………… 290
6　電解液 …………………………… 292
7　セパレーター …………………… 292
8　LiB 用主要四部材国別動向 ……… 294
9　今後の展望 ……………………… 295

【第Ⅰ編　総論】

# 第1章　リチウムイオン電池の安全性に関する一考察

吉野　彰*

## 1　はじめに

　このほどシーエムシー出版から本書『車載用リチウムイオン電池の高安全・評価技術』が刊行されることになった。2014年に同じくシーエムシー出版から発行された『リチウムイオン電池の高安全性・評価技術の最前線』において，同じタイトルでリチウムイオン電池の安全性に関する一考察について述べた。その中でリチウムイオン電池の高安全化技術の進歩と唯一の未解決課題として以下の提言を行った。

　「電池の内部発熱の原因については膨大な研究がなされてきた。例えば温度上昇に伴う負極の分解，電解液の分解，正極の分解，また，電解液と正極及び負極との反応，こうした現象がどのように起こっているのかについては明らかにされてきている。そうした研究成果に基づき内部発熱を低減する技術，例えば正負極材料の選定，表面処理技術，電解液の改良，添加剤の効果など多くの技術が生まれ，現在のリチウムイオン電池の安全性向上につながってきた。その成果については本書の随所で述べられていると思う。

　ただ，1点だけ未だに解明されていない点が残っている。それはThermal Runawayが起こる220-230℃で何が起こっているのかという点である。どんなものでも220-230℃まで温度が上がるとThermal Runawayを起こすのではと思われるかもしれないが前述したように一般に安全工学の分野では種々の製品，化合物などが異常な高温に曝された時に起こる現象はOverheatとThermal Runawayとの二つに分類されている。言い換えるとOverheatのルートに行くかThermal Runawayのルートに行くかの分かれ道が有る筈である。その分かれ道を支配している因子が明らかになるとリチウムイオン電池の安全性は更に向上していくと考える。非常に難しいことではあるが然るべき時期にその答えは出てくるものと期待したい。」

　その後，4年を経てリチウムイオン電池の特性改良とともに安全性に対する技術も進歩してきた。一方，市場的にはこれまでの小型民生用市場（Mobile-IT）に加えて，車載用用途が急激に拡大してきている。

　こうした状況も踏まえて再度リチウムイオン電池の安全性に関して考察を行いたい。

---

*　Akira Yoshino　旭化成㈱　顧問；工学博士

## 2　車載用リチウムイオン電池の市場動向

　これまでのリチウムイオン電池の用途は大半が携帯電話，スマートホン，ノートパソコンなどの小型民生用（Mobile-IT）向けであった。商品化以降の約 20 年間の小型民生用での市場実績，性能の向上，コストダウンの実現などを背景にして，2010 年頃から車載用途への展開が始まった。

　図 1 はリチウムイオン電池の Mobile-IT 向けと車載向けの市場実績（単位は GWh）の推移を示す。図 1 の Mobile-IT とは現在のスマートホン，携帯電話，ラップトップパソコンなどの小型民生用の市場であり，18650 EV とは小型民生用で用いられている円筒型リチウムイオン電池を用いた電気自動車向けの市場であり，具体的には米国テスラ社への出荷実績である。xEV とは大型リチウムイオン電池を用いた電気自動車向けの市場である。xEV-CN とは中国における電気自動車向けの市場であり，特に PM2.5 という環境問題に対応するための電気バス向け市場が中心である。さらに，これまで消極的であった欧州の自動車メーカーが車の電動化に大きく舵を切ったのが大きな変化である，この変化の背景として，2018 年から車に対する厳しい環境規制が課せられることになったという点が挙げられる。

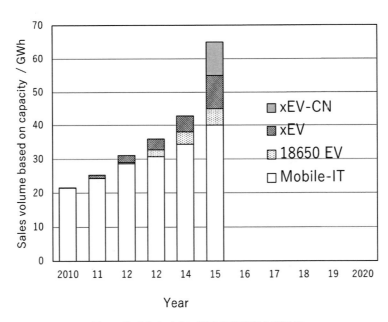

図 1　リチウムイオン電池の用途別市場動向

第1章 リチウムイオン電池の安全性に関する一考察

## 3 安全性に関する技術進歩

リチウムイオン電池の車載用への展開という局面を迎え，リチウムイオン電池の安全性に対する重要性はさらに高まってきている。こうした観点から2014年以降に汎用的に採用されてきている安全技術，または新しい安全技術の萌芽について述べる。

### 3.1 無機物層表面被覆

近年汎用的に実際の製品に採用されている安全技術の一つは「無機物層表面被覆」である。この「無機物層表面被覆」という技術は共通的な技術であり，多様な目的に有効な技術である。その目的をまとめると以下の通りになる。

① 無機物層表面被覆による副反応抑制

正負極活物質粒子の表面に無機物層表面被覆することにより，活物質表面での電解液との副反応が抑制される。その結果，サイクル特性の向上，高温保存劣化の抑制などの電池特性が改良される。同時に，異常時の活物質と電解液の反応による発熱が抑制され安全性も飛躍的に向上する。従って，本技術は電池特性改良，安全性向上の両面に有効な技術として，現在では汎用的に採用されている。

② 無機物層表面被覆による電気的絶縁効果

正負電極の表面に無機物層を被覆することにより，異常時に正負電極が接触した時でも電気的絶縁性が保たれ，短絡によるジュール発熱が抑制される。この効果は直接的に安全性の向上につながる。

③ 無機物層表面被覆による熱収縮抑制効果

セパレータの表面に無機物層を被覆することにより，電池が異常発熱した時にセパレータの熱収縮による正負電極の接触，短絡発熱などの現象が抑制される。この効果は安全性の向上に直接つながる。元々，セパレータはシャットダウン効果という重要な安全機能を有している。セパレータの表面に無機物層を被覆することにより，シャットダウン効果がより確実に機能し，相乗的に安全性向上につながる。

### 3.2 Thermal Runaway 抑制技術の進歩

前記2014年にシーエムシー出版から出版された「リチウムイオン電池の高安全性・評価技術の最前線」において，Thermal Runaway 抑制技術が最も重要であるという提言をした。その後，この Thermal Runaway を抑制する新技術が萌芽しつつある。一例を挙げれば，三井化学㈱からSTOBA®という製品が上市されている[1]。これはナノサイズの樹木状構造を持つ機能性ポリマーであり，リチウムイオン電池に異常が発生し，高温時になると被膜を形成し，リチウムイオンの移動を抑制することで電池を安全に停止させるというものである。これは Thermal Runaway を根本的に抑制するという絶対安全化技術ではないが，それに近い安全化技術として今後の進展が

期待されている。

### 3.3 固体電解質電池の登場

2014年以降で安全性に関する新技術として注目すべきは固体電解質電池の登場であろう。可燃性の電解液を用いないという点で期待されていた技術であるが，高イオン伝導性の固体電解質の発見により，ここ数年で固体電解質電池の特性が明らかにされてきている。その結果，固体電解質電池の長所，欠点が再認識されつつある。固体電解質電池は未だ開発段階で実用化は先の話であるが，安全性に関しては重要な技術であるので将来の可能性も含めて述べてみたい。

固体電解質の大きな進展のきっかけとなったのは2011年の東工大，トヨタのグループによる$Li_{10}GeP_2S_{12}$(LGPS)という硫化物系の固体電解質が見出されたことである[2]。

このLGPSのイオン伝導度は12 mS cm$^{-1}$という値を有し，初めて液系電解液に匹敵する固体電解質が見出された。その後2016年にこのグループは$Li_{9.54}Si_{1.74}P_{1.44}S_{11.7}Cl_{0.3}$という新固体電解質を見出し，この新固体電解質は25 mS cm$^{-1}$というイオン伝導度を有しており液系電解液の約2.5倍のイオン伝導度を達成した[3]。さらに2017年には米国テキサス大のGoodenoughのグループが$Li_{2.99}Ba_{0.005}O_{1+x}Cl_{1-2x}$という酸化リチウムと塩化リチウムを主成分とする新固体電解質を見出している[4]。この新固体電解質のイオン伝導度は約10 mS cm$^{-1}$という値を有し，同じく液系電解液に匹敵するものであった。

このように，この数年で固体電解質は目を見張る性能向上が実現した。また，固体電解質のイオン伝導度が向上することにより，固体電解質を用いたリチウムイオン電池が実際に可能になり，その特性が明らかになりつつある。その結果，意外な事実が明らかとなってきている。表1にこれまで言われてきた固体電解質電池の長所と欠点をまとめてある。

固体電解質のイオン伝導度が低いレベルにあった時点では出力特性，低温特性が固体電解質電池の欠点とされてきた。しかしながら，上記のような高イオン伝導度を有する固体電解質電池の実験結果から，逆に出力特性，低温特性が固体電解質電池の長所であることが証明されてきた。表2は実験結果に基づいた固体電解質電池の長所と欠点をまとめてある。

特に注目されるのは固体電解質電池の出力特性，低温特性は液系リチウムイオン電池を遥かに上回る点である。

表1 これまで言われてきた固体電解質電池の長所と欠点

| 長所 | 短所 |
|---|---|
| 不燃性 | 出力特性 |
| デンドライト発生抑制 | 低温特性 |
| 金属Liが使用可能 | 固体電解質の量産性 |
| バイポーラ技術 | 電極製造の量産性 |
| 高温安定性 | 電池組み立ての量産性 |
| 非漏液性 | |

# 第1章　リチウムイオン電池の安全性に関する一考察

表2　実験的に実証された固体電解質電池の長所と欠点

| 長所 | | 短所 |
|---|---|---|
| 出力特性 | 不燃性 | |
| 低温特性 | デンドライト抑制 | |
| | 金属Liが使用可能 | 固体電解質の量産性 |
| バイポーラ技術 | | 電極製造の量産性 |
| 高温安定性 | | 電池組み立ての量産性 |
| 非漏液性 | | |

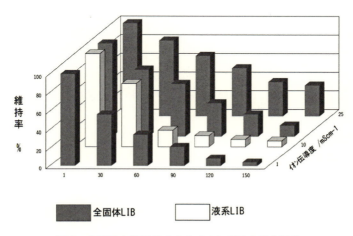

図2　全固体と液系リチウムイオン電池の出力特性

　このことを実証するデータを図2に示す。図2は固体電解質電池と液系電池の出力特性をイオン伝導度との関係において3次元的にまとめたものである。

　図2から1 mS cm$^{-1}$の固体電解質を用いた電池と10 mS cm$^{-1}$の液系電解液を用いた電池の出力特性がほぼ同じであることがわかる。言い換えれば固体電解質電池は液系電池の10倍の出力特性を有していることになり，その理由は以下のとおりである。
① 固体電解質のカチオン輸率が1であること
② 固体電解質には溶媒和という現象がないこと
③ 固体電解質に不要なアニオンが存在しないこと

　固体電解質のカチオン輸率が1であるのに対し，液系電解液のカチオン輸率は0.4前後であるので輸率の影響で固体電解質電池は約2.5倍有利である。また，溶媒和がないことと不要なアニオンが存在しないことの効果が約4倍発揮され，結果的に固体電解質電池の出力特性は約10倍となるというのが合理的な解釈であろう。

　このように固体電解質技術の進展は安全性の向上にこれから貢献していくものと考える。

## 4　安全性向上に関する今後の展開方向

　無機物層表面被覆，Thermal Runaway抑制新技術，固体電解質技術などこの数年間の安全性に関する技術進展に述べてきた。しかしながら，これらの技術もThermal Runawayの抜本的な抑制技術ではない。従って，先の2014年にシーエムシー出版から出版された『リチウムイオン電池の高安全性・評価技術の最前線』において述べた下記の提言はこれからも必要であると考えている。

　ただ，1点だけ未だに解明されていない点が残っている。それはThermal Runawayが起こる220-230℃で何が起こっているのかという点である。どんなものでも220-230℃まで温度が上がるとThermal Runawayを起こすのではと思われるかもしれないが前述したように一般に安全工学の分野では種々の製品，化合物などが異常な高温に曝された時に起こる現象はOverheatとThermal Runawayとの二つに分類されている。言い換えるとOverheatのルートに行くかThermal Runawayのルートに行くかの分かれ道が有る筈である。その分かれ道を支配している因子が明らかになるとリチウムイオン電池の安全性は更に向上していくと考える。非常に難しいことではあるが然るべき時期にその答えは出てくるものと期待したい。

### 文　　献

1) 化学経済，**Vol.62**, No.12, 34-38（2015）
2) 加藤，菅野等 第52回 電池討論会要旨集 4C21, p255（2011）
3) Kato, Y. *et al., Nature Energy*, **1**, 16030（2016）
4) M. H. Braga, N. S. Grundish, A. J. Murchison and J. B. Goodenough, *Energy Environ. Sci.*, 2017, 10, 331-336, DOI：10.1039/C6EE02888H

# 第2章　車載用リチウムイオン電池の安全性概論

佐藤　登*

## 1　自動車業界間に課せられる環境規制と各社のビジネスモデル[1,2]

　図1に示すよう，1990年9月に発効したゼロエミッション自動車（ZEV）規制に呼応して，自動車の電動化がこの30年近くの間に進められてきた。更にZEV規制の拡大に伴って電動化が一層急速に進んでいるが，最も重要なコンポーネントは車載用電池といえる。自動車の電動化は日本勢が優勢な状況にあることは今も変わりはなく，今後もリードし続けるであろう。

　一方，表1に示すように，米国のZEV規制，欧州の二酸化炭素排出規制強化，中国の環境規制強化，さらには主要国における燃費規制の強化などがそれぞれ相まって，グローバルに環境自動車の拡大が進みつつある。

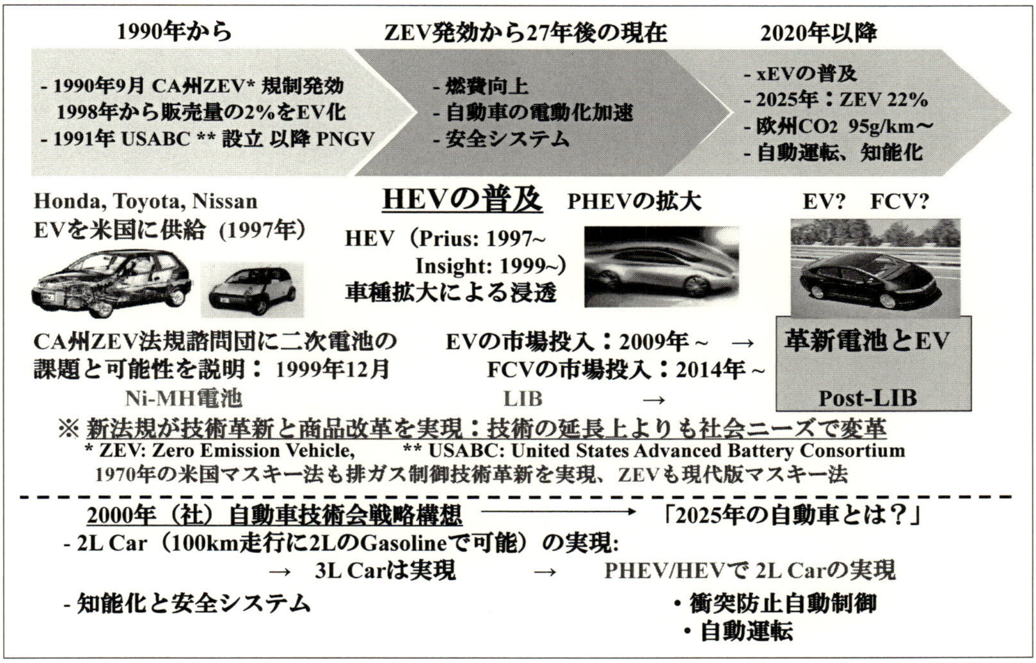

図1　ZEV規制の流れと電動化の進展

---

*　Noboru Sato　名古屋大学　未来社会創造機構　客員教授／エスペック㈱　上席顧問／（前）サムスンSDI㈱　常務；工学博士

表1　自動車業界の全体動向が各業界に大きく影響

```
- 環境規制が自動車の電動化を加速：
  1) 米国のZEV（Zero Emission Vehicle）規制強化
      ⇒ 2018年 4.5%　（ZEV 2% Min./ TZEV 2.5% Max.）
      ⇒ 2025年 22 %　（ZEV 16% Min./ TZEV 6% Max.）
  2) 欧州CO2規制強化　95g/km　⇒ 2020年から21年へ延期、以降も更なる規制強化
                              ⇒ 2025年 70-80g/km, 2030 年 ＜60g/km
  3) 中国の環境規制強化と補助金制度　⇒ EVに重点的、その背景は？
                              ⇒ 2020年までの補助金枠を先食い、補助金詐欺の横行
      - 従来、電動化に積極的でなかった自動車メーカーも電動化開発を加速

- ZEV規制、欧州CO2規制の影響：
    現在のZEV対象メーカー（CA州　年間6万台以上）： GM　Ford　FCA　トヨタ　ホンダ　日産
    2018年からの追加対象企業： VW　BMW　Daimler　Hyundai / Kia　Mazda
    特に欧州勢が果敢に　　VW：2025年に全体の25%をPHEV/EV化
                    Daimler：今後1.2兆円投資で、2025年に全体の25%をPHEV/EV化
    2017年2月1-2日のAABC Europe に参加者多数、欧州勢の積極姿勢が強調

自動車市場動向　⇒　自動車製品戦略　⇒　電池戦略と各社動向　⇒　部材戦略と各社動向
```

　日本が最先端を走っている電動車両（xEV）だが，日本がグローバルな技術提携を図り世界に貢献する時が到来したと考える。日本が先導してきたxEVおよび電池技術に関しては，オープン＆クローズド戦略のビジネスモデルが一層必要になっている。日本が先陣を切って開拓してきたこの分野で，知財的にはもっと優位に立ってビジネスを展開できていたはずだと思える部分はこれまでも多い。

　ハイブリッド車（HEV）では圧倒的な地位を築いた日本勢である。その知財の縛りがあったからこそ，トヨタとホンダの技術障壁は厚かった。それが故に，日産，および欧米韓の自動車各社はHEV開発に大きな遅れをとった。図2～4には，各社の電動化路線と車載用電池を示す。

　その中でトヨタは，これまで米フォード，日産，マツダへの技術供与を積極的に進めるオープン戦略を展開した。一方，ホンダは1999年発売の「Insight HEV」で開発した独自のIMA（インテグレーテッド・モーター・アシスト）システムを，他社へ技術供与しないクローズド戦略を選択してきた。

　またトヨタは，2050年までにエンジンだけで走る車をゼロにして，何らかの電動化システムを装備した車に100％シフトすることを発表している。そしてホンダも2020年には，プラグインハイブリッド車（PHEV），EVとFCVを年間3万5千台以上，国内で生産する計画と発信している。

　図5には，自動車各社の電動化に関するグローバル競争力を示す。1990年のZEV規制を受けて積極的に展開してきた日系のビッグ3（トヨタ，ホンダ，日産）の競争力は圧倒的に優勢である。

第 2 章　車載用リチウムイオン電池の安全性概論

図 2　トヨタにおける電動化路線と搭載電池

図 3　ホンダにおける電動化路線と搭載電池

図4　日産における電動化路線と搭載電池

**日本勢大手が圧倒的優勢**

| | トヨタ | ホンダ | 日産 | 三菱 | マツダ | SUBARU | GM | Ford | VW | BMW | Daimler | ルノー | 現代 |
|---|---|---|---|---|---|---|---|---|---|---|---|---|---|
| 商品企画力 | ◎ | ○ | △ | △ | △ | △ | △ | △ | △ | ◎ | △ | △ | △ |
| 商品競争力 | ◎ | ○ | △ | △ | △ | △ | △ | △ | △ | ◎ | △ | △ | △ |
| 技術開発力 | ◎ | ◎ | ○ | △ | △ | △ | ○ | ○ | ○ | ◎ | ○ | ○ | ○ |
| マーケティング | ◎ | ◎ | ◎ | ○ | ○ | ○ | ◎ | ◎ | ◎ | ◎ | ◎ | ○ | ○ |
| ブランド力 | ◎ | ◎ | ◎ | △ | △ | △ | ○ | ○ | ◎ | ◎ | ◎ | ○ | ○ |
| 知財力 | ◎ | ◎ | ◎ | △ | △ | △ | △ | △ | ○ | △ | △ | △ | △ |
| 投資力 | ◎ | ◎ | ◎ | △ | △ | △ | ◎ | ○ | ◎ | ◎ | ○ | ◎ | ◎ |
| 人材（技術） | ◎ | ◎ | ◎ | △ | ○ | △ | ○ | ○ | ○ | ◎ | ◎ | ○ | ○ |
| 顧客からの信頼度 | ◎ | ○ | ○ | △ | ○ | ○ | △ | △ | △ | ◎ | ◎ | ○ | △ |

図5　自動車各社の電動化に関するグローバル競争力の比較

第2章　車載用リチウムイオン電池の安全性概論

しかし，同時期にZEV規制に対応したはずの米国勢の競争力は日系に劣っているのも事実である。それは，米国勢がZEV規制に対して，日本ほど積極的に展開してこなかったのが大きな原因である。一方，電動化に出遅れていた欧州勢は，現在，加速度的に開発と商品化を進めている。

## 2　欧州勢を中心としたEV動向と各社戦略

2016年9月29日のパリモーターショー会場では，独ダイムラーが2025年までに10車種のEVを市場に投入することを発表した。さらに2017年3月末に同社は，3年前倒しの2022年までに10車種を投入すると再発信した。EV向けの新ブランドは「EQ」とするとのことであり，25年までの新車販売台数のうち，15〜25％をEVにすると目標値を掲げた。その布石として，19年までに最初のEQブランド量産EVとしてSUV（多目的スポーツ車）を市場に投入すると言う。価格帯は4万〜5万ユーロを目標にしている。今後，1.2兆円の研究開発費投資を行う。

同じパリモーターショーで，仏ルノーは2012年に発売した小型EV「ZOE」を改良し，1回の満充電で400 km走行できるようにしたEVを2016年内に発売することを表明した。LG化学製のリチウムイオン電池（LIB）の改良開発版をベースにした，エネルギー量が41 kWh（ZOEでは22 kWh）のLIBを搭載するとのことであった。

そして2016年11月には，世界最大級の自動車販売台数を誇る独フォルクスワーゲン（VW）がEVへの本格的参入の詳細を発表した。世界各国での環境規制が強化されつつある中，2015年9月に発覚した排ガス不正問題発覚をきっかけに，xEVへ大きく舵を切る決断をした。

同社の方針によると，2025年の新車販売のうち最大25％をEVにするとのことで，ダイムラーと同様，何ともチャレンジングな目標を明らかにした。そのため，EVと電池システムの生産体制の構築を図り，ドイツ国内で9千人の雇用確保を図ると言う。代わりに既存生産体制を大幅に見直すことから，20年までに全世界で3万人（従業員の5％規模），ドイツ国内では2万3千人（同8％規模）の大規模なリストラを断行すると発信した。

これらの展開を鑑みれば，自動車産業界のパラダイムシフトに向けた大きな転換点を迎えたといえる。2020年にEVの量産を発表したトヨタと共に，生産規模で世界トップを狙うVWの2大巨頭がEVへの本格参入を決め，そして世界ブランドのトップを走るダイムラーがスタート位置に着いた。さらにダイムラーのEV開発強化の表明以前に，ブランド力ではダイムラーに負けない独BMWも2013年からEV事業に参入している。このようなEVの流れは，自動車業界内はもちろん，電池業界，そして部材業界に大きな影響を及ぼすことになる。

## 3　群雄割拠となる EV ワールド

　米カリフォルニア州が定める ZEV 規制では，現在も規制対象メーカーである米ゼネラルモーターズ（GM），米フォード，欧米フィアットクライスラー・オートモービルズ（FCA），トヨタ自動車，ホンダ，日産自動車の6社に加えて，2018年には VW，BMW，ダイムラー，現代/起亜自動車，マツダが追加対象となる。規制施行までに，あとわずかの時間を残すのみである。

　そのマツダであるが 2016 年 11 月初旬，19 年までに北米で EV を発売し，21 年以降には PHEV を併せて北米に投入すると発表した。HEV を始めとするエコカーでは，トヨタとの技術提携のもとで既に「アクセラ HEV」を市販しているが，EV でもトヨタとの連携を軸に開発を加速することになる。

　一方，富士重工業は当初 18 年からの ZEV 対象企業となっていたが，他メーカーに比べて世界販売台数が小規模と言う理由で，15 年時点でのロビー活動の結果，対象メーカーから外れた。結果としては，25 年時点での対象企業となることで 7 年の猶予ができたことになる。しかし，その富士重工も，21 年には EV を市場に投入することをターゲットとして既に準備を始めている。

　フォードにおいては，向こう 4500 億円を投じて xEV 開発を加速，その中には当然 EV も大きな柱と設定している。

　このように眺めると 4 年後の 2021 年段階の EV 市場には，既に EV 事業を 09 年から開始している三菱自動車，10 年から事業を開始し EV の累積台数では 25 万台を超えている日産，12 年に量産 EV を発売したルノー，13 年から EV 事業に参入した BMW，FCA といった先行している面々に，マツダ，トヨタ，富士重工，VW，ダイムラーなどが一気に加わる。中でも，日産は三菱自動車との xEV 協業を今後加速する中，一気に EV 製品を市場に投入してくることになるであろう。

　これら大手メーカーの EV 戦略に大きな影響を与える米国 ZEV 規制に関する内容であるが，2018 年に大規模・中規模自動車メーカーに課すのは，販売台数のうち 4.5% がエコカーであることが条件になっている。この内訳は，ゼロエミッション車と定義されている EV と FCV の合計で 2%，Transient ゼロエミッション車（TZEV）の PHEV で 2.5% という振り分けとなっている。ただし，中規模自動車メーカーは TZEV のみでの対応で可能とされている。

　2025 年には更に数値が拡大し，全体枠で 22%，ゼロエミッション車で 16%，TZEV で 6% にまで膨らむ。この時点では，ゼロエミッション車と TZEV の比率が大きく逆転し，EV と FCV が多量に求められることになる。

　トヨタと同様に EV には抵抗感を持っていたホンダだが，現在の同業他社の動向を見るとホンダも EV 戦略を打ち出さざるを得ない状況を迎えている。そのホンダが，本田技術研究所四輪 R&D センターに，2016 年 10 月 1 日付けで EV 開発室を設立した。同社も EV 市場への進出に準備を始めたことになる。

第 2 章　車載用リチウムイオン電池の安全性概論

　韓国の現代自動車グループも同じように EV 戦略を描くべきであろう。現時点での同社の最大関心事は PHEV のようだが，これもホンダと同様，EV を避けての強力なシナリオは見え辛い。いずれ近いうちに，現代自動車グループも EV 事業への本格参入を発信するものと思われる。

　日産と三菱自動車は，三菱自動車の燃費不正問題をきっかけに，xEV の協業事業を強化する。電動化の開発には巨額な資金を必要とする中，三菱自動車にとっては生き残りをかける追い風の共同事業となる。

　日産にしてみれば，出遅れていた PHEV で，三菱自動車が先行してきた「アウトランダー PHEV」の技術と製品戦略が大きな支えとなる。2020 年時点の ZEV 対応で，両社は複数の EV と PHEV の武器によって迎え撃つことが可能となる。

　一方，内燃機関自動車にはなかったコンポーネントやデバイス，そしてシステムの開発は，これまで各自動車メーカーが培ってきた技術分野と違うことから，開発人材の育成，開発プロセス，新技術の研究開発体制など，従来の経験値の延長上に無いものが多い中で開発が進められている。このような領域では，ますます人材の拡充が必要とされている。

　そのような中，最たるものが電池技術であり電池システムである。車載用電池の開発，自動車メーカーと電池メーカーの連携，海外生産投資にも最近では国内外での大きな動きがある。

## 4　電池業界の動向と戦略

### 4.1　自動車業界と一体化した日本の電池業界

　次に電池業界に目を移してみよう。日本の電池業界の特徴は，自動車業界と合弁会社を作るといった一体化したビジネスモデルにある。そこには大きく 2 つの理由がある。

　1 つは自動車業界がキーコンポーネントである電池自体を詳細に理解しており，エコカー開発のための電池開発そのものに直接関わる意思をもっていること。決して電池メーカーに丸投げしない開発文化がある。

　もう 1 つは，リコールの重大さである。電池メーカーが電池のリコールをひとたび起こせば，会社存続に関わる大変なリスクを背負うことになり，それだけに合弁会社を作ってリスク分散を図るという意図がある。

　その典型となるのが，1996 年に設立されたトヨタとパナソニックの合弁会社である現在のプライムアース EV エナジー（PEVE）である。ニッケル水素電池で EV 用，HEV 用のビジネスを展開してきた同社であるが，トヨタとの強力な一体感をもって現在に至っている。

　そして同社は，湖南科力遠新能源，常熟新中源創業投資，トヨタ自動車（中国），豊田通商と 5 社で共同出資をして，中国江蘇省常熟市に車載用ニッケル水素電池モジュールの製造会社，科力美オートモーティブバッテリーを 2014 年の夏に設立した。中国での生産拠点を構えたことで，トヨタとの更なる一体感をもっての開発，製造につなげ，一層の競争力を生みだすであろう。

　パナソニックもトヨタと連動した開発，生産体制を維持しており，旧三洋時代の技術も取り込

んだ形でのビジネスとなっている。トヨタ側から見れば，PEVE もパナソニックも抱えている構図になっているため，開発の幅は広がる。

同社は，中国東北部の大連に，EV 換算で年間生産能力 20 万台規模の工場建設を進めており，年間 1000 億円規模の売り上げを目指すと言う。その背景には，日系自動車各社の商品戦略が大きく影響している。

同時に，トヨタとの連携を軸としながら，一方では米テスラモーターズへの LIB 供給に向けて米国での生産工場建設を進め，2017 年 1 月に稼働を開始した。今後も段階的に投資を増やす計画である。テスラの EV である「モデル S」や後継車「モデル 3」が今後どこまでシェアを上げられるかに直接関わるものであるため，様子を見ながらの段階的投資戦略を掲げる。

一方，ホンダは従来のマイルド HEV（IMA システム）から，ストロング HEV へのシフトでトヨタを追随する戦略を持つ。2 モーター方式を採用した HEV システムで，トヨタとの燃費競争が活発化している。

ホンダとジーエス・ユアサコーポレーション（GSY）との合弁であるブルーエナジー（BEC）は，HEV と PHEV 用 LIB をホンダ車に供給することで存在感を出している。これに対して，2012 年の Fit EV には東芝の SCiB（Super Charge ion Battery）を採用したが，BEC が EV 用の LIB までは製造しないビジネスモデルであるために選択した。

ホンダの LIB に関する 2 社購買戦略，すなわちジーエス・ユアサコーポレーション（GSY）との合弁子会社であるブルーエナジー（BEC）以外からも LIB を調達しようとする戦略は，ホンダの新社長である八郷隆弘氏が購買部門の役員として担当していた時代からの課題であった。2010 年，筆者がサムスン SDI の役員の立場で，当時の伊東孝紳社長と八郷役員に面会した当時からの関心事項とされていた。

残念ながら，サムスン SDI はホンダのセカンドサプライヤーにはなれなかった。同様に東芝も，今後の HEV や PHEV にも採用されるようなセカンドサプライヤーには選ばれなかった。そのホンダが 2015 年にセカンドサプライヤーとして選んだのがパナソニックである。

日産自動車は EV 用から HEV 用まで，NEC との合弁会社であるオートモーティブエナジーサプライ（AESC）が製造するパウチタイプの LIB を調達してきた。しかし，同社は電池調達戦略を強化するために，傘下の AESC の事業を売却することを決断した。

三菱自動車の LIB は，同社と GSY，三菱商事の合弁会社であるリチウムエナジージャパン（LEJ）から調達している。GSY は EV の拡大を見て国内に大きな投資をしたが，EV 市場の伸び悩みによって LEJ の稼働率は低かった。しかし，2013 年に市場に投じた「アウトランダーPHEV」の徐々なる浸透によって，稼働率の向上につながっている。

以上のことを鑑みると，日本の電池業界の課題というと，自動車各社との合弁を形成している電池メーカーは自動車各社がけん引していく状況にいかに競争力を確保しながら対応していくかにかかる。一方で，その他のオープンスタンスをとっている東芝や日立のようなメーカーが生き残っていくためには，相応の戦略が必要となる。

第2章　車載用リチウムイオン電池の安全性概論

## 4.2　日韓電池業界の今後の課題

　韓国の2社の課題はそれぞれ違う。LG化学の課題は，現代自動車，ルノー，GMとのビジネスをベースに，他社とのビジネスをどれだけ強固に進められるかどうかにかかる。

　GMのxEVにはLG化学製のLIBが適用されている。GMはLG化学の電池耐久性に関して高い評価をしている。次世代車両モデルでは，LG化学のLIBを一層進化させ，車両性能を大きく向上させる計画である。

　BMWのEVである「i3」には，サムスンSDI製のLIBが適用されている。BMWは，サムスンSDIのLIBを自社でパック化してシステムを完成させている。サムスンSDIは，BMW，FCA（フィアット・クライスラー・オートモービルズ），AudiのEV，PHEVへの供給に留まっており，顧客開拓では，LG化学に比べて苦戦中である。

　このような業界動向の中，Tier 1のビジネス開拓も活発で，独ボッシュ（GSユアサとの合弁も含む），オーストリアAVL，オーストリアMagna Steyr（サムスンSDIが買収）などが，積極的に推進中である。

　表2には，高性能電池に対する韓国の取り組みを示す。2010年から政府をあげて基礎研究部門を強化する施策を打ち出して推進している。

　表3は日本以外の各国・各地域における電池産業と競争力について整理したものである。欧州の中でもドイツは電池産業の育成に躍起になっている中，ダイムラーがその活動を積極的に進めている。一方，韓国のLG化学とサムスンSDIは中国にLIB工場を建設し活動しているものの，中国政府からバッテリー模範基準認証を取得できていないことが大きな障壁となっている。

表2　高性能電池に対する韓国の取り組み

---

**電池産業は国家戦略の中枢： 2010年にサムスンは成長事業に設定**

- 基礎研究部門の脆弱性
- 素材産業、装置産業等の基盤産業の強化策　⇒　李明博政権指摘
- 電池研究開発・産業競争力向上に向けての国家プロジェクトの必要性

⇩

**研究開発プロジェクト事例：**
- 2010年8月　韓国政府主導でWPM (World Premier Material) Projectを発足
  → リチウムイオン電池素材を含むEnergy, Display, 自動車分野等の新素材研究

- 忠北テクノパーク（国家研究機関）を中核としたサテライト研究
  ⇒　テクノパークがアカデミアと産業界との橋渡し
  　　サムスンSDI、LG化学、素材業界、大学・研究機関による共同研究

- 素材・部材の国産化強化、装置産業の育成
  ⇒　サムスン、LG化学の素材内製化策
  　　サムスンにおける生産工程内製化、装置業界への挺入れ

車載用リチウムイオン電池の高安全・評価技術

表3　各国・地域の電池事業に対する取り組み

| | |
|---|---|
| 米国 | - ベンチャーは多々あるが、グローバル競争で闘える電池メーカー不在<br>- 1991年からUSABC、PNGV等の国家プロジェクトで電池・キャパシタに巨額な資金を拠出したが、成果に結びついたものはなし<br>- GM、FordのxEV用電池調達は日韓企業から<br>- 研究開発は大学、研究機関で活発 ⇒ 特許Biz.に積極的 |
| 欧州 | - グローバル競争で闘える電池メーカー不在<br>- ドイツのメルケル首相も「電池産業がないのがドイツの憂鬱」<br>- BMW、Renault、VWグループも電池調達は日韓から<br>- ドイツは官民でEV巻き返し策を押し出す中、ダイムラーは傘下に車載用電池の合弁会社を完全子会社化 |
| 韓国 | - LG化学のグローバルBiz.は力強い、その根底には徹底したマーケティングと顧客ニーズを積極的に取り組む開発姿勢、今後も大きなコスト低減を実施<br>- サムスンSDIはLG化学に遅れ。マーケティング活動は積極的だが、弱みは顧客ニーズを積極的に取り込まないこと。顧客開拓で焦り<br>- SKイノベーションも事業投資活発、韓国3強になり得る可能性<br>- LGCもサムスンSDIも南京、西安にLIB工場建設するも、中国政府から「バッテリー模範基準認証」取得できていない ⇒ 大きな誤算、政治外交も影響？ |
| 中国 | - BYD、CATLの積極果敢な取り組み<br>- 安全性に関するGB規格等で安全性・信頼性の確保が急務 |

## 5　車載用電池の信頼性・安全性確保に関するビジネスモデル[3]

### 5.1　各種電池の事故・リコールの歴史

図6には，モバイル用，車載用，定置用電池の事故とリコールの事例を示す。特に車載用電池に関しては事故の規模が甚大になることが多く，信頼性・安全性を確保し担保することは，自動車業界，電池業界，部材業界にとって必須項目である。

図7には，車載用電池の信頼性・安全性に関する開発プロセスを示すものであるが，この領域に関しては自動車メーカーと電池メーカーの役割が明確に分けられない場合が多く，双方の共同開発のような体制が必要である。2016年7月に発効した車載用電池の国連規則により，車載用電池の認証が義務付けられた。

### 5.2　受託試験ビジネスと認証事業による開発効率向上[4]

日本のみならず韓国，中国にとっても自社内で解決できない課題は多い。特に，評価試験項目は段階的に増えていく傾向にあり負荷が拡大している。自動車メーカーも電池メーカーも評価試験機器の導入は，これまでも相当実施してきたが，それでも不足している状況が続いている。

そんな背景の中では，個社内部に更なる機器の導入を図りつつも，外部の評価試験機関のサポートビジネスを効率的に活用することで開発効率は向上する。エスペック㈱は正にその先端を

第 2 章　車載用リチウムイオン電池の安全性概論

図 6　モバイル用，車載用，定置用電池の事故とリコールの事例

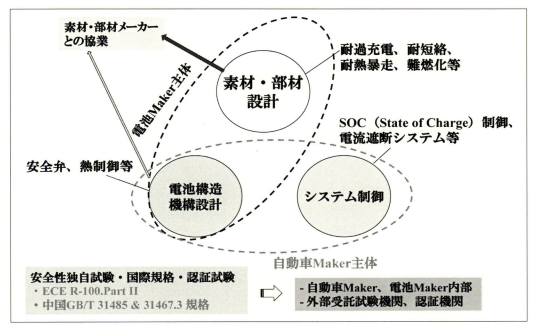

図 7　信頼性・安全性確保の開発プロセスと国際認証のニーズ

図8　エスペックの評価試験機器とバッテリー安全認証センター

走っており，受託試験機能は2013年11月に宇都宮市の事業所に「エナジーデバイス環境試験所」として開設した。世界初の試験機器の設置，多岐に亘る評価試験をカバーできる機能を構築した。

さらに，車載用電池の認証が義務付けられた2016年7月をターゲットにして，認証事業にまつわるビジネスモデルを展開した。世界的に知名度の高いドイツ・テュフズードとのシナジー効果を狙っての協業で投資を行い，「エナジーデバイス環境試験所」に隣接した形で「バッテリー安全認証センター」を建設した（図8）。2015年9月17日には，ワンストップですべての試験から認証に至るまで対応可能な「バッテリー安全認証センター」開所式を大々的に執り行った。

国連規則のECE R100-2 Part IIには9項目の評価試験が課せられている。試験項目としては，外部短絡，熱衝撃サイクル，圧壊，振動，衝撃，過充電，過放電，過昇温度保護，耐火試験に分類されている。

図9には電池パックの圧壊試験装置と耐火試験装置を示す。特に，圧壊試験は破裂，爆発を伴う試験であることから，それに対応できる試験室として部屋の構造も堅牢な設計としている。爆発に伴うガス成分に対しては，スクラバーで適切な処理ができるような対応を図っている。尚，詳細は後述の第18章，第19章を参照いただきたい。

第2章　車載用リチウムイオン電池の安全性概論

耐火試験装置、燃料はガソリン

圧壊試験装置
最大荷重：1000kN，最大速度：1.5mm/s
テストエリア：W 2000×H 600×D 2000mm

図9　ECE R100-02 Part Ⅱ の電池パック圧壊試験装置と耐火試験装置

## 6　日本の部材各社のビジネスモデル

　一方で，EV量産のカギを握る日系部材メーカーの，投資戦略を図10に示す。まず注目されるのが住友化学である。同社は，パナソニックのLIBに供給するセパレーターを手掛ける事業に対して200億円を投資し，韓国に増産体制を整える。これには，受注が好調なテスラに対してLIBを供給しているパナソニックからのニーズが背景にある。

　東レも旭化成もセパレーターへの投資を積極的に進める。セパレーターは日系企業が圧倒的な強みをもつ部材であるがゆえの投資拡大である。

　現状，住友金属鉱山のニッケル系正極の生産キャパは2,000 t/月である。ソニーに供給している日本化学は100 t規模で，パナソニックに供給している戸田BASFでも1,000 t規模レベルである。住友金属鉱山は更に生産キャパを拡大し，17年には3,550 tまでの増産体制を敷く。これで35 GWhに相当する。

　背景には，これもテスラEVの増産計画がある。テスラに供給しているパナソニックのLIB増産による要請に応えるため，ニッケル素材に強い住友金属鉱山のビジネスが浮き彫りになっている。

住友化学：200億円を投じ、セパレータ増産を2年前倒し。大邱の工場投資規模を拡大、2018年半ばまで16年初めの約4倍の4億m2/年（EV50万台規模）に。TESLA用電池を生産するPanasonicに供給中。TESLAが3月に予約受け付けを始めた「モデル3」に35万台超の注文が殺到したことで決断。20年には100万台分を生産する計画

東レ：200億円を投じて韓国でセパレータを約7割増産する方針。PanasonicやLG化学向けに供給。生産能力は5億m2を超える見通し。旺盛な需要に追いつくため増強が必要と判断

- 野村総合研究所⇒　EV 2020年：約75万台、25年：約210万台と予測（中国30％）
- 米調査会社IHS Automotive：
  15年に約35万台だったEVの世界販売台数は25年に約256万台に急増と予測
  LIB主要材料の市場規模は20年に15年比の2.4倍になる見通し

図10　リチウムイオン電池部材業界の投資戦略

## 7　次世代革新電池研究から電池事業ビジネスモデルまで

　図11には自動車業界における課題と，そこに関連する研究開発やビジネスネットワークのモデルを示す。電動化では世界の最先端を走っている自動車業界であり，そこに連結する電池業界は強みを発揮している。素材・部材業界も世界の中でトップを走っている。但し，近年は価格競争の波が押し寄せつつあり，コモディティ化が進む材料系ではシェアを落としつつある。

　大学や研究機関での基礎研究は，これも世界最先端機能を誇る。新材料や新技術の研究開発成果に期待がかかるが，課題のひとつは国家プロジェクトから画期的な成果が産業界に降りてこないところである。図12に示すように，今後は，いかにして実用化につなげる基礎研究を推進していくか，そしてそのような知財をどういうように攻めの技術として活用するかが鍵となる。

　さらに，先述したもうひとつの評価受託業界・認証事業の存在である。相互に関連し合う業界と研究開発機能を高い次元で包含している国は日本のみである。図11のようなサテライト機能を有機的に結び付けていくことで，日本の産業競争力を高めることが可能なバックグラウンドがここにある。

第2章　車載用リチウムイオン電池の安全性概論

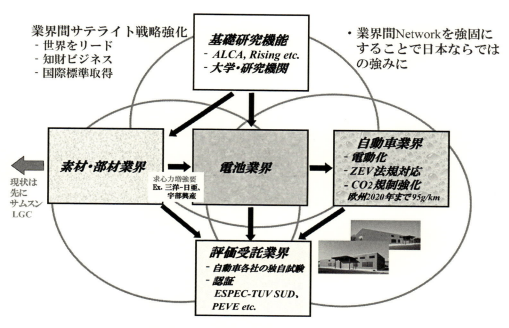

図11　日本における電動化と車載用電池ビジネスの原動力

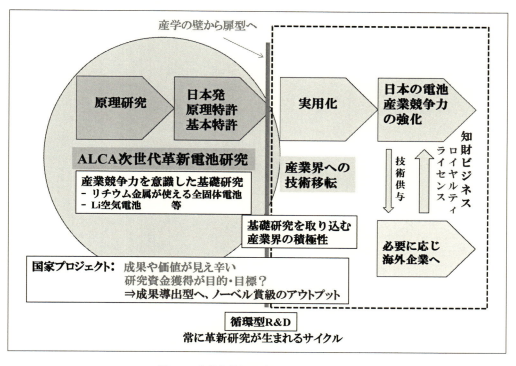

図12　次世代革新電池のあるべきフロー

## 文　　献

1) N. Sato："Trends of Lithium ion Battery for xEV and Future Direction", International Lithium-Ion Battery and Applications Seminar, Shenzhen, 2016 年 1 月 7 日, http://www.gg-lb.com/2015conference/haiwai/
2) 佐藤 登：日経ビジネスオンライン執筆中, 技術経営「日本の強み　韓国の強み」, 2013 年 4 月より現在に至る, http://business.nikkeibp.co.jp/article/person/20130401/245962/
3) 吉野　彰, 佐藤　登監修：「リチウムイオン電池の高安全・評価技術の最前線」, シーエムシー出版, P.1（2014）
4) 小山　昇監修：「リチウムイオン電池の長期信頼性と性能の確保」, サイエンス＆テクノロジー, P.314（佐藤　登）（2016）

# 【第Ⅱ編　リチウムイオン電池の高安全化技術】

# 第3章　安全性の現状，課題と向上策

鳶島真一*

## 1　はじめに

　リチウムイオン電池の安全性に関して最も良く知っているのは電池を製造しているメーカーの担当者であろう。なぜなら電池の安全性は電池材料，電池構造および電池の充放電制御システムを総合して決定されるが，その情報は第三者には非公開だからである。加えて電池のトラブルは製造不良によることが多く電池の製造工程と品質管理は当該メーカーしか知らない秘密事項だからである。著者は電池メーカーに在籍したことはない。しかし，20世紀にリチウムイオン電池について安全性試験の現場で作業した経験があり市場トラブルを起こした電池の解析や対策の策定にも関ったことがある。安全性試験の対象としたリチウムイオン電池は単電池の容量で200 mAhから120 Ah程度である。電池の正極，負極，電解液や電池外装缶（ラミネート，鉄，アルミ，SUS），安全弁の形や位置，保護回路，電池メーカーが異なる量産品や試作品について，釘刺し，圧壊，加熱，外部短絡，過充電等，見方によっては非論理的な乱暴なやり方で試験を行ってきた。その後，21世紀になりリチウムイオン電池の使用量は増大し使用用途は拡大した。電池の研究開発や安全性試験の担当者は世代交代し異業種からの新規参入や外国における研究開発も盛んになり現在では世界的に多くの研究開発者や電池ユーザーが存在する。著者は21世紀には安全性試験の現場を離れたが，その頃から現在まで学会発表等で公開されている情報を見るとリチウムイオン電池の安全性に関する評価方法や認識も変わり日々の研究開発の進展により電池の安全性も向上しているはずである。本稿では，リチウムイオン電池の安全性について旧世代である著者が過去の事実を振り返り個人的な見解を述べさせて頂きたい。このことが現役で活躍している若い世代に参考となり電池の研究開発が進展する助となることを期待している。

## 2　リチウムイオン電池の市場トラブル例

　リチウムイオン電池の安全性に関して一般的に知られていることの中で最も重要な事実は市場で電池に起因する発火等のトラブルが起こっていることである。表1にリチウムイオン電池の最近（2013年～2016年）の公開されている市場トラブル例を示す。リチウムイオン電池が関わるトラブルやリコールが電池使用機器に無関係に起こっている。例えば，ノートパソコン，スマートフォン，電動自転車，電気自動車，飛行機等である。一般のニュース等で報道されているよう

---

*　Shin-ichi Tobishima　群馬大学　理工学部　環境創生理工学科　教授：工学博士

車載用リチウムイオン電池の高安全・評価技術

表1 2013〜2016年のリチウムイオン電池のリコール，事故報道例

| 年 | 電池使用機器（種類，商品名等） | 機器販売企業／事故が起こった国 | トラブル現象 |
| --- | --- | --- | --- |
| 2013 | 飛行機 /B787 | ボーイング／日本，米国 | 電池発火／過充電，内部短絡？ |
|  | アウトランダー（PHEV）* | 三菱自動車／日本 | 電池発火／検査工程で圧力を加える |
| 2014 | 飛行機 /B787 | ボーイング／日本 | 電池発煙 |
|  | ノートパソコン（VAIO） | ソニー／日本 | 電池パック加熱で本体焼損 |
|  | ノートパソコン（Let's Note） | パナソニック／日本 | 電池内部短絡で本体焼損 |
| 2015 | 電動自転車 | パナソニックサイクルテック | 発火／電解液漏れから内部短絡 |
| 2016 | ノートパソコン（Let's Note） | パナソニック／日本 | 電池内部短絡で本体焼損 |
|  | ノートパソコン（Dynabook） | 東芝／日本 | 電池内部短絡で本体焼損 |
|  | スマートフォン（Galaxy Note 7） | 三星／米国等 | 電池爆発 |

に，電池が発火するトラブルの場合，原因は製造不良から内部短絡，熱暴走という可能性が指摘されることが多い。この説明はリチウム金属電池しかなかった時代から30年ぐらい続いている。過去の経緯に関する補足説明については文献[1]を参照して頂きたい。

　2013年にボーイング787（B787，飛行機）の主電源と補助電源のリチウムイオン電池が熱暴走したトラブルが発生した。米ボストン空港では駐機中の日航機のバッテリーから発火するトラブルが起こった。同じ頃，日本では全日空B787が飛行中に電池が発煙し高松空港に緊急着陸したトラブルが発生した。バッテリーは角形リチウムイオン電池8個で構成されていた。電池製造会社はGSユアサ社と発表された。その後，考えられる複数の原因に対応した安全性確保対策を実施した。例えば，電池に絶縁テープを巻く，バッテリー内の8個の電池の間に熱を通しにくい絶縁体を置き1個の電池が発熱しても隣に熱が伝わりにくくした。さらに，バッテリーをステンレス製の容器に格納し完全に隔離した。万が一火災によって煙が発生しても操縦室や客室に煙が漏れ出すことはないよう新たな配管が設置された。ところが，2014年には成田空港で出発前に（待機中）主電池（対策バッテリー）が発煙するトラブルが起こっている。発煙は過熱し単電池の安全弁が開き電池から電解液を含む白煙が生じた。2014年8月の運輸安全委員会で，高松空港におけるB787の電池事故の原因は気温低下で負極にリチウム金属が析出し内部短絡した可能性があるとする調査報告書最終案をまとめたことが発表された。また，充電時の電圧が不安定だったことも劣化の一因との報道もあった。いずれにせよ飛行機とリチウム電池のトラブルはリチウム金属一次電池の時代から40年程度続いている解決すべき課題である。

　2013年にはPHEV車（アウトランダー）とBEV車（i-MiEV）の電池パックが発火する可能性があることが自動車製造メーカー（三菱自動車）から発表された。トラブルの原因は工場出荷前の工程で電池パックに圧力が加わったためと発表された。2013年10月には，米国とメキシコで米国製純電気自動車（BEV，エンジンなし）のテスラモデルS（Tesla Model S）が炎上した。組電池は60 kWhと85 kWhヴァージョン（一充電あたりの走行距離は欧州モードで500 kmとガソリン車と同等である）がある。電池との因果関係について詳細は不明であるが，米国におけ

## 第3章　安全性の現状，課題と向上策

る発火は道路上の金属製の物体と車体下部が接触したことから発生した可能性が，メキシコではテスラモデルSが歩道に乗り上げ樹木に激突した後に炎上したと報道されている。

2014年〜2015年になってもリチウムイオン電池が関わるトラブルやリコールが起こっている。スマートフォンでは，i-phone 5（Apple社）で急に電池容量が減少するため無料交換するというものである。電池が膨れ本体端子と接触がとれなくなるという現象が起こっていた。これは過去に充電電圧が4.38Vの電池（$LiCoO_2$と三元系，$Li(Co-Ni-Mn)O_2$の混合正極）で起こった事象と同様である。スマートフォンでは電池容量が3Ahを越えているものもある。普及型ノートパソコンの円筒型単電池（2.4Ah程度）より容量が大きい。電圧も$LiCoO_2$を従来の考え方では過充電状態である4.35Vで充電するものもある（正極組成や表面処理等の改良を行っている）。この性急な高エネルギー密度化はトラブルの発生確率を増大させ，トラブルが起こったときの被害が大きくなる可能性がある。

2014年にはソニーがバッテリー過熱の恐れがあるためノートパソコン（VAIO fit 11A）即時使用停止を呼びかけた。また，同じ頃，パナソニック社がノートパソコン（レッツノート）の発火事故を受け電池のリコールを行った。パナソニック社の電池を使用した東芝製ノートパソコン（ダイナブック）は上記と同じ理由（電池への異物混入）で発火の恐れがあるため電池パックのみの回収を2016年1月に発表した。

2015年にはパナソニックサイクルテック株式会社が販売した電動アシスト自転車用バッテリーから出火し周辺を焼損する火災が2件発生したことと人的被害がなかったことが公表された。事故の原因は，電池製造時に電池缶の蓋がしまっていないものがあり電解液が漏れたことによると報道された。

2016年にリコールされたスマートフォン（韓国サムスン電子，商品名：Galaxy Note 7，のトラブル内容概要は当該メーカーの報道発表によると以下のようなものである。2016年8月に米国，韓国等で発売開始（当時，日本では未発売）。その後，1ヶ月以内に電池の爆発が複数起こった。バッテリーセル自体が原因であり複数メーカー（韓国，中国）が供給するバッテリーのうち一部のメーカーの製造工程において問題が生じたと報道されている。この事故により韓国や米国にて当該機種の全面使用中止を勧告した。また，欧州，日本などを含め国土交通部が航空機（飛行機）内での「Galaxy Note 7」を使用禁止にした。2016年10月12日の報道では100万台のうち24台がトラブルを起こした（事故確率は24 ppm）。一方，対策品も発火している可能性があることが報道された。

2016年には日本国内でモバイル充電器あるいは外付けバッテリーのトラブルが発生した。例えば，8月にはスカイマークの飛行機内で携帯充電器が発煙し飛行機が引き返したトラブルが起こった。2016年12月には列車内で携帯電話用充電器（外国製リチウムイオン電池内蔵）が燃えたりしている。また，2016年11月には，原因は解明されていないが（電池との因果関係は不明），日本国内で充電中のプラグインハイブリッド車が充電中に火災が発生し家屋が燃えたトラブルが起こった。

表2　リチウム電池の安全性向上の取り組み，対策

| 項目 | 取り組み内容 |
|---|---|
| 電池材料<br>（電極，電解液，セパレータ，バインダ等） | 熱安定性あるいは難燃性の向上 |
| 電池構造 | 安全弁，電流遮断弁，電池缶，各種電池部品等の最適化 |
| 電池制御システム<br>（BMS：battery management system） | 温度，充電深度，電圧，電流制御等の最適化，高機能化，高信頼性化 |
| 製造品質管理 | 製造工程，管理方法の改良 |
| 安全性試験項目 | 法的規制，国際標準化の改訂提案 |

表3　電池の市場トラブルから抽出される考慮すべき課題の例

| 課題 |
|---|
| 事故原因が完全には判らない |
| 対策品（リコール品を改良したもの）の再トラブル |
| 電池の複数社調達（供給）から発生する問題 |
| 液漏れの問題 |

　2015年4月の消費者庁による平成26年度のリコール対象製品に関する事故の件数の公表結果によると平成26年度中のリコール対象製品の重大事故122件のうち最も件数が多かったのはパナソニック製造のノートパソコン用バッテリーパックの14件だった。その他の電池関連では，セブン－イレブン・ジャパンが販売したリチウム電池内蔵スマートフォン用充電器（5件）等があった。この結果は，リチウムイオン電池の現状は大量に使用される一般的な工業製品になったことと信頼性に関して改良の余地がある工業製品であるということだろう。

　電池の安全性は電池材料，電池構造および電池の充放電制御システムを総合して決定される。現実の電池のトラブルは製造不良によることが多い。このため，安全性改良対策のために，例えば表2に示すようなアプローチ手法が検討されている。

　リチウムイオン電池による過去の市場トラブル例から議論すべき課題が多くあるが，本稿では，現状認識として特に以下の事に注目したい（表3）。①事故原因が完全には判らない，そのため②対策品（リコール品の問題解決をした改良品）が再びトラブルを起こしている，③電池の複数社調達（供給）から発生する問題，④液漏れの問題。この4点について簡単に述べる。

## 2.1　事故原因の解析と対策品の安全性

　著者の経験から言わせてもらうと事故原因の解明は難しい場合もある。他の工業製品も同様であろうが燃えて破裂してしまった現物（リチウムイオン電池）から事故原因を解析するには限界がある。このため，最悪の場合，リチウムイオン電池の対策品を作るための指針すら得られない事がある。圧倒的に多い報告は，「内部短絡が発火の原因であり，加えて過充電になっていた可能性がある」というものである。具体的実験条件を整え過充電から内部短絡を行えば発火する再

第3章 安全性の現状，課題と向上策

現実験を実施できる。再度事故を起こさない対策品ができるとは限らないことを心配した場合，リチウムイオン電池にトラブルが起こった時の緊急避難方法として用意する対策品は，エネルギー密度は犠牲になるが思い切ってニッケル水素電池（単電池はリチウムイオン電池の約1/3の1.2 V）パック（外寸はリチウム電池パックと同じ物を用意する）という設計にしておく手法もあると思う。この意見はあくまでも個人的な見解であり一般的には非現実的手法だと専門家の方からは否定される可能性は高いことは承知している。過去，携帯電話でニッケル水素電池とリチウムイオン電池が混在していた時期にはリチウムイオン電池のトラブルが起こった時に対策品としてニッケル水素電池パックを用意したことがあった。

## 2.2 電池の複数社調達（供給）

電池ユーザーの立場から考えた場合，同一の機器に対して複数社の電池が使われている場合の安全性確保が気にかかる。モバイル機器などでは電池の複数社供給は行われてきた。しかし，別の製造メーカーが製造する電池はカタログ上の仕様は他社と同様（主として容量と電圧，つまりエネルギー）でも性能劣化モードや安全性は異なると考えるべきであろう。もしA社が電池の使い方を決定できる優先権があれば，セカンドサプライヤーであるB社は無理をして同性能のレプリカ電池を作ることになる。A社のエネルギー密度が高いのはそれなりの技術やノウハウがあるからである。B社は無理をしてレプリカを作ることになるためA社製電池より安全性が劣化する可能性がある。さらに悪い事態を想定するとファーストサプライヤーの基本設計が間違っていた場合，両者の電池が共に市場でトラブルを起こす可能性がある。機器側では複数社から電池の供給というのは通常の部品調達ビジネスモデルであるかもしれない。しかし，リチウム電池の場合，わずかな違いで安全性試験結果が変わる事実がある。できれば一つの機種用に最適化された一つの電池を使用することが，安全性確保だけを考えた場合，望ましいかもしれない。

## 2.3 液漏れの課題

電池からの電解液漏れにより発火するトラブルは1990年代から起こっている。液漏れによるトラブルはその後も毎年起こっており，上述したように，例えば，2015年には日本製電動アシスト自転車用リチウムイオン電池でも発火の可能性があるためリコールがなされている。電気伝導性がある電解液が電池から漏れると回路の上で電圧がかかり発熱し，その発熱でさらに液が漏れることを繰り返し，最終的に発火に至ることがある。ノートパソコンでは液漏れ開始から半年後や1年後に発火する例も報告されている。液漏れは回路の電圧が高いほど危険性は高くなる。携帯電話（直列なし）よりノートパソコン（3直列），電動ツール（7直列），ハイブリッド電気自動車（50～100直列），純電気自動車（80～100直列程度），発電装置という順で電圧は高くなる。電池に関する多くの公的ガイドラインでは液漏れ試験が記載されている。液漏れ試験の例を表4に示す。液漏れしても電池は作動しており電池使用者は気づかない，また，具体的な電解液溶媒に選択的に応答する液漏れセンサが事実上ないため，液漏れ対策はやっかいな問題である。液漏

表4 液漏れ試験方法の例

| ガイドライン，規格 | 試験内容 |
|---|---|
| JIS C8712　密閉型小型二次電池の安全性（2006年）抜粋 | 温度サイクル：75℃，4時間→30分以内に20℃，2時間以上→30分以内に−20℃，4時間→20℃，2時間以上。これを4回繰り返す。その後7日間放置，検査。<br>低圧：20℃，11.6 kPa（15,240 m 相当に減圧）6時間<br>判断基準：破裂，発火，漏れる液があってはならない。 |
| SBA G1101　リチウム二次電池安全性評価基準ガイドライン（1995年第1版） | 高温貯蔵試験：(a)100℃，5時間→20℃，24時間以上放置，60℃，30日間→20℃，24時間以上放置。 |

れの場所は，蓋と電池缶の間，つまりかしめやレーザーシール不良部分だけでなく，安全弁や高分子部品（ガスケット等）等もある。安全弁から液漏れした過去の例では，安全弁のノッチ（切り込み部分）の肉厚が薄いものがあり，かつ電解液が多いものと組み合わされた場合がある。このような組み合わせが生じると，落下等の衝撃や高温，高湿時に安全弁のノッチ部に亀裂が入り漏液する可能性があった。当時は電池1本使用でも複数使用でも電池と保護回路を電気絶縁性の高分子（ビニル）チューブ等で覆い電池パック化するものが多かった。このため液漏れすると保護回路基板の上に液が溜り易く配線の銅のマイグレーションを引き起こし銅による短絡を起こす可能性が高かった。

## 3　リチウムイオン電池の安全性評価の基本的な考え方

市場トラブルやリコールが実証しているように現在販売されている工業製品としてのリチウムイオン電池は過酷な条件では極まれに発火する可能性がある。工場出荷前の最終的な電池の安全性評価は安全性試験で行っているのが現状である。安全性評価の対象電池は電池ユーザーによって様々である。例えば，スマートフォンや電気自動車を開発している方は機器に電池を搭載した状態で電池を部品として使用した機器自体の試験で評価するというのが一般的な考え方であろう。電気自動車の衝突試験は典型例である。著者は電池を作る側の人間なので単電池（素電池）試験の重要性を提案するが電池ユーザーの方からは単電池の試験は参考程度と言われることも多い。

リチウムイオン電池は現実使用で安全性を確保するために保護素子や保護回路，充放電制御装置（BMS，バッテリーマネイジメントシステム）が必要な電池である。BMSは基本的には電池の電圧，電流および温度を検知しながら電池の充放電を制御している。この制御のための基本パラメータは単電池試験で得られる。見当違いなパラメータを使用していると電池は現実使用で発火する可能性が高くなる。単電池がパスできない試験項目は保護回路等で保護する必要がある。単電池の安全性試験は組電池に比較して試験の実施は容易である。特に大型組電池ではモジュール電池でも試験を行うのは費用や現場作業に困難が伴う場合もある。単電池試験がしっかり行わ

第3章　安全性の現状，課題と向上策

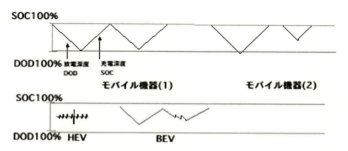

図1　モバイル機器と電気自動車における電池の使われ方の違い
　　（イメージ図）
DOD：放電深度，SOC：充電深度，HEV：ハイブリッド電気自動車，BEV：純電気自動車（エンジンなし）

表5　モバイル機器と電気自動車用電池構成の違い（イメージ）

| 項目（単電池容量） | 小型電池 | | 中型電池 | 大型電池 |
| --- | --- | --- | --- | --- |
| 用途例 | 携帯電話 | ノートパソコン | ハイブリッド車（HEV） | 純電池自動車（BEV） |
| 単電池容量/Ah（増大） | 0.8-3 | 2-3 | 5-7 | 80-100 |
| 単電池直列数（増大） | 1 | 3 | 60-80 | 90-100 1 |
| 使用年数/年（増大） | 1～3 | 2～3 | (10～15) | 15 |
| 電池使用条件（多様化） | 放電深度100%サイクル | 同左 | 浅いサイクル | 深いサイクル |

表6　電池の安全性試験項目例

| 試験分類 | 試験項目 |
| --- | --- |
| 電気的試験 | 外部短絡 |
| | 過充電 |
| | 過放電 |
| | 過充電 |
| 物理的試験 | 釘刺し |
| | 圧壊 |
| | 落下 |
| | 振動 |
| | 減圧 |
| 熱的試験 | 加熱試験 |
| | 温度衝撃 |
| | 火中投下 |
| | ホットプレート |
| | 油浴 |

れていれば組電池の安全性試験は保護回路の作動確認試験やシミュレーションで代替できる場合もある。具体的な用途が決まっていれば，電池の実使用条件に準拠した安全性を評価することになる。この時，単電池，モジュール，最終組電池という順番で安全性を検討していくのが正攻法

であろう。モジュールや組電池では，単電池の安全性試験で非安全にならなかった試験項目でもモジュール電池内の単電池は大丈夫かどうか確認する必要あり。熱がこもるような条件になっている場合や並列接続なら外部短絡時の電流の回り込みがある等を検討する必要がある。また，単電池のトラブルが起こった時のモジュールや組電池内の単電池周辺の電池への影響を把握することも必須項目である。

モバイル用と電気自動車用のリチウムイオン電池の使い方の違いを図1に，組電池構成の違いを表5に示しておく。単電池試験の基本的試験項目を表6に示す。

## 4 リチウムイオン電池の安全性試験

リチウムイオン電池の安全性は安全性試験結果で判断している。安全性試験のガイドライン，基準，規格に関する説明は本書の他の原稿を参考にして頂きたい。本稿では安全性試験について補足したいことを簡単に述べる。

### 4.1 重要試験項目

リチウムイオン電池の安全性試験項目については多くの提案がある。単電池に注目すると以下の4項目が特に重要な項目となる。つまり，外部短絡（実使用で起こる確率が高い），加熱試験（熱安定性試験），釘刺し試験（内部短絡試験），および圧壊試験（物理的破壊）である。外部短絡は現実に起こる確率が高い。加熱，釘刺しおよび圧壊は現状の保護素子では防げない。内部短絡および圧壊では局部発熱が熱暴走の引き金である。また，少なくとも一つの安全性試験について3個以上の電池を試験することが望ましい。もし疑わしい結果が得られた場合には，電池の試

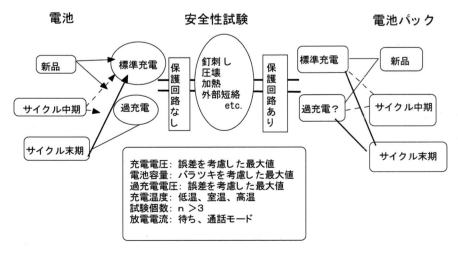

図2　安全性試験と試験前の電池の状態の関係

第3章 安全性の現状，課題と向上策

験個数をさらに増やす必要がある。安全性試験前の電池の状態と単電池，電池パックの関係を図2に示す。電池パックは基本的には保護回路付きで専用充電器を使用して試験するが，必要に応じて保護回路や素子をはずして試験する場合もある。二次電池の場合，充放電サイクル後の安全性は慎重に検討する必要がある。安全性試験はサイクル寿命の中期および末期の電池および電池パックについて実行されなければならない。電池の種類および安全性試験項目によってはサイクル数の少ない時点で危険になることも，サイクル末期で危険になることもある。充放電後の安全性が低下する場合，より注意深い検討が要求され，試験項目の追加も必要となる。電池パックやモジュール電池の安全性試験は事実上，保護回路の動作確認試験になる場合が多い。充放電サイクル条件は，それぞれの機器について，使用機器の実際の使用条件と専用充電器の仕様によって特定化されたものである。

　さらに，安全性試験は，充放電の制御回路が壊れて，最初の保護回路あるいは保護素子が働いた場合まで，新品および充放電後の単電池および電池パックについて実行されなければならない。これは制御回路等の誤動作や不良の可能性がゼロではないためである。この典型的な例は「過充電電池」であり他のガイドラインでは安全性試験の対象にされていない。ここでいう「過充電電池」とは過充電保護が作動する電圧まで充電された電池であり過充電保護が作動する電圧も誤差を考慮した最大値を使用する。また，電池パックが電池直列使用の場合は電池の容量アンバランス，並列使用の場合は電池の電流の回り込み等に対する検討が必要になる。充電器に温度検出機能がある場合や電池の使用温度に制限がある場合，その上限（高温側）および下限値（低温側）での安全性の確認も必要になる。少なくとも一つの安全性試験について，最低でも5個以上の電池を試験することが望ましい。もし疑わしい結果が得られた場合には，電池の試験個数をさらに増やす必要がある。保護素子や保護回路は電池内部，電池パック内部あるいは充電器の中にある。前述のように，その例は，PTC素子（電流，温度ヒューズ），温度（電流）ヒューズ，過充放電あるいは過放電保護回路等である。

## 4.2 内部短絡試験

　電池の内部短絡は事故の原因で最も多いと解釈されており現状の保護素子が充分には機能しないため電池自体が内部短絡に耐える必要がある。多くの議論があるのが内部短絡試験方法である。金属製釘による釘刺し試験を内部短絡模擬試験として扱う考え方は従来からあった。しかし，金属製釘刺し試験は内部部分短絡の模擬状態を反映していないという議論は現在でも続いており種々の内部短絡試験方法が提案されている。釘刺し試験の最大の問題点は具体的な試験条件で試験結果が変わる（恣意的とも言える）ことで，さらに同一条件で同じ試験を繰り返しても試験結果がばらつくことが指摘されている。試験条件の違いの例は釘の材質や形，釘刺し試験速度等である。このため適切な釘の材質および形への変更が提案されている。また，金属の釘刺し試験の代替内部短絡試験方法も提案されている。その一例はJIS規格（JIS C8714，携帯電子機器用リチウムイオン蓄電池の単電池及び組電池の安全性試験）に記載されている内部短絡試験方法であ

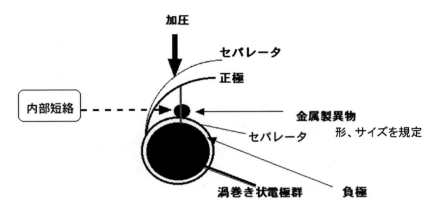

試験前に電池を解体し金属製異物(形状、サイズを規定)を挿入

図3　強制内部短絡試験のイメージ図

る。この試験は，図3に示したように金属異物を電極群の内部に挿入し圧力を加え強制的に内部短絡させる試験である。この試験方法は実際に起こった2006年のノートパソコン用リチウムイオン電池の発火トラブルの原因を再現したもので理解し易い。この試験では5mV電池電圧が下がったら試験を終了可能である。さらに学会報告では非破壊試験で電池外部からレーザー光を照射する方法とか熱量計使用による熱パラメータを測定し机上計算（シミュレーション）で釘刺し試験を行う方法等，様々な提案が行われている。

　上述したように釘刺し試験はたまたま釘が少し曲がって刺してしまった等により試験結果が変わる。釘刺し試験の意義について多くの議論がなされている。この分野に新規参入した人や世代交代した若い人の意見では金属釘刺し試験は非論理的（内部短絡の模擬ではない）で乱暴なやり方で試験自体に意味がないというものが多い。ある意味，もっともである。事故を減らすための試験でなければならないからである。最終的には現在の電池産業を担う世代に判断に任せる。しかし，著者の個人的な意見では釘刺し試験は必要だと考える。内部短絡模擬であろうがなかろうがこれまでの膨大なデータベースがある。過去の電池製造個数が多いメーカーほどデータベースが充実しているはずである。釘刺し試験でだめなものは市場でもトラブルを起こすことが多いという昭和の経験である。極論，暴論を口にすると釘を刺している現場の担当者は電池の善し悪しが感覚で判るかもしれない。工業製品の信頼性試験の一つとして電圧が0Vになるまでの釘刺し試験は価値があると考える。

　釘刺し試験を電池の内部短絡模擬試験として扱い電池の市場トラブルと関連付けた報告例[2]がある。図4に示した丸印はリチウムイオン挿入炭素負極と電解液の熱量測定（DSC）の結果である。同じ傾向を示している三角印で表した測定点は炭素と$LiCoO_2$を使用した実用型金属缶角形電池の釘刺し試験における最高到達温度である。

第3章　安全性の現状，課題と向上策

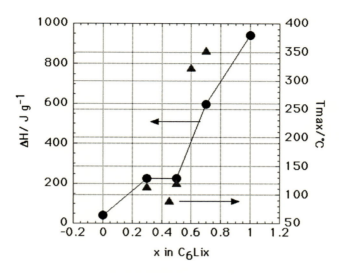

図4　黒鉛負極の充電深度と発熱量の関係

## 5　完全放電状態の電池の熱暴走

　充電中の電池の事故は多い。これは電池にエネルギーを与えている状態で種々の現象を伴うため判り易い。しかし，放電後の電池も熱暴走する例はかなりある。本稿では詳細は省くが，ここで放電時の熱挙動情報をごく簡単に述べる。学会や論文における実験室での電池材料の室温から400℃までの熱量計を用いた測定報告による放電状態における発熱挙動の例を以下に示す（表7）。完全放電後で起こる発熱の例は，電解液溶媒の熱分解，電解質の熱分解，バインダの熱分解，SEIの成長（電池の充放電後に途中で止まっていたSEI形成反応が昇温によって完結する），溶媒のリチウムによる還元反応生成物（アルキルカーボネートの二量体）が他の物質へ変化する反応等（100℃以下から開始）があり（エチレンカーボネート，ECの場合の例を式(1)および(2)に示す），さらに一度生成したSEIが他の化合物へ変化する反応，SEI成分の熱分解（100℃～300℃）等がある。SEIは種々の成分から構成されており，一部は変化，一部は熱分解，主成分の熱分解，加えてSEI内部にたまっていた金属リチウムが電解液と反応する発熱もある。SEI関連の発熱反応は負極および正極，両方から起こる。さらにセパレータや電極ポアに蓄積していた電解液分解物の分解物に起因する発熱等がある。

$$2C_3H_4O_3(EC) + 2Li -> (CH_2OCO_2Li)_2 + C_2H_4(g) \tag{1}$$

$$(CH_2OCO_2Li)_2 -> Li_2CO_3 + C_2H_4(g) + CO_2(g) + 1/2O_2(g) \tag{2}$$

　実験室における電池材料の発熱挙動の測定は実際の電池の状態を正確に反映している訳ではなく，あくまでも参考データではあるが気になる点は多い。例えば，$LiCoO_2$や三元系正極（$Li(Co-Ni-Mn)O_2$）のような酸化物でも電解液のような物質があれば燃える。炭素と電解液があればオ

表7　実験室における電池材料の昇温時に観察される熱挙動測定例（負極および正極）

| 完全放電後に起こる発熱の例 | 温度範囲 |
|---|---|
| SEIの成長（電池の充放電後に途中で止まっていたSEI形成反応が昇温によって完結する） | 100℃以下から開始 |
| 溶媒のリチウムによる還元反応生成物（アルキルカーボネートの二量体）が他の物質へ変化する反応等 | 100℃以下から開始 |
| 一度生成したSEIが他の化合物へ変化する反応，SEI成分の熱分解 | 100℃～300℃ |
| 電解液溶媒の熱分解，電解質の熱分解，バインダの熱分解 | 100℃～300℃ |
| SEI内部にたまっていた金属リチウムが電解液との反応 | 100℃～300℃ |
| セパレータや電極ポアに蓄積していた電解液分解物の分解物に起因する発熱 | 100℃～300℃ |

　リビン構造のLiFePO$_4$正極を用いた電池も燃える。Li$_4$Ti$_5$O$_{12}$負極を用いた電池も論文では加熱試験で燃えるという報告[3]もある。セパレータは炭化水素だから燃えるという人もいる。酸化物でも条件によっては燃えるという事実は，酸化物や硫化物を使用した電池でもその可能性はあるかもしれないという危惧を一般の方に抱かせる可能性はありえる。このため，燃えないと主張する研究者は電池の素人である電池ユーザーが納得する明確な証明データを提示する必要があろう。モバイル機器ではリチウムイオン電池が燃えることは一般に知られているため，日本国内外で一般の人が電池自動車用リチウムイオン電池は燃えるのではないかと思っている人がいると推察される。

## 6　まとめと今後の展開

　様々な分野で安全性向上のための研究開発は日々進展していると考えられる。大型組電池や組電池構成のための単電池数が多い場合には安全性確保のために，単電池の電圧，温度制御を確実に行い，充放電制御システム（BMS）の多機能化と高性能化，高信頼性化，長期使用，電池使用環境の多様性に対する耐久性向上が要求される。そして安全性試験を実施しないと判らない未知の領域があるため安全性試験を現実的，合理的な手法で実施する必要があると考えられる。

### 文　　　献

1) 鳶島真一，リチウムイオン電池の安全性と要素技術，科学情報出版（2016）
2) 塚本　寿，小松茂生，水谷　実，山地正矩，信学技報，CPM-94-100, 7（1995）
3) D. G. Belov, D. T. Shieh, *J. Power Sources*, **257**, 96（2014）

# 第4章　安全，高出入力，長寿命性能に優れた
# 　　　　チタン酸リチウム負極系二次電池

高見則雄*

## 1　諸言

　$CO_2$ 排出削減などの環境対策から低燃費，低排ガスのハイブリッド自動車（HEV），プラグインハイブリッド（PHEV），電気自動車（EV）などの電動化車両（xEV）の普及・拡大が望まれている。そのため，これらをターゲットにした大型二次電池の重要性が益々増している。とりわけ，二次電池の中で大きなエネルギー密度を持つリチウムイオン電池の期待は非常に大きい。

　自動車の用途では，携帯機器用の小型リチウムイオン電池を超える高い性能要求がある。特に，高出入力，高エネルギー，長寿命，急速充電，低温性能に加え高い安全性と信頼性が求められる。例えば，EV や PHEV においては低温から高温の広い温度範囲で大きなエネルギー量で充放電サイクルを長期間繰り返すため，より厳しい耐久寿命性能と安全性の確保が求められる。さらに，利便性向上のため急速充電しても高安全で寿命劣化しない電池が求められる。しかしながら，リチウムイオン電池は急速充電（高入力）や低温環境下（冬季）での充電，高温環境下（夏季）での充放電サイクルや放置において急激な寿命劣化と安全性低下を引き起こす恐れがある。そのため耐久寿命，安全性を確保する観点から充電速度，入力密度，充電状態（State Of Charge：SOC）の制限や電池温度コントロール（冷却）を行い実際に使用できる実行エネルギー量は搭載電池総エネルギー量に比べに大幅に低下することがある。したがって，車載用の大型リチウムイオン電池において高い安全性の確保と実効エネルギー密度 UP および長寿命性能の両立に向けた技術開発が重要である。

　このような課題を解決するため，東芝は従来の炭素系（黒鉛）負極に替わって微粒子化したチタン酸リチウム（$Li_4Ti_5O_{12}$：LTO）負極を用いることで急速充電可能な LTO 負極系二次電池「SCiB™」を開発，2008年に量産を開始した。現在，高エネルギー型 SCiB™（図1）は，EV 自動車，EV バス，鉄道，定置用蓄電システムに，高出力型 SCiB™ は，減速エネルギー回生システム付きアイドリングストップシステム（ISS）車やマイルド HEV 車に使用されている。本稿では，車載用に開発，製品化した安全，高出入力，急速充電，長寿命な LTO 負極系二次電池の特長と技術について紹介する。

---

\*　Norio Takami　㈱東芝　研究開発センター　首席技監；工学博士

図1　高エネルギー型 20 Ah 級 SCiB™ の外観写真

## 2　電池性能と安全性の課題

　一般的にリチウムイオン電池は，急速充電や低温下で充電すると負極炭素（黒鉛）表面に金属リチウムが析出しやすくなるため，サイクル寿命劣化や内部短絡の恐れがある。そのため高い精度で充電制御を行うと共に金属リチウム析出を防ぐため適切なマージンを持った電池設計が必要である。

　特に，車載用電池では高出力放電や急速充電性能が要求されるため電極抵抗や電解液抵抗を小さくして電池の内部抵抗をできるだけ小さくしなければならない。このため電極やセパレータの薄膜化，電極材料の微粒子化や導電材の最適化が必要である。このような低抵抗化においては，電池の異常内部短絡時には瞬時に大きな電流が短絡箇所に集中して流れるため，急峻な発熱へ進む危険性があり，発熱反応の拡大をできるだけ抑制することが必要である。負極炭素材料の微粒子化は，比表面積を増大させるため副反応である有機電解液の還元分解反応を引き起こし，炭素粒子表面に分解物である絶縁性皮膜を形成，抵抗上昇と電池寿命性能を大幅に低下させる。さらに 100℃以上の高温環境下では炭素材料からの発熱量が増大するなど安全面の課題がある。したがって，車載用のリチウムイオン電池では，高い安全性の確保と高出力放電，急速充電性能，実効エネルギー密度 UP を両立できる材料・技術開発が重要なポイントである。今後，EV の普及，利便性向上のためには，航続距離の向上と共に数分で急速充電できることが望まれるが，電池寿命の劣化と安全性が課題となる。

　近年，リチウムイオン電池に用いられている黒鉛負極に替わって，スピネル結晶構造のチタン酸リチウム（LTO）が注目されている。LTO は，古くから充放電に伴う体積変化が小さく長寿命な電極材料として検討されてきたが[2〜9]，理論エネルギー密度が小さいためコイン型電池用途に限られてきた。ところが，LTO 粒子の電気化学特性解析，微粒子化，高品質化等の改良や電極の低抵抗化の開発が進み，LTO 負極は高い出入力性能と卓越した安全性を有することが実証された[10〜22]。我々は，このような LTO 負極を車載用や社会インフラ用に開発することより，高

第4章　安全，高出入力，長寿命性能に優れたチタン酸リチウム負極系二次電池

い安全性，高出入力，長寿命，急速充電性能を有するLTO負極系リチウムイオン電池"SCiB™"[15~20,23,24]を製品化した。以下，本電池のLTO負極特性から電池性能と安全性技術を紹介する。

## 3　基本性能と安全性

### 3.1　LTO粒子のLi吸蔵・放出反応の速度論

高出入力性能が要求されるHEV等向けにLTO粒子を応用するためにLi吸蔵・放出反応の速度論に基づいた材料設計・開発が重要となる。これまでに，LTO粒子を従来の黒鉛粒子に比べ1/10~1/100程度に微粒子化（半径0.5μm以下）することにより，短時間でLiイオンを吸蔵・放出することができるようになり1分間で約80％の充電が可能となった[20]。LTO粒子は微粒子化しても黒鉛粒子のような副反応は少なく，効率良くLi吸蔵することができる。LTO粒子のLi吸蔵・放出する電極電位は，図2に示すように約1.55 V vs. Li/Li$^+$の一定電位であるため，電気化学的に有機電解液の還元分解は少ない。一方，LTO粒子のLi吸蔵・放出反応は二相共存反応であるため充放電曲線は電位平坦性を示し，高電子伝導性の岩塩構造LTO-rock-salt（$Li_7Ti_5O_{12}$）相と低電子伝導性のスピネル構造LTO-spinel（$Li_4Ti_5O_{12}$）相からなるコア・シェル構造を形成することが知られている[8,21,22]。したがって，LTO-spinel相とLTO-rock-salt相からなるコア・シェル相界面移動に基づいた速度論的な電極反応を理解する必要がある。LTO単一粒子の電気化学測定からLi吸蔵過程では拡散支配，放出過程では電荷移動支配が示唆された[20]。LTO微粒子からなる薄膜複合電極の電気化学測定からLTO-rock-salt相中のLiイオンの

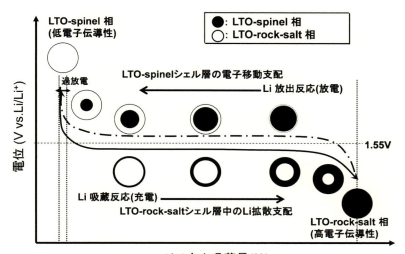

図2　LTO粒子のリチウム吸蔵・放出反応とコア・シェル構造変化

化学拡散係数（$D_{Li}$）値は，LTO-spinel 相より一桁小さいことが確認された[23]。つまり，Li 吸蔵（電池充電）においては，LTO 粒子表面のシェル層の厚膜化により LTO-rock-salt 相中の Li イオン拡散の影響が大きくなる。一方，Li 放出（電池放電）においては，粒子表面の低電子伝導性の LTO-spinel 相からなるシェル相の電子伝導抵抗の増大の影響が大きくなる。このような LTO 粒子の特徴的な速度論的特性から，高出入力用途に適用する低抵抗な LTO 負極開発が求められる。

### 3.2 LTO 負極系二次電池の特長

LTO 負極と従来の $LiCoO_2$(LCO)，$LiMn_2O_4$(LMO)，$LiNi_{1-x-y}Co_xMn_yO_2$(NCM) などのリチウム金属酸化物正極を組み合わせると，電池平均電圧は，2.2〜2.5 V となり 2 V 系のリチウムイオン電池となる。ここでは，容量 3 Ah 級の高出力型の LTO/LCO ラミネートセルの特性を紹介する。

大電流放電性能として 150 A（50C レート）の連続放電でも平坦な電圧を示し 95% の高い容量維持率を得た。このような高い放電レート性能は，HEV 用や PHEV 用の高出力型の電池に適用できることを示している。さらにサイクル寿命性能として，30 A の急速充電（6 分間率充電）を繰り返し，急速充電サイクル寿命性能を調べた。その結果，1000 回繰り返した後でも容量低下を 1% に抑えることができ，負極に黒鉛を用いた従来の高出力型リチウムイオン電池に比べ格段に優れたサイクル寿命性能を示した（図3）[15]。また，黒鉛負極に比べ急速充電を繰り返しても LTO 負極の体積変化が非常に小さいためで電池厚さの変化はほとんどない（図4）。これは角形電池においてサイクル寿命性能向上に加えてセル，パック設計に有利となる。また LTO 負極は，

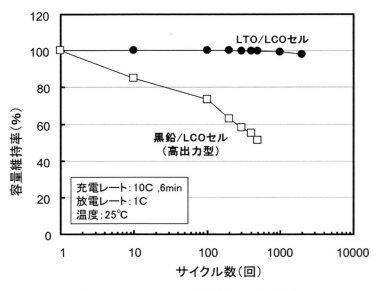

図3 LTO/LCO セルの急速充電サイクル性能

# 第4章　安全，高出入力，長寿命性能に優れたチタン酸リチウム負極系二次電池

充放電反応に伴うエントロピー変化（$\Delta S$）が小さく電池熱設計や温度管理が容易となり，電池サイクル寿命に有利となる。したがって，LTO負極系セルのサイクル寿命性能は，将来，長期間の使用でも電池交換の不要もしくはメンテナンスを軽減でき，省資源・エネルギーの観点からも期待される。

一方，車載用電池においては－30℃以下の環境で使用されるため優れた低温放電性能は求められる。図5に低温放電性能を示す。LTO/LCOセルは，黒鉛/LCOセルに比べ優れた低温放電性能を示すことが分かる。LTO系負極セルは，電解液にプロピレンカーボネート（PC）溶媒を

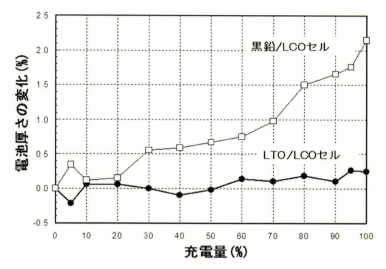

図4　充電中の電池厚さの変化

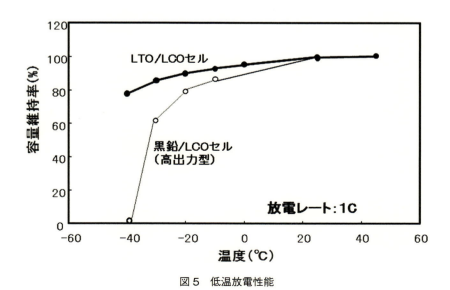

図5　低温放電性能

使用することができるため−40℃でも電解液が凝固することは無く，−30℃以下でも優れた放電性能を有する。以上の優れた放電性能，サイクル寿命性能，低温性能からLTO負極系二次電池は，車載用に適合するバランス性能の良い電池系といえる。

### 3.3 安全技術

電池が発熱から熱暴走に到る非安全な状態になる原因としては，何らかの外部的あるいは内部的な異常に伴って電池温度が上昇すると，幾つかの発熱反応が電池内部で起こりさらに温度上昇する。そして電池内部からの発熱が熱拡散を上回った時に熱暴走が起こる。

一般的にリチウムイオン電池の主な発熱反応過程は，①負極による電解液の還元反応，②電解液の熱分解，③正極上での電解液の酸化，④負極の熱分解，⑤正極の熱分解，⑥正極と負極の反応の順で発熱し熱暴走へ到ることが知られている[27]。現在，主に⑤反応の正極の熱分解による酸素発生，発熱を抑制する観点から$LiMn_2O_4$や$LiFePO_4$を高出力リチウムイオン電池の正極材料として注目されている。一方，最近，より低い温度での発熱トリガーとなる①と④の反応を抑制することで効果的に熱暴走抑制できることが検討されている。このため黒鉛負極に替わってLTO負極を用いることで①と④の反応が抑制されることが確認されている[14]。例えば，高温下での安全性を調べるため，有機電解液中のLi吸蔵したLTO（Li-LTO）負極とLi挿入黒鉛（Li-graphite）負極の示差熱分析を行った結果，LTO負極は，従来の黒鉛負極に比べ発熱量は約1/10に減少することが分かった[17]。これによりLTO負極の発熱反応がトリガーとなって熱暴走を引き起こすことが抑制され，安全性に寄与することができる。

一方，電池異常として外部から保護できない現象として内部短絡がある。内部短絡では短絡部の発熱から電池全体へ発熱拡大，暴走反応を止めることが必要である。図6に黒鉛負極とLTO

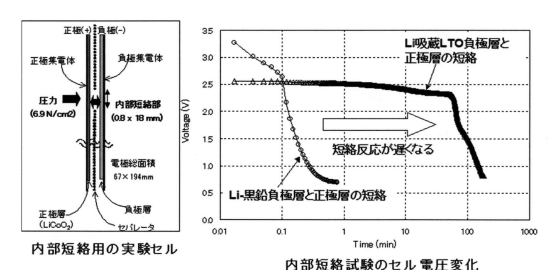

図6 黒鉛負極とLTO負極を用いた電池の内部短絡模擬試験

# 第4章　安全，高出入力，長寿命性能に優れたチタン酸リチウム負極系二次電池

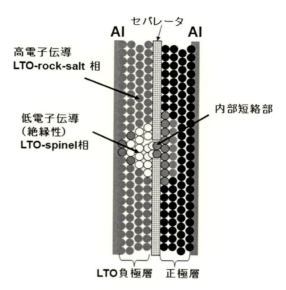

図7　LTO負極層と正極層の内部短絡モデル

負極を用いた内部短絡実験用セルの短絡速度を調べた結果を示す[19, 20]。LTO負極は黒鉛負極に比べ内部短絡時間が約1000倍遅くなることが分かった。このため内部短絡を起こしても電池の急激な発熱反応は緩やかになる。図2に示すようにLTOはLiイオンを完全に放出した状態（電池の完全放電状態）では絶縁性に近い低い電子伝導体（LTO-spinel相）に相移行するため図7の短絡箇所（完全放電状態）のLTO表面は絶縁化し，短絡電流を抑制する自己保護機能を発揮することができる。つまり，LTO負極の高い熱安定性と絶縁相への相移行の性質によって内部短絡等の急激な発熱反応は効果的に抑制できる。

一般的に電池の安全性を評価するアビューズ試験として，外部短絡試験，内部短絡の模擬試験として釘刺し試験，圧壊（押しつぶし）試験，昇温試験，過充電試験，過放電試験などがあるが，特に，高出力タイプや大容量の電池では，内部抵抗が小さくなるため内部短絡試験の釘刺し試験や圧壊試験において，急激な発熱が起き易くなる。図8に押しつぶし試験後の外観と温度上昇を示す。容量3 AhのLTO/LCOセルを直径10 mmの丸棒で4 mm/sのスピードで押しつぶす強制内部短絡試験を実施したが，電池の最高温度は43℃のみで，漏液，ガス発生，発火は無く，内部短絡試験での高い安全性を確認した。このような緩やかな発熱は，①と④の反応に伴う発熱量が非常に小さいことと，短絡箇所でのLTO表面の絶縁化により放電反応の進行が抑制されるためである。

したがって，以上のLTO負極の自己保護的な安全機構を有する内部短絡挙動は，車載用や社会インフラ用の大型，高出力電池の安全性向上に寄与することができる。

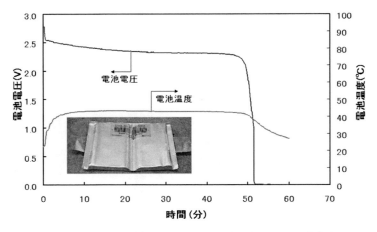

図8 3 Ah LTO/LCO ラミネートセルの丸棒押しつぶし試験結果

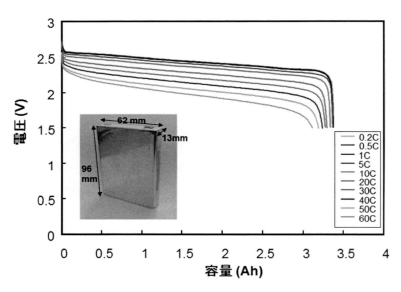

図9 3 Ah 級 LTO/LMO 角型セルの外観と放電レート性能

### 3.4 高出力型 LTO/LMO 系セル

ISS 車やマイルド HEV 車等の高出力向け電池として 3 Ah 級 LTO/LMO 系セル[24]の性能を紹介する。図 9 に 3 Ah 級 LTO/LMO 角型セルの概観と放電レート性能を示す。平均電圧 2.5 V,電池容量 3.3 Ah である。60 C レート放電（1 分間率放電：180 A）で 90％以上の高い容量維持率を示し，大電流連続放電性能に優れていることが分かる。図 10 に各 SOC での 10 秒出入力密度の測定結果を示す。10％から 80％の広い SOC 範囲で 2600 W/kg 以上の高い出入力密度が得られた。高い出力・入力性能を広い SOC 範囲でバランス良く維持できる。このようなフラットな出入力特性は，HEV や ISS 用の電池パックを小型，軽量化に設計できる利点がある。さらに，

第4章　安全，高出入力，長寿命性能に優れたチタン酸リチウム負極系二次電池

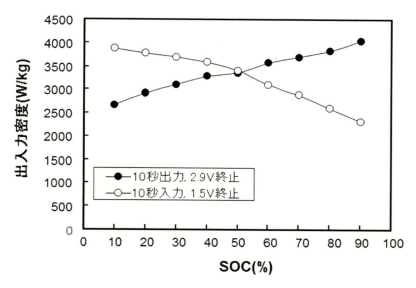

図10　3 Ah 級 LTO/LMO 角型セルの 10 秒出入力性能

LTO 負極は高入力充電や低温環境下で充電しても金属 Li 析出は生じない。そのため実用レベルで高い SOC 値まで高入力充電できる利点がある。

HEV 用のサイクル試験として 10 C レートサイクル（30 A：6 分間率充放電，SOC 範囲：20～80%）を行った。その結果，25000 サイクルで容量維持率は 89% となり，その後の容量低下は，ほとんど無くなった。また，10 秒 DC 抵抗上昇は 10% 程度で出力低下の影響は小さいことが分かった。このよう優れたハイレートサイクル寿命性能は，HEV 用の狭い SOC 範囲でのパルスサイクルの耐久性に加え，広い SOC 範囲で急速充電放電を必要とするサイクルにおいても優れた耐久寿命を示していることが分かった。図11に 55℃ 高温貯蔵試験の結果を示す。270 日を過ぎても 90% 以上の高い容量を維持した。また電池膨れは，1% 以下でほとんど膨れずガス発生の影響が小さいことが分かった。一般的に高温環境下では，黒鉛負極表面で還元副反応による皮膜成長が加速し容量低下が顕著となる。一方，LTO 負極は電位が 1.55 V vs Li と高いため還元反応は緩和され容量低下は軽減されるものと考えられる。さらに，LTO 粒子を微粒子化しても大気中の $H_2O$ や $CO_2$ 吸着の少ない高品質な LTO 負極を用いることで $H_2$ などのガス発生[26]を効果的に抑制することができた[27]。以上の 3 Ah 級 LTO 負極系二次電池の電池性能試験から HEV，ISS に適応する高い出入力性能と耐久長寿命性能を実証した。

### 3.5　高エネルギー型 LTO/NCM 系セル

EV 等の高エネルギー向けの電池として 20 Ah 級 LTO/NCM 系セル[24]を紹介する。高容量な NCM 正極に用いることで高エネルギー密度化を実現した。平均電圧 2.3 V，放電容量 20 Ah を示した。EV 用電池パックのエネルギー，出入力性能，電池発熱，急速充電のバランスから，電

池はエネルギー密度 90 Wh/kg と 10 秒出入力密度 2200 W/kg（50% SOC）に設計されている。これにより 20～80% の広い SOC 範囲で 1500 W/kg 以上の出入力性能を有するため PHEV 用にも期待される。図 12 に放電レート性能と 20 Ah 級角型セルの外観を示す。軽量な Al 缶ケースを用いた角形セルである。8 C（160 A）の大電流連続放電において 96% の容量を維持した。−30℃ の低温環境においては、80% の放電容量を維持した。充電性能は、例えば 8 C レート（7.5

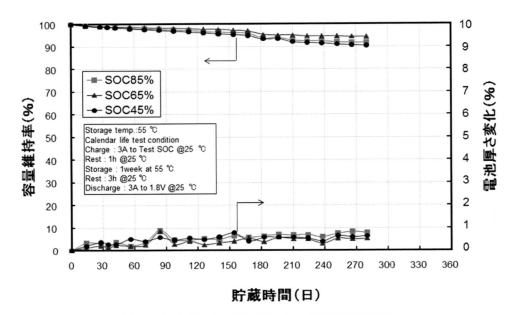

図 11　3 Ah 級 LTO/LMO 角型セルの 55℃ 高温貯蔵性能

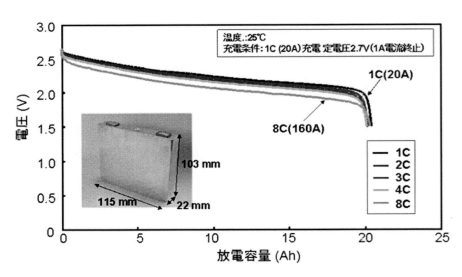

図 12　20 Ah 級 LTO/NCM 角型セルの外観と放電レート性能

第4章　安全, 高出入力, 長寿命性能に優れたチタン酸リチウム負極系二次電池

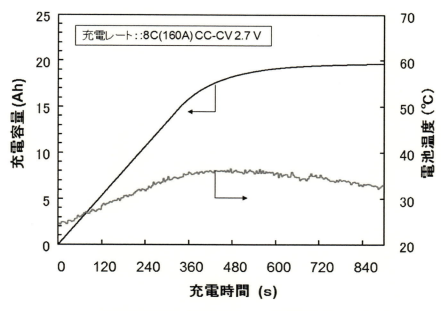

図13　20 Ah級LTO/NCM角型セルの急速充電性能

分率：160 A）で充電した場合（図13），6分間で80％までの急速充電が可能であった。また，電池抵抗が小さいため電池温度の上昇は，最大10℃程度と低いことが分かる。

一方，3Cレート（20分率：60 A）の急速充放電サイクル試験を行った。その結果，セル温度約35℃で容量劣化はサイクル数の平方根と直線関係が得られ，サイクル寿命（容量維持率80％時）は10000回以上となった。LTO負極では，充放電サイクルによる体積変化，皮膜成長，ガス発生，金属Li析出による負極利用率低下の影響は小さいため，正極での皮膜成長による抵抗上昇と正極容量低下の影響が支配的と考えられる[28]。今後，LTO負極系二次電池の電池温度履歴，カレンダーから正極劣化率を詳細に調査・把握することで比較的容易に電池寿命の予測が可能となる。以上の20 Ah級LTO負極系二次電池は，実効エネルギー密度，高出入力，急速充電，耐久寿命，低温性能のバランスに優れるため，EVやPHEVへの応用では急速充電，電費性能（km/Wh），耐久寿命性能の向上が期待される。

## 4　今後の展望

今後，xEVの普及・拡大には，リチウムイオン電池の高エネルギー密度化の進展と共に安全性，高出力，急速充電，長寿命の両立に向けた技術開発が重要となる。高品質なLTO微粒子からなる低抵抗，長寿命，安全な負極を開発することでLTO負極系二次電池は，xEVに搭載されるようになった[1]。特にLTO負極系二次電池は，卓越した安全性をベースに車載用電池として高出力性能，急速充電（回生）性能，長寿命性能，低温性能を活かすことができる。高出力型

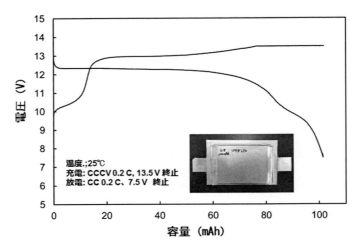

図14　12 V 級 LTO/LMFP バイポーラバッテリーの外観と充放電曲線

　LTO/LMO 系セルを 5 直列することで鉛蓄電池の電圧特性と類似するシンプルな 12 V 系蓄電システムを実現し ISS 車やマイルド HEV の燃費性能向上に貢献することができる[29]。さらに，固体電解質技術と安全性が高く耐久寿命性能に優れたオリビン構造 $LiMn_{1-x}Fe_xPO_4$（LMFP）正極を用いた LTO/LMFP セルは，鉛蓄電池代替用の 12 V 級バイポーラバッテリーとしての可能性が期待される（図14）[30]。一方，LTO/NCM 系セルを搭載した EV は高い電費性能[31]と耐久寿命性能を有している。今後，EV の本格普及のためには耐久寿命に優れた電池で残価価値を高め，中古 EV の拡大と電池材料資源の有効利用が求められる。さらに，数分で急速充電可能な利便性の高い小型 EV の普及が期待される。LTO 負極系二次電池は，急速充電，高安全性，耐久寿命の強みを活かした小型自動車や商用車，さらにバス，電車等の公共交通車両への展開・拡大が期待される。

## 文　　献

1) 高見則雄, 未来材料, **12**, No.9, 35 (2012)
2) K. M. Colbow, J. R. Dahn, and R. R. Haering, *J. Power Sources*, **26**, 397 (1989)
3) 小柴信晴, 高田堅一, 中西眞, 浅香みえ, 竹原善一郎, 電気化学, **62**, 870 (1994)
4) E. Ferg, R. J. Gummow, A. de Kock, and M. M. Thackeray, *J. Electrochem. Soc.*, **141**, L147 (1994)
5) T. Ohzuku, A. Ueda, and N. Yamamoto, *J. Electrochem. Soc.*, **142**, 1431 (1995)
6) M. M. Thackeray, *J. Electrochem. Soc.*, **142**, 2558 (1995)
7) K. Zaghib, M. Simoneau, M. Armand, and M. Gauthier, *J. Power Sources*, **81-82**, 300 (1999)

第4章 安全，高出入力，長寿命性能に優れたチタン酸リチウム負極系二次電池

8) S. Scharner, W. Weppner, and P. Schmid-Beurmann, *J. Electrochem. Soc.*, **146**, 857 (1999)
9) A. Guerfi, S. Sevigny, M, Lagce, P. Hovington, K. Kinoshita, and K. Zaghib, *J. Power Sources*, **119-120**, 88 (2003)
10) M. Majima, S. Ujiie, E. Yagasaki, K. Koyama, and S. Inazawa, *J. Power Sources*, **101**, 53 (2001)
11) K. Nakahara, R. Nakajima, T. Matsushima, and H. Majima, *J. Power Sources*, **117**, 131 (2003)
12) L. Kavan, J. Prochzka, T. M. Spitler, M. Kalbac, M. zukalova, T. Drezen, and M. Gratzel, *J. Electrochem. Soc.*, **150**, A1000 (2003)
13) W. Lu, I. Belharouak, J. Liu, and K. Amine, *J. Power Sources*, **174**, 673 (2007)
14) I. Belharouak, Y. K. Sun, and K. Amine, *J. Electrochem. Soc.*, **154**, A1083 (2007)
15) 高見則雄，稲垣浩貴，森田朋和，東芝レビュー，**61**, No.2, 6 (2006)
16) 高見則雄，産業と電気，No.642, 3, 15 (2006)
17) 小杉伸一郎，稲垣浩貴，高見則雄，東芝レビュー，**63**, No.2, 54 (2008)
18) 高見則雄，稲垣浩貴，小杉伸一郎，化学工学，**72**, 349 (2008)
19) 高見則雄，小杉伸一郎，本多啓三，東芝レビュー，**63**, No.12, 54 (2008)
20) N. Takami, H. Inagaki, T. Kishi, Y. Fujita, and K. Hoshina, *J. Electrochem. Soc.*, **156**, A128 (2009)
21) J. Ma, C. Wang, and S. Wroblewski, *J. Power Sources*, **164**, 849 (2007)
22) W. Lu, I. Belharouak, and K. Amine, *J. Electrochem. Soc.*, **154**, A114 (2007)
23) N. Takami, K. Hoshina, and H. Inagaki, *J. Electrochem. Soc.*, **158**, A725 (2011)
24) N. Takami, H. Inagaki, Y. Tatebayashi, H. Saruwatari, K. Honda, and S. Egusa, *J. Power Sources*, **244**, 469 (2013)
25) S. Tobishima and J. Yamaki, *J. Power Sources*, **81-82**, 882 (1999)
26) I. Belharousk, G. M. Koening. Jr., T. Tan, H. Yumoto, N. Ota, and K, Amine, *J. Electrochem. Soc.*, **159**, A1165 (2012)
27) N. Takami, K. Hoshina, H. Inagaki, Y. Tatebayshi, and S. Egusa, 6th International Conference on Advanced Lithium Batteries for Automotive Applications, Argonne, IL, USA, Sep. 9-11, 2013.
28) T. Hang, D. Mukoyama, H. Nara, N. Takami, T. Momma, and T. Osaka, *J. Power Sources*, **222**, 442 (2013)
29) 淡川拓郎，小島洋幸，電気学会研究会資料，VT-13-010，電気学会自動車研究会，2013年2月22日
30) N. Takami, K. Yoshima. and Y. Harada, *J. Electrochem. Soc.*, **164**, A6254 (2017)
31) HONDAニュースリリース，2012年7月23日

# 第5章　電池制御システムによる高安全化技術

江守昭彦[*]

## 1　まえがき

　リチウムイオン電池の使用にあたっては，各電池の状態を監視し電池の定格内で安全に使用すること，各電池を均等な状態に維持させること，及び，電池システムの状態を検知し，それに応じた充放電制御を行うことが必要である．また，万が一の非常時に備えて適切な保護機構を設けることもシステムの高安全化にとって重要である．特に，HEV（Hybrid Electric Vehicle）やEV（Electric Vehicle）に搭載されるリチウムイオン電池は，数10から数100個ほどの電池が直列に接続される．また，負荷平準化用などに用いられる定置型蓄電システムでは，これらの直列接続された電池列が更に並列接続され[1]，電池数の合計が数万個を超えるシステムもある．

　これらのシステムにおいて，それぞれの電池は，自己放電の個体差や経時変化等によりSOC（State Of Charge）や性能が変化する．直列接続された電池の中に他よりSOCが大きい電池が存在すると，充電時はその電池が先に上限電圧に達し，他の電池が上限電圧に達する前に充電ができなくなる．逆にSOCが小さい電池が存在すると，その電池が先に下限電圧に達し放電できなくなる．このため，各電池のSOCが揃っている場合に比べ，システムとして充放電できる量，すなわち利用可能なエネルギー容量が減少する．

　また，各電池のばらつきの程度や特性にも依るが，SOCの高い電池の劣化の加速，SOCの低い電池に制限される出力の低下も考えられる．このため，電池制御システムを設け，各電池を均等な状態に維持させることが，高エネルギー密度，高出力密度，長寿命などと言ったリチウムイオン電池の性能を最大限に発揮し，かつ安全に使用するために必要である．加えて，万が一の故障や事故等の非常時に備えて，フェールセーフなどの安全機能を設けることにより，ドライバーや乗員，周囲への被害を低減するシステム設計が重要である．

　本章では，リチウムイオン電池システムの一般的な電池制御システムの概要を紹介し，電池制御システムにより実現される高安全化について述べる．

---

[*]　Akihiko Emori　日立化成㈱　エネルギー事業本部　産業電池システム事業部
　　システム事業推進担当部長；博士（工学）

第5章　電池制御システムによる高安全化技術

## 2　電池制御アーキテクチャ

### 2.1　電池制御回路

　電池制御システムの構成はアプリケーションによって異なるが，図1に示すHEVのエレクトリックパワートレーンを例にその構成と機能の概要を述べる。BC（Battery Controller）は電池の状態を検出し，これをCAN（Controller Area Network）等の通信手段によりシステムコントローラに伝える。そして，システムコントローラはこのデータを基に，リレーやインバータ，充電器を制御し，車両システムのエネルギー制御を行う。また，異常時にはBCは充電器及びリレーを直接制御し，充放電を停止し，電池をシステムから切り離す。直列接続された電池の中間に，ヒューズとサービスディスコネクトスイッチ（SDSW）が設けられている。ヒューズは定格を超える過電流が流れた時に電池の出力を遮断する。また，SDSWはバッテリーパックの保守時に電池の出力を遮断し，感電等のリスクを下げる目的で設けられている。このため，切り離した際の端子間電圧を小さくするために直列接続の中間に設けられることが多い[2]。

　本例の様に電池数が多いシステムでは，電池制御システムの回路規模や演算量が多くなる。また，電池システムの電圧は数10Vから数100Vとなる。そこで，回路の耐圧も考慮して，これらの回路はある単位数の電池毎に分割した単位回路からなるCC（Cell Controller）と，これらを統合管理するBCを設けた構成をとることが多い。そして，各電池の制御はCCで行い，電池システム全体の制御はBCで行う分散制御を行う。すなわち，CCは各電池の電圧や温度，過充電，過放電といった異常の有無を随時監視する。一方，BCはCCにより各電池がある範囲内で均等化されている前提で，電池全体の電圧，電流，代表温度からSOCなどの電池状態を求め電池システムを制御する。更に大規模のシステムでは本構成の電池システムを複数設け，これらを

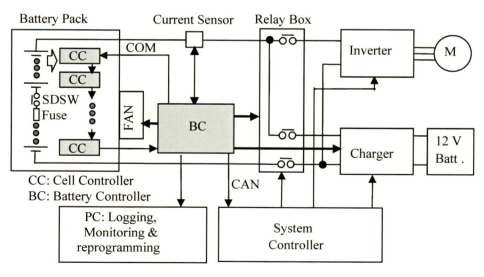

図1　HEVのエレクトリックパワートレーン

統合するコントローラを更に設ける階層構成がとられる[3~5]。

以下にBCの主な機能を示す。
① 電圧，電流，温度測定，SOC，SOH（State Of Health），許容電流（電力）演算，及び均等化演算
② 過充電，過放電，過電流，温度異常，漏電検出，ハードウェアの自己診断
③ ファン，リレー，充電器制御
④ CCとの通信
⑤ CAN，SCI（Serial Communication Interface）等による上位コントローラや診断装置との通信

また，CCの機能は以下の通りである。
① 各電池のSOC（電圧）の均等化
② 電池電圧の測定及び，過充電，過放電判定
③ BCとの通信
④ ハードウェアの自己診断

## 2.2 電池制御専用IC

ノートパソコンや携帯電話などの小型民生用リチウムイオン二次電池向けには，多数の専用ICが製品化されている。しかし，これらはシステムの電圧に応じて電池の直列数が1～4個に対応したものが主である。このため，これ以上の電池を多数個直列接続した高電圧の電池システムにこれらのICを適用する場合は，フォトカプラなどの絶縁素子が必要になる。これらの専用ICや絶縁素子を多数個使用することはコストや信頼性の面で好ましくない。そこで，多数の電池が直列接続された高電圧のシステムに適用可能な電池制御専用ICが普及してきた[6]。

図2に電池制御専用ICの内部構成例を示す[7]。電池制御専用ICは内部回路を駆動する電源回路や均等化回路，各電池の電圧や温度の検出回路と言ったAFE（Analog Front End）回路に加え，演算や通信，更には異常履歴等を記憶するデジタル回路も備える。このため，これらの電池制御専用ICでは$0.18～0.35\mu m$プロセスルールのBiCMOSやBiDMOSプロセスを採用したアナログ・デジタル回路混載のミックスドシグナルICが主となっている。そして，採用されているプロセスの耐圧にも依るが一つのICに接続可能な電池の直列数は4～16直列が主流となってきている。

図3に電池制御専用ICを用いたCCの構成例を示す。直列接続された12個の電池に一つの電池制御専用ICが接続され，この単位が更に複数個直列接続されている。そして，電池制御専用ICと並列に保護ICも設けられている。電池制御専用ICの重要な役割の一つは，上述の通り各電池が定格内で安全に使用されているかを確実に監視することである。特にリチウムイオン電池は過充電時のリスクが高い。このため，万が一，電池制御専用ICが故障した場合でも過充電を確実に検出できるように冗長の保護ICを設けている。

第5章　電池制御システムによる高安全化技術

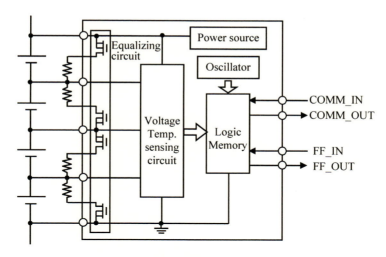

図2　電池制御専用ICの内部構成例

更に近年では図4に示す様なICの診断機能を強化することにより，図3の構成より信頼性を向上した電池制御専用ICが上市されている。本ICでは，各電池の電圧を入力し，その値を通信で伝える全経路，機能について診断を行い，各電池の電圧を確実に検出する，あるいは故障時は検出できないことを確実に伝える。例えば，各電池に接続される電圧検出線の断線検知機能や，電圧検出回路の検出値が間違っていないか診断する機能，通信で伝えている値が正しいか診断する機能を備えている。この様なEnd to End（入力から出力まで）の診断により制御回路の信頼性も向上させている。

## 2.3　均等化回路

リチウムイオン二次電池はその有機溶媒系電解液の特性から，ある種の水溶液系の二次電池とは異なり，電解液の電気分解が起こる電圧まで充電し，その電圧に揃える，いわゆる"均等充電"ができない。そのため，電気回路で均等化する必要がある。

均等化回路は様々な方式が検討されているが[8]，代表的な方式を図5に比較して示す。(a)の抵抗放電方式は，電流制限用抵抗とスイッチの直列接続対を電池と並列に設けた構成である。SOC（電圧）の大きい電池のスイッチをONし，部分的に放電することで電圧の低い電池に電圧を揃える。(b)のチャージトランスファ方式は，電池とキャパシタとをスイッチを介して並列接続する構成である。スイッチの切り替えにより，電圧の高い電池からキャパシタに電荷を移し，次にキャパシタから電圧の低い電池に電荷を移すことにより電池電圧を均等化させる。そして，(c)のトランスカップリング方式は，それぞれの電池をトランスでカップリングする構成である。電圧の低い電池を選択して個別に充電できる。また，電圧の高い電池のエネルギーを利用し，電圧の低い電池を充電することもできる。

(a)は比較的簡易で低コストで実現できる。また，スイッチまたは電流制限抵抗の電圧を測定す

車載用リチウムイオン電池の高安全・評価技術

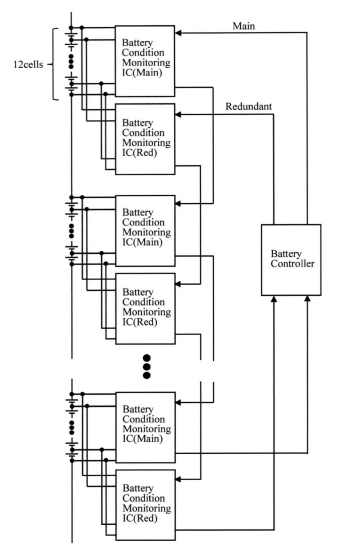

図3　電池制御専用ICを用いた構成例

ることによりスイッチ動作の診断が可能である。しかし，均等化時（放電時）は電流制限抵抗でエネルギーが浪費されることになる。(b)は電荷を移動させるため，スイッチでのロスはあるものの，(a)ほどのエネルギーロスは問題にならない。しかし，切り替えスイッチの耐圧やコンデンサ容量と均等化時間，ラッシュカレント対策が課題となる。また，(c)はトランスのサイズやコストが他方式と比べ課題である。そこで，(a)におけるエネルギーロスについて検討する。

リチウムイオン二次電池の自己放電は5％/月以下程度である。従って，自己放電の個体差はそれ以下であるが，その経時変化や温度依存性を考慮して，この値を個体差として仮に用いる。

第 5 章　電池制御システムによる高安全化技術

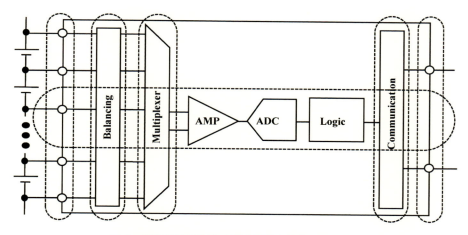

図 4　電池制御専用 IC の過充電検出経路とその診断

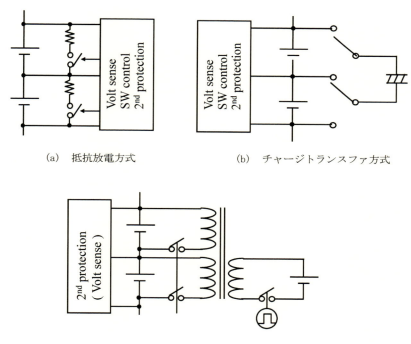

(a)　抵抗放電方式　　　　(b)　チャージトランスファ方式

(c)　トランスカップリング方式

図 5　各種均等化回路の構成

電池容量を 6 Ah とすると，1ヶ月での容量差は 0.3 Ah（＝6 Ah×0.05）。一日あたり約 10 mAh である。一日の電池システムの稼動時間を仮に 2 時間とし，この間に均等化を行うとすると，この容量差を解消するために必要な電流は，5 mA（＝10 mAh/2 h）となる。また，電池電圧を 3.6 V と仮定すると，電流制限抵抗でのロスは 18 mW となる。今，対象とする電池システムが

53

数10 kW 程度であることを考慮すると，この値は無視できるレベルである。また，上記で仮定した値をはるかに超える容量差が生じる場合は，電池自体の不良もしくはシステム上の不良であり，均等化以前の問題となる。

(a)の簡易形として，スイッチの代わりにツェナーダイオードを用いた方式もある。この方式は，均等化される電池電圧が固定のため，常に満充電状態で使用される用途において，アンバランスした電池の過充電を防止する意味で有効である。しかし，HEV のように SOC の値が常に一定ではない用途には，均等化のための充放電制御が必要となる。

## 3　電池制御ソフト

### 3.1　ソフト構成

図6に BC のソフトウェアの概略構成例を示す。入力部と演算部，I/F（Interface）部，そしてこれらを管理する全体管理部からなる。このソフトウェアの主なフローは，入力部へ入力された異常データや計測データを基に演算部で電池状態を演算し，演算結果が I/F 部へ渡される。そして，本演算結果を基に，I/F 部では異常処理や異常内容等の記録，各通信仕様への型変換と通信，外部制御などを行う。

表1に I/F 部の通信モジュールの通信内容例を示す。ここでは通信フォーマットは CAN に準拠している。通信内容は主に電池の状態を示すパラメータであり，電圧，電流，温度の計測データと，SOC，SOH，許容電流の電池制御パラメータ，及び電池と制御回路の異常データからなる。

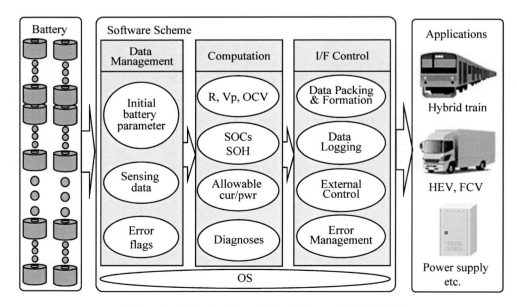

図6　バッテリコントローラのソフトウェアの概略構成例

第5章　電池制御システムによる高安全化技術

表1　通信内容例

| Signal Name | Size | Units | Range | Resolution |
|---|---|---|---|---|
| BATT_Volt | 1 byte | V | 0 – 500 | 2 |
| BATT_Current | 1 byte | A | − 200 – 200 | 2 |
| BATT_Temp | 1 byte | deg C | − 40 – 125 | 1 |
| SOC | 1 byte | % | 0 – 100 | 0.5 |
| SOH | 1 byte | % | 0 – 400 | 2 |
| Allowable Current | 1 byte | A | − 200 – 200 | 2 |
| FAULT_FLAGS | 1 byte | | | |
| 　Over Volt | bit 0 | | 0, 1 | |
| 　Under Volt | bit 1 | | 0, 1 | |
| 　Volt imbalance | bit 2 | | 0, 1 | |
| 　Over Current | bit 3 | | 0, 1 | |
| 　Over Temp | bit 4 | | 0, 1 | |
| 　End of Life | bit 5 | | 0, 1 | |
| 　Comm Err | bit 6 | | 0, 1 | |
| 　Hardware Err | bit 7 | | 0, 1 | |
| Reserved | 1 byte | | | |

以下に電池制御パラメータの詳細について述べる。

### 3.2　電池制御パラメータの定義

　SOCやSOHなどの電池制御パラメータの定義は種々提案され，議論されている。電池制御パラメータは，電池の特性や，システムの特徴，パラメータの使途を考慮して定義する必要がある。次に主なパラメータの定義を示す[9]。

#### 3.2.1　SOC

　一般的にSOCは次のように定義される。

$$\mathrm{SOC} = 100 \times Q_{remain} / Q_{max} \quad [\%]$$

ここで$Q_{max}$は満充電容量であり，温度や電流，劣化状態によって変化する。$Q_{remain}$は電池に残っている容量であり，完全に取り出せない容量も含まれる。

　HEVにおいて，SOCはエネルギーの管理に用いられる。すなわち，SOCは充電も放電も可能な様に，例えば50％と中間的な値に管理される。このため，上記定義では，電流が流れなくても温度が変化すると母数の$Q_{max}$が変化するためにSOCが変化し，SOCを管理範囲内に納めようと，意図しない充電または放電が行われ，結果として燃費が低下してしまう。

　そこで，ある充放電（温度，電流等）の条件下における公称容量$Q'_{max}$を用いて下記の通り定義する場合もある。

$$\mathrm{SOC} = 100 \times Q_{remain} / Q'_{max} \quad [\%]$$

特に，温度や電流，劣化状態によらず，システムとして充放電可能な容量を保証する必要がある場合に上記定義が有効となる。

### 3.2.2 SOH

電池の劣化と伴に容量と内部抵抗が変化する。このため，以下の3つの定義が可能である。

$$SOH = R_{aged}/R_{new} \quad (>1)$$
$$SOH = Q_{aged}/Q_{new} \quad (<1)$$
$$SOH = Wh_{aged}/Wh_{new} \quad (<1)$$

ここで，$R_{aged}$，$Q_{aged}$，$Wh_{aged}$ はそれぞれ経年変化後またはサイクル劣化後の内部抵抗，容量，電力量，$R_{new}$，$Q_{new}$，$Wh_{new}$ はそれぞれ新品電池の内部抵抗，容量，電力量である。

HEV では利用可能なパワー（W），すなわち内部抵抗が重要となる。一方，EV では航続可能距離を示唆する容量や電力量が重要である。

### 3.2.3 許容電流（電力）

電池が受け入れられる，または供給できる電流や電力は，SOC，SOH，温度に依って変化する。この電流や電力を超えて電池を使用すると，過充電や過放電，過温度上昇，短命化を来す。そこで，電池を最適に使用するため，充放電制御に許容電流（電力）が用いられる。上位のシステムコントローラでは，この値を超えない様に電流（電力）を制御する。

電池が充放電できる最大電流は以下の様に計算できる。

$$I_{maxc} = (V_{max} - OCV)/R \quad [A]$$
$$I_{maxd} = (OCV - V_{min})/R \quad [A]$$

ここで，

$I_{maxc}$：最大許容充電電流 [A]
$I_{maxd}$：最大許容放電電流 [A]
$OCV$：開回路電圧 [V]
$V_{max}$：上限電圧 [V]
$V_{min}$：下限電圧 [V]
$R$：内部抵抗 [Ω]

そして，許容電流は $I_{maxc}$ 及び $I_{maxd}$ とハードウェア上の制限，熱的な制限を考慮して定める。

また，電池が充放電できる最大電力は以下の様に計算できる。

$$W_{maxc} = V_{max}(V_{max} - OCV)/R \quad [W]$$
$$W_{maxd} = V_{min}(OCV - V_{min})/R \quad [W]$$

許容電流と同様に，許容電力も，$W_{maxc}$ 及び $W_{maxd}$ とハードウェア上の制限，熱的な制限を考慮して定める。

第5章　電池制御システムによる高安全化技術

## 4　高安全，高信頼システム

### 4.1　漏電検出

　通常時に加え，万が一の故障や事故等の非常時や保守，メンテナンス時に備えても，各シーンを想定して部品レベルからシステム，作業プロセスに至る各階層で安全対策，保護機構が設けられている。例えば，電池にはガス放出弁やヒューズ等の電流遮断機構，絶縁フィルムなどが，また，バッテリーパックにはガス排出ダクトやヒューズ，SDSWなどを備えたものがある。

　特に電池はコンデンサや半導体などの電子部品と異なり，電圧を0Vにして使用することが出来ず，常に電圧を持った活栓状態で使用される。このため，電池制御回路やバッテリーパックの設計に於いては耐圧や絶縁，活栓挿抜に関する設計と漏電に対する検討が必要である。

　例えば，バッテリーパックに地絡が発生した状態で，作業者がバッテリーパックに触れた場合は，図7の点線で示した経路で閉回路が形成され，作業者が感電する危険性がある。図7のケースでは，作業者が触れた個所には電池システム全体の電圧である総電圧が印加されることになる。このことから，地絡が発生した場合も作業者および電池システムを保護するために，電池やバッテリーパック，電池システムの筐体には総電圧や浮動電位が印加されても十分に安全な電流となる絶縁抵抗の確保が必要となることが分かる。感電事故が発生するケースとしては，この絶縁抵抗の低下により主回路のどこか1点で地絡が発生した状態で人が接触して電流が流れる経路が形成されることが想定される。そこで，漏電検出としては1点地絡を検知する地絡検知回路を設けることが多い。

　図8に，抵抗を用いた地絡検出回路を示す。本回路方式では，電池システムにおいて1点地絡が発生した場合に，R2に流れる電流によりR2の両端に発生する電圧を検知して地絡を検知する。例えば，Bの地点で地絡が発生した場合は，Bの地点の上部に接続されている電池の電圧が

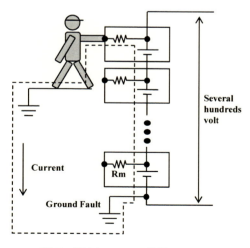

図7　電池システムの絶縁イメージ

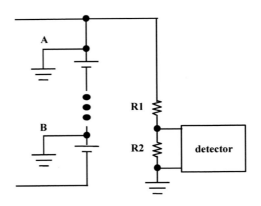

図8 地絡検出回路

R1およびR2に印加され電流が流れることで地絡を検知できる．本方式は，簡素な構成で検知回路を構成できる．その一方で，地絡箇所によって地絡が検知できない不感帯が存在することが本方式の課題である．例えば，Aの地点で地絡が発生した場合は，R2に電流が流れないため地絡を検知できない．ここでは地絡検知方式の理解の一助として本回路を取り上げたが，実際には様々な改良がなされた複雑な回路が検討されている[10]．

## 4.2 フェールセーフ

昨今のバッテリー事故事例を反映して，電池の品質や発火発煙の起こらない本質的に安全な電池が改めて重要視されている．これは当然のことであるが，万が一の故障や事故等の非常時でもフェールセーフなどの安全機能を設けることにより，ドライバーや乗員，周囲への被害を低減するシステム設計が重要である．例えば，高速道路などで故障や事故で停止すると後続の車両と衝突事故を起こす可能性があり，速やかに路肩やサービスエリアなどに移動することが望ましい．

EVなどではバッテリシステムの故障時にバッテリシステムを切り離すと自力走行が出来なくなる．これは上記のようなシーンや酷暑，極寒の環境下などのシーンで危険な状況を招くことも想定される．そこで，フェールセーフモードに入り，短時間の走行や低速走行など機能を制限して走行可能とする「リンプホームモード」を採用することが多い．

図9に階層化されたバッテリシステムの構成を示す．ここでは，直列接続された電池列ごとにリレーやCCが設けられているために，故障した電池列を切り離し残りの電池列で縮退運転が可能となる．この様な階層化アーキテクチャや分散化制御回路の採用によりロバスト性を向上させることが可能となる．また，階層化されていないバッテリシステムにおいても，階層化アーキテクチャに比べ回避できるケースは減るが，例えば，FANの故障により電池温度異常を起こした場合，発熱が許容される電流（時間や速度）の範囲内で走行させるリンプホームモードも可能である．

この様な機能安全に関して，国際規格であるISO 26262により自動車の電気／電子に関し規定

第 5 章　電池制御システムによる高安全化技術

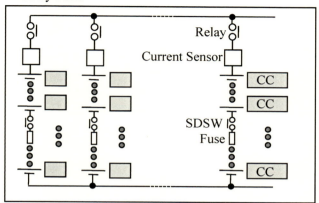

図 9　階層化アーキテクチャ

されている。これは,「要件定義（構想段階）」から,「開発」「生産」「保守・運用」「廃車」に至るまでのライフサイクル全体に渡る広範囲の領域が対象として定義されている[11]。

## 5　むすび

電池制御システムが担う高安全化技術につて，HEV のエレクトリックパワートレーンを主な例としてその構成と機能の概要を述べた。しかし，例えば，一定電流で定格の十分内側で使用する様なシステムでは，簡易な監視と保護機能によりシステムを構築することも可能である。紙面の関係上，これらのシステムや各技術の詳細説明は省略したが，電池制御システムによる高安全化技術の概要を理解する一助になれば幸いである。すなわち，電解液の難燃化や活物質の熱安定性の向上などによる高安全化は，絶対に発煙，発火しないシステムを構築する上での「本質安全」と言える。一方，制御システムによる高安全化は保護機構や制御回路によって，許容可能な程度までにリスクを低減する「機能安全」と言える。種々のシステムを参照すると，リチウムイオン電池よりもより引火性の高いガソリンやガスなどを用いたシステムが身近に存在するが，これらもコンポーネントとシステムに適した保護機構や監視装置を設けることにより安全性を確保して使用を可能としている。今後も電池の本質安全と制御の機能安全の両輪でより高安全な電池システムが構築されていくものと期待する。

## 文　　献

1) 二見基生ほか，新神戸テクニカルレポート，No.23, pp.3-8（2013）
2) 小関満ほか，新神戸テクニカルレポート，No.18, pp.15-20（2008）
3) 大村哲郎ほか，鉄道車両と技術，No.101, pp.12-18（2004）
4) 横山昌央ほか，GS Yuasa Technical Report，第9巻，第2号，pp.24-29（2012）
5) 奥田泰生ほか，Panasonic Technical Journal, **Vol.57** No.4, pp.11-16（2012）
6) 工藤彰彦ほか，新神戸テクニカルレポート，No.16, pp.16-21（2006）
7) Akihiko Emori *et al.*, IEEE, Vehicle Power and Propulsion Conference（2008）
8) 江守昭彦ほか，電子情報通信学会論文誌B，**Vol.J91-B**, No.1 pp.104-111（2008）
9) 江守昭彦ほか，炭素，No.229, pp261-266（2007）
10) 山内晋ほか，電気学会論文誌D，**Vol.136**, No.1 pp.1-8（2016）
11) 小島好美，JARI Research Journal, pp.1-3（2014）

## 【第Ⅲ編 電池材料から見た安全性への取り組み】

# 第6章 電気自動車用リチウムイオン電池

小林弘典*

## 1 はじめに

近年，$CO_2$ 削減及び脱石油を目指した電気自動車（BEV）の導入が始まり，2015年度にはテスラモーターズの Model S が世界で5万台以上，各社の BEV とプラグインハイブリッド車（PHEV）を合計すると約40万台が販売されてきている。BEV 及び PHEV の駆動電源としては高エネルギー密度であるリチウムイオン二次電池（LIB）が全面的に採用されていることから，市場の更なる成長への期待が高まってきている。

現在，世界での LIB の市場規模は1兆円超であるが，平成24年7月に経済産業省より公表された「蓄電池戦略」によると，2020年に世界の蓄電池市場が20兆円になると想定されている。図1に国内の電動車両販売台数の推移を示す[1]。2009年度以降，販売台数が顕著に増加してきたが，ここ数年は横ばいの販売台数となっている。ハイブリッド自動車（HEV）と比較してBEV

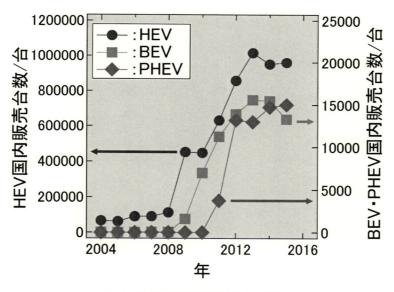

図1 国内の電動車両販売台数の推移

---

\* Hironori Kobayashi （国研）産業技術総合研究所 エネルギー・環境領域
電池技術研究部門 総括研究主幹；蓄電デバイス研究グループ
研究グループ長；博士（理学）

表1 車載用LIBに求められる特性項目

| 重要度 | 車載用 | |
|---|---|---|
| | BEV用 | HEV用 |
| ① | 高い安全性・信頼性 | 高い安全性・信頼性 |
| ② | 高いエネルギー密度（Wh/kgやWh/dm$^3$） | 高い出入力密度（W/kgやW/dm$^3$） |
| ③ | 長いサイクル寿命・カレンダー寿命（>10年） | 長いサイクル寿命・カレンダー寿命（>10年） |
| ④ | 低コスト | 低コスト |
| ⑤ | 高い充放電エネルギー効率 | 高いエネルギー密度（Wh/kgやWh/dm$^3$） |
| ⑥ | 高い出入力密度（W/kgやW/dm$^3$） | 高い充放電エネルギー効率 |

やPHEVは販売台数こそ少ないものの，特に，BEVでは航続距離を伸ばすためにLIBを多く搭載する必要があるため，2015年度にはエネルギー（Wh）当たりでの需要量ではHEV（ニッケル水素電池（Ni-MH）とLIBの合計）の約6倍に達しており，車載用蓄電池の大部分を占める有望市場になってきている。BEV用の蓄電池としては，鉛電池からNi-MH，LIBへとよりエネルギー密度の高い電池を実用化することで航続距離の長距離化が実現されてきたが，ガソリン自動車と同等の航続距離をBEVで実現するには現在のLIBのエネルギー密度でもいまだ不十分であり，LIBをさらに高性能化した次世代電池，さらには，現状のLIBを超える革新電池への期待が高まっている。表1に車載用LIBに求められる特性項目を示す。高安全性・高信頼性を示すことが全てにおいて優先するのは当然であるが，EV用では高エネルギー密度が，HEV用では高出入力密度の性能が重要視される。また，車載用では車両と同等程度の10年以上の寿命が期待されている。

## 2 車載用LIBのセル設計

自動車へのLIBの適用としては，BEVがまず挙げられる。BEVは航続距離を伸ばすため駆動用電源である蓄電池を数多く搭載する必要があるが，車内での蓄電池の搭載スペースは限られているため，高エネルギー密度のLIBがLEAF（日産自動車），i3（BMW）やModel S（テスラモーターズ）等で採用されている。BEVの一充電当たりの走行距離は搭載する電池の容量にも依存するが，現世代のLEAFで280 km，i3で390 km及びModel Sで613 kmと第一世代のBEVと比較して走行距離は大幅に伸びてきている。また，PHEVでもLIBが採用されており，PRIUS PHVでは68.2 kmのEV走行が可能である。一方，HEVでは起動時の電力供給や制動時のエネルギー回収・貯蔵をするためのみに蓄電池を用いるため，現世代プリウス（トヨタ自動車）でも主にNi-MHが採用されているが，その他のメーカではLIBが採用されている。

図2に電動車両での駆動電源の回路図と搭載されたLIBの運用例を示す。HEVとPHEVにお

## 第6章 電気自動車用リチウムイオン電池

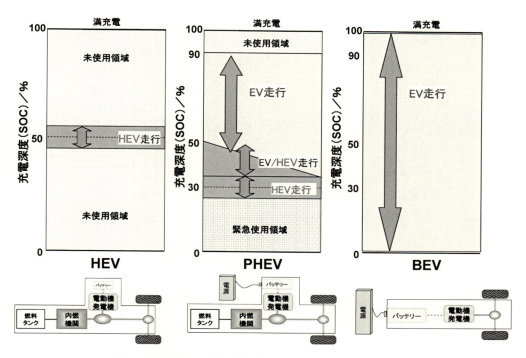

図2 電動車両での駆動電源の回路図と搭載されたLIBの運用例

いては内燃機関を搭載しているが，BEVでは蓄電池のみを搭載している。また，PHEVとEVには外部から電気を充電するためのプラグが設置されている。HEV，PHEV，BEVの順番で自動車に搭載する蓄電池の容量は大きくなるが，搭載する蓄電池の容量のみならず，自動車の種類により電池の運用方法が異なっていることに留意する必要がある。現状のHEVでは，SOC50%を中心に±5～30%程度の幅で運用することで，高出力使用時の電池の劣化を抑制するようにしている。一方，BEVでは，一回充電当たりの走行距離を伸ばすことがより重要であるため，SOC100%状態からSOC0%までの幅広い運用となる。PHEVでは，走行開始時は電気走行となるため，走行距離を伸ばすために，SOC90%状態からの運用となるが，SOC50～30%以下からは，ハイブリッド走行となる。

また，LIBの場合は高エネルギー密度化と高出入力密度化は相反する電極設計となることにも留意する必要がある。図3に電極設計と電池のエネルギー密度の関係の概念図を示す。電池は限られた体積に必要な部材を収める必要があるため，エネルギー密度に寄与する正極及び負極電極の比率を大きくすることでより高エネルギー密度を実現できる。一方，Liイオンの電解液中での拡散速度が遅いという本質的な問題があるため，高出力型の場合には電極を薄くする必要がある。このことは，蓄電とは無関係な部分（集電体やセパレータ）の比率が増えることとなるため電池としてのエネルギー密度は低下する。一方，電極を厚くして蓄電とは無関係な部分（集電体やセパレータ）の比率を減らすことでエネルギー密度を向上することが可能となるが，出力密度

車載用リチウムイオン電池の高安全・評価技術

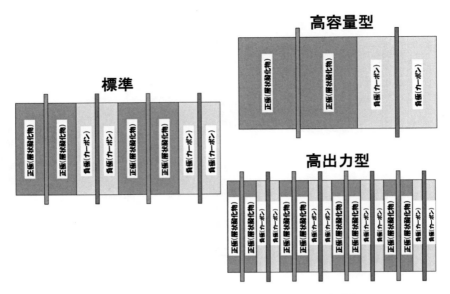

図3　電極設計と電池のエネルギー密度の関係の概念図

が低下する。そのため，電池セルとしての安全性を確保しながら如何にエネルギー密度と出入力密度のバランスをとりつつ長寿命を実現するかが重要となる。

## 3　車載用 LIB の材料構成

現在，市場に流通している LIB は主に3パターンの正極材料と負極材料の組み合わせで整理をすることができる。正極材料（層状酸化物系またはスピネル系）と負極材料（黒鉛・非晶質炭素）を組み合わせた TYPE-A の電池，正極材料（層状酸化物系またはスピネル系）と負極材料（チタン酸化物系）を組み合わせた TYPE-B の電池，正極材料（リン酸塩系）と負極材料（黒鉛・非晶質炭素）を組み合わせた TYPE-C の電池に分類することができる。図4に LIB の正極材料と負極材料を組み合わせた統合マップを示す[2]。実用化されている正極材料（層状酸化物系・スピネル系，リン酸塩系）は，負極材料（黒鉛・非晶質炭素）に比べ容量密度が低いことが見て取れる。図5に TYPE 別の電池設計の概念図を示す。具体的には，正極及び負極活物質の利用電位範囲が TYPE により異なり，それが，電池性能に影響を与えることとなる。

TYPE-A の電池では，正極材料に多くの選択肢があるため目的の性能に応じた材料選択が可能である。層状酸化物系であるニッケルコバルト酸リチウム（$Li(NiCoAl)O_2$）や三元系（$Li(Ni_{1/3}Mn_{1/3}Co_{1/3})O_2$）は4V級で実効容量が 160-190 mAh/g の高容量を示すため高エネルギー密度化に適した材料であるが，構造中から酸素が抜けやすいため，過充電時の熱安定が必ずしも高くはない。一方，スピネル系であるスピネル酸化物（$Li(MnAl)_2O_4$）は，安全性が高くかつ出入力特性に優れているものの，実効容量が約 110 mAh/g と小さい。自動車用 LIB では層状酸

第6章　電気自動車用リチウムイオン電池

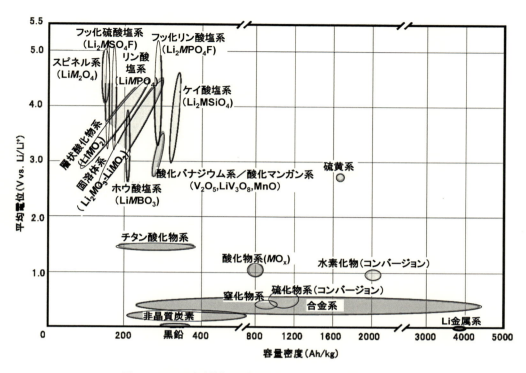

図4　LIBの正極材料と負極材料を組み合わせた統合マップ

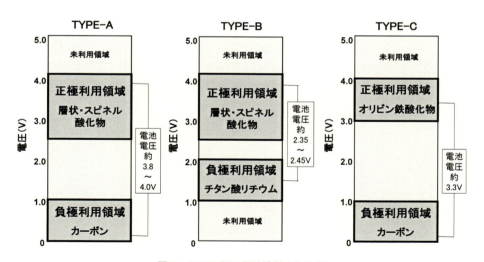

図5　TYPE別の電池設計の概念図

化物とスピネル酸化物を組み合わせることでそれぞれの材料の長所を利用している例もある。また，負極材料に黒鉛・非晶質炭素を利用することで，高エネルギー密度を実現することができる。自動車用LIBでは黒鉛がBEVに，非晶質炭素がHEVに用いられるなど用途に応じて材料が使

65

い分けられている。

　TYPE-B の電池では，負極にチタン酸化物系（$Li_4Ti_5O_{12}$）を用いていることが特徴である。平均電位は約 1.55 V とカーボン材料と比較して高い電位を示すため，低温での充放電時に Li のデンドライトが生成しない。また，低い電位領域（0 V 付近）での電解液との副反応が生じないため長寿命化も実現できる。

　TYPE-C の電池は，正極にリン酸塩系（$LiFePO_4$）を用いていることが特徴である。構造中に安定な $PO_4$ の骨格構造をとるため，過充電時の酸素の放出が抑制されることから，熱的に安定となる。また，他の正極材料と比較して平均電位が約 3.4 V と低いことから高い電位領域（4.2 V 以上）での電解液との副反応が生じないため長寿命化も実現できる。

　現在，自動車用途では TYPE-A の電池が主流ではあるが，TYPE-B 及び TYPE-C の電池が採用されている例もある。特に，TYPE-C の電池は EV バスを中心に中国で採用されている。

## 4　高性能化へ向けた材料開発の進展

　NEDO 二次電池技術開発ロードマップ 2013 で示されているように，2020 年頃に想定される一充電走行距離 350 km 以上の BEV を実現するためには，現在の LIB より高エネルギー密度を示す正極及び負極材料の実用化が必要となる[2]。そのため，現在の LIB に用いられている材料系を超える容量をもつ正極・負極材料系の開発も進展してきている。

　TYPE-A の電池では，正極材料としては，三元系のニッケルの比率を増やしたハイニッケル系が盛んに検討されている。高容量が可能になる一方で，熱安定性及びガス発生の課題を解決する必要がある。その他には，固溶体系であるリチウム過剰マンガン系層状酸化物を用いることで従来の 1.5 倍程度のエネルギー密度が実現可能となるため，活発に研究が行われている。この酸化物は，層状の結晶構造をもつ $Li_2MnO_3$ と $LiMO_2$($M$ = Ni, Co, Fe) の固溶体で，250〜300 mAh/g の高い容量を示す。一方，初期の不可逆容量，充放電サイクルに伴う平均電位の低下や出力特性が低いこと等解決すべき課題は多い。負極材料としては，酸化物系や合金系を用いることでさらなるエネルギー密度の向上を目指した努力がなされている。もともと，酸化物や合金系負極は，リチウム金属負極の充電時の樹枝状リチウム析出の問題を解決するべく，黒鉛・炭素系材料よりも古く，1980 年代から積極的に取り組まれた系であるが，リチウムの挿入・放出での体積変化が非常に大きく（Si では 4.8 倍），微粉化が進行しサイクル寿命が極端に短いという課題が残った[3]。一方，次世代型 LIB の実現には，やはりスズ系やシリコン系の合金系負極材料に取り組む必要性が認識され，最近のナノ材料技術の導入によって，スズ系では他金属との合金化，シリコン系では Si/C 複合材料や薄膜化などが取り組まれている。特に，シリコン系は合金系負極の中でも最も比容量の大きな材料系であるだけでなく，黒鉛・非晶質炭素負極と電極電位がほぼ等しい特徴を有する。一方，微粉化によるサイクル低下の課題を完全に解決できてはいないため，一足飛びにシリコン系負極に置き換えるのではなく，黒鉛・非晶質炭素負極との複合

第6章　電気自動車用リチウムイオン電池

化によって一部実用化されてきている。

　TYPE-Bの電池では，$Li_4Ti_5O_{12}$の理論容量が175 mA/gであるのに対して，既に約165 mAh/gの実効容量が実現されているため，さらなる高エネルギー密度化にはより高容量を示す$TiO_2(B)$や$H_2Ti_{12}O_{25}$等の他のチタン系材料への置き換えが必要となる。$TiO_2(B)$で190 mAh/gや$H_2Ti_{12}O_{25}$で250 mAh/gの実効容量が報告されているため，115〜152％の高エネルギー密度化となる。実用化にはサイクル及び出力特性の改良の課題に加え，濫用時に$Li_4Ti_5O_{12}$同様の安全機構が発現するかについて検討する必要があるが，利用する電位領域はほぼ変わらないため，比較的置き換えは容易であると考えられる。

　TYPE-Cの電池では，$LiFePO_4$の理論容量が170 mAh/gであるのに対して，既に約160 mAh/gの実効容量が実現されているため，さらなる高エネルギー密度化には同じオリビン構造でより高電圧を示す$LiMnPO_4$や$LiCoPO_4$への材料の置き換えが必要となる。理論容量は変わらないものの，平均放電電圧がそれぞれ4.0 V，4.8 Vと高くなるため，$LiFePO_4$との比較でそれぞれ約20％，50％のエネルギー密度の向上が期待できる。一方，$LiMnPO_4$は電気伝導度が非常に低いこと，$LiCoPO_4$はそのような高い電極電位で安定に動作する有機電解液が存在しないことなど，実用化には課題は多い。

　これらの材料系は小型民生用途においてもまだ幅広く実用化がなされていない電池系である。車載用途では，10年以上の耐用年数が求められることから，実用化のために解決すべきハードルは決して低くはない。

## 5　安全性の視点からの考察

　電池の安全性を実現するために，材料レベル，単セルレベル，モジュールレベル及びパックレベルで様々な取り組みがなされている。ここでは，TYPE別の安全性の特徴について材料の観点から考察する。

　電池の安全性を確認するため様々な試験が存在するが，外部の保護回路で制御できない事象として内部短絡が存在する。例えば，負極電極でリチウムのデンドライトが生成し，セパレータを突き破り正極と負極が短絡することで，電池が発熱し，最悪の場合には発火事故を引き起こす。TYPE-Bでは，負極に平均電位が約1.55 Vのチタン酸リチウムを用いているため，低温で過電圧がかかる測定条件下でもデンドライトが生成する0 V付近まで電位が低下しないため，この現象に関して優位性を持つ。

　また，発火時に電池に内在される正極材料が酸素供給源となることから，正極材料の熱安定性も安全性を考える上で重要な要素である。正極材料の熱安定性は，満充電状態や過充電状態の電極についてDSC測定で熱分解温度と反応熱を調べることで材料の安定性を評価するが，$LiFePO_4$は他の正極材料と比べて満充電状態での熱分解温度が高く，反応熱も小さいため最も安定な材料として知られている。TYPE-Cでは，正極に$LiFePO_4$を用いているため，この現象

に関して優位性を持つ。

　TYPE-A に関しては様々な正極・負極材料が用いられているため，TYPE-B や TYPE-C のように安全性に関して明確な特徴を有する訳ではないが，高安全性を実現するため様々な工夫がなされている。詳細については他の章での説明を参考にして頂きたい。

## 6　おわりに

　今回，EV 用 LIB の最近の開発動向について解説をした。現在，高エネルギー密度を示す新規な正・負極材料，高電位での利用可能な電解質等について活発に研究開発が進められており，LIB の性能向上の余地は十分に残されている。また，革新電池の可能性については自動車技術ハンドブックを参考にして頂きたい[4]。本稿が今後の LIB の研究開発の参考資料として些少なりともお役に立つことができるのであれば望外の喜びである。

文　　献

1)　日本自動車工業会ホームページ http://www.jama.or.jp/eco/earth/earth_03_g01.html
2)　新エネルギー・産業技術総合開発機構成果報告書，二次電池技術開発ロードマップ 2013
　　http://www.nedo.go.jp/content/100535728.pdf
3)　境哲男，ユビキタスエネルギーの最新技術，p24-28，シーエムシー出版（2006）
4)　小林弘典，自動車技術ハンドブック，第 7 分冊 p106-114，自動車技術会（2016）

# 第7章　正極活物質用非鉄金属原料確保の必要性

常山信樹*

## 1　BEV伸長には非鉄金属原料確保が必須

米国加州のZEV18規制や中国NEV規制を受け，自動車メーカー各社のBEV市場投入が過熱している。

図1にxEV各車の電池走行距離と搭載電池容量を示したが，ZEV18規制によって，xEVで先陣を切ったトヨタ社のプリウスはじめ，HEVが蚊帳の外に追いやられる事態となった。クレジット獲得のため，自動車会社各社は電池走行60 km以上のBEVの早期市場投入を余儀なくされた。

このような状況下，BEVで先頭を走るTesla社のイーロン・マスク氏は，2020年までにGigafactoryの電池生産工場の能力を35 GWhにすると宣言，またVW社は2015年BEV生産台

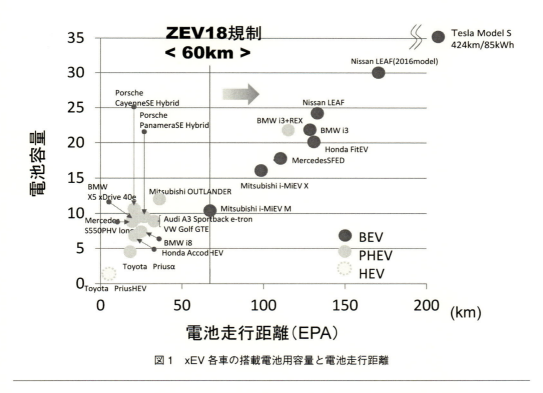

図1　xEV各車の搭載電池用容量と電池走行距離

---

＊　Nobuki Tsuneyama　住友金属鉱山㈱　材料事業本部　電池材料事業部　技術担当部長

車載用リチウムイオン電池の高安全・評価技術

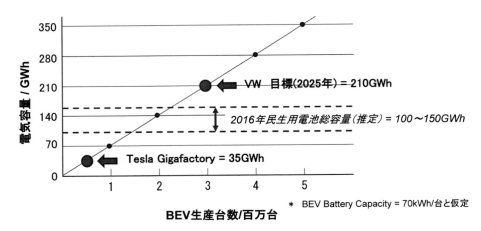

図2　BEV生産台数と車載電池必要電気容量の関係

数を200～300万台に引き上げると発表している。Daimler社も2025年までにxEV販売台数比率を15～25%にするとしており，自動車各社がしのぎを削る事態となっている。

2016年の民生用リチウム二次電池生産容量は約100 GWhと推定される。中国でのLCO生産量の統計に不明確な面があり，実態としてはさらに数十%程度上乗せすべきかと思われるが，民生用の市場はせいぜいその程度である。

一方，車載用需要は桁外れである。Tesla社がGigafactoryに建設する35GWhの電池工場の規模は，2016年の民生用電池容量の約30%に及ぶ。VW社の200～300万台のBEVには140～210 GWhの電池が必要になる。この2社だけでも2016年の民生用需要のおよそ2倍の電池が必要になる。巨大市場の出現である。果たして，この巨大市場に正極材料メーカーは応えることが出来るのだろうか（図2）。

本章では，BEV成長期を迎えるにあたって，正極活物質用の非鉄金属原料確保について，とりわけニッケル，コバルトを中心に考察した。算定の条件として，①正極活物質はNMC55/25/20　②平均電気容量170 mAh/g×90%　③平均電圧4.1 V　④車載電池容量70 kWh/台　とした。この条件は，本章において共通である。

## 2　ニッケルは大丈夫か？

表1に，正極活物質用のみであるが，BEV生産に必要なニッケル，マンガン，コバルト，リチウム量を示した。

2016年に198万t[1)]であったニッケル供給量は，2017年には208万tに増産される見込みである。需要も206万tに増えるものと推測され，需給はほぼバランスする見通しである。

ニッケルの約70%がステンレス用に使用されている[1)]（図3）。ありえない話ではあるが，仮に2017年に生産されるニッケルをすべて正極活物質に使用した場合，5,622万台分のBEV用電池

# 第7章　正極活物質用非鉄金属原料確保の必要性

表1　BEV生産に必要なNi, Mn, Co, Li量（正極活物質のみ）

|  |  |  |  |  |  |  |  |  |  |  |  | 2015年世界自動車販売台数 |
|---|---|---|---|---|---|---|---|---|---|---|---|---|
| BEV生産台数 | 万台 | 100 | 200 | 300 | 400 | 500 | 1,000 | 2,000 | 3,000 | 4,000 | 5,000 | 8,970 |
| Ni(metal) | 千t | 37 | 74 | 111 | 148 | 185 | 370 | 741 | 1,111 | 1,482 | 1,852 | 3,322 |
| Co(metal) | 千t | 14 | 27 | 41 | 54 | 68 | 136 | 272 | 408 | 545 | 681 | 1,221 |
| Mn(metal) | 千t | 16 | 31 | 47 | 62 | 78 | 156 | 312 | 469 | 625 | 781 | 1,401 |
| Li(metal) | 千t | 8 | 16 | 24 | 33 | 41 | 81 | 163 | 244 | 326 | 407 | 731 |
| （炭酸Li換算） | 千t | 44 | 88 | 132 | 176 | 220 | 440 | 881 | 1,321 | 1,761 | 2,202 | 3,949 |

【算出条件】
- 正極活物質：NMC55/25/20 (170mAh/g)
- 平均電気容量：170mAh/g × 90%
- 平均電圧　　：4.1V
- 車載電池容量：70kWh/台

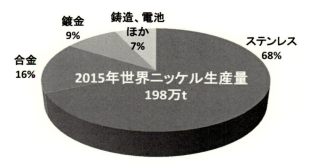

図3　2015年世界のニッケル用途使用割合[1]

を製造することができる。

　NMC用の原料としては硫酸ニッケルが好ましい。NMC前駆体を製造する際の原料として，ニッケル，コバルト，マンガンの硫酸塩を使用するのが一般的である。208万tのニッケル供給量の内，硫酸ニッケルはニッケルメタルベースで10万t（中国生産分を含む）が見込まれている。正極活物質用ニッケル原料を硫酸塩に限定した場合，これをすべてNMCに使用したとしてもBEVは年間270万台しか製造できない。

　容易に硫酸溶解できるニッケルパウダー，ニッケルブリケットは，今年度はそれぞれ約3.0万t，19.9万tの生産が見込まれている（図4）。ニッケルパウダー，ニッケルブリケットは硫酸に容易に溶解するので，簡単な溶解設備を設けることでNMC原料として使用することが可能である。建設費も比較的安価であり技術的課題も少ない。

　仮に電池正極材料用にNi30万tを確保し，その全量をNMC用に使用した場合，生産できるBEVは硫酸ニッケルと合わせて約810万台である（図5）。

車載用リチウムイオン電池の高安全・評価技術

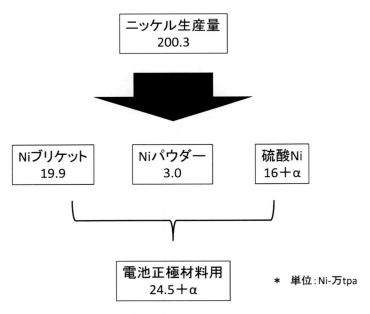

図4　2016年電池材料用ニッケル原料供給状況

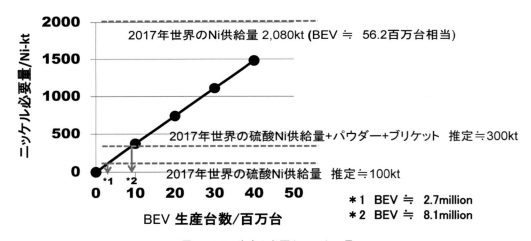

図5　BEV生産の必要なニッケル量

## 3　BEV向け正極活物質用ニッケルをさらに確保するために

　硫酸ニッケル，ニッケルパウダー，ニッケルブリケットには，ニッケル鍍金や触媒用などに古くからの固定ユーザーが存在しており，全量をNMCに振り向けることは事実上不可能である。
　BEV向け正極活物質用としてニッケルを確保していくための方策としては，次の3点が考えられる。

# 第7章　正極活物質用非鉄金属原料確保の必要性

表2　主なニッケル資源開発プロジェクト[2]

| | プロジェクト | 国 | 企業 | 生産能力 / ktpa | 鉱種 | 生産物 | 状況 | 稼働予定 |
|---|---|---|---|---|---|---|---|---|
| 1 | Weda Bay | Indonesia | Eramet/ An Tam | 65 | Limonite | Metal | Possible | ? |
| 2 | Bahodopi | Indonesia | Vale | ? | Limonite | ? | Possible | ? |
| 3 | Pomalaa | Indonesia | SMM | ? | Limonite | ? | Possible | ? |
| 4 | PT Dni | Indonesia | Direct Ni/ Antam | 20 | Limonite | MHP | Possible | 2018年〜 |
| 5 | Long Harbour | Canada | Vale | 50 | Sulfide | Metal | Com/Op | 2016年 20 kt / 2018年 30 kt |

＊ 1〜4：HPAL/AL Project
5：Sulfide Project

## 3.1　ニッケル資源の新規開発

　現在，ニッケル資源新規開発事業として取り組んでいる案件は40件を超えている。表2に，それらプロジェクトのなかでも有望視されているものを示した[2]。

　資源開発は製錬プロセスにリンクして計画されることが多い。ニッケルの主用途がステンレスであることから，これまでの新規開発の多くは電気ニッケルやフェロニッケルを生産するように設計されてきた。加えて，電気ニッケルの場合はLME（London Metal Exchange）を活用できるという利点がある。

　しかし，旺盛なBEV需要により，今後は正極活物質に使用されることを想定して，硫酸ニッケル，ニッケルパウダー，ニッケルブリケットを最終製品とするプロジェクトが進められる可能性がある。中長期視野においては，BEV向け正極活物質用のニッケルは十分確保できるものと思われる。

　しかしながら，ニッケルに限ったことではないが，資源開発には長い時間を要する。短期的には硫酸ニッケルをはじめ，ニッケルパウダー，ニッケルブリケットの争奪が予想される。

## 3.2　電気ニッケルの使用

　短期的供給不足解消の方策として，電気ニッケルを活用する事態を想定しておく必要がある。

　図6に示すように，全ニッケル生産のうち，電気ニッケル生産量は全体の35％を占めている。数量にして約70万tである。この電気ニッケルの一部を正極活物質の原料に振り向けることでニッケル不足は解消できる。

　ただし，ニッケルは硫酸と不動態被膜を形成するため，金属ニッケルを硫酸溶解するためには電気分解を施す必要がある。

　折角，電気エネルギーを使って金属化したものを，再び電気エネルギーによって溶解するのは一見馬鹿馬鹿しく思える。しかし，硫酸ニッケルは6水塩であるためニッケル含有率が約22％と低く，メタルあたりの輸送コストは安くない。また，硫酸ニッケルは固化対策など保管におい

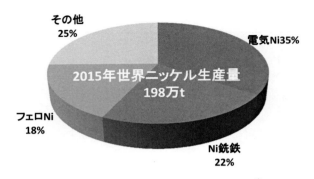

図6　2015年世界のニッケル生産物割合[1]

て何かと配慮が必要なことを考慮すると，電気ニッケルの電気溶解も一考に値すると思われる。

### 3.3　リサイクル推進

　環境保全面だけでなく，非鉄金属資源安定確保の観点においても，BEV廃車後の電池リサイクルの重要度は増してくる。

　住友金属鉱山㈱は2002年にJOGMECの委託により電池リサイクルの国家プロジェクトに参画，2006年にはトヨタ自動車㈱と共に，ニッケル水素電池を中心に車載電池のリサイクル技術開発に取り組んできた。プリウスに代表されるHEVに車載されたニッケル水素電池からの有価金属回収については，既に設計は完了している。(HEVバッテリーリサイクルについて，トヨ自動車株式会社が自社のHPにて詳しく紹介している；http://www.toyota.co.jp/jpn/sustainability/environment/challenge5/battery-recycle/)

　なお，リサイクルは後述するコバルト確保においても重要である。

## 4　コバルトは危機的状態

　コバルト原料は，銅鉱石起因とニッケル鉱石起因に大別できる。図7に示したように，銅鉱石に含有されるコバルトは，コンゴ民主共和国ならびにマダガスカルにてコバルト精鉱や粗水酸化コバルトに精製される。これらは主に中国で硫酸コバルトなどに二次精製される。

　ニッケル鉱石中のコバルトは，非鉄精錬各社のニッケル製錬所を経てコバルトメタルなど各種コバルト製品になる。現在，銅系起因のコバルトは約54％，ニッケル系起因は46％である。

　2017年の世界のコバルト供給量は約10万tが見込まれている[3]。内，二次電池向けの需要が約半分を占めている。二次電池以外の用途としては超合金，超硬合金用途に約25％，触媒，セラミックス，鋳造，磁石用としてそれぞれ数％が消費されている[4]。

　超合金，超硬合金などの需要の伸び率は微増であると想像されることから，今後，コバルト需要における二次電池向けのウエイトは一層大きくなっていくことが予想される。

## 第7章　正極活物質用非鉄金属原料確保の必要性

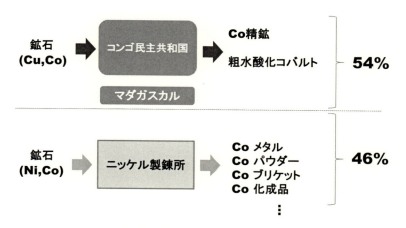

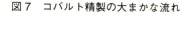

図7　コバルト精製の大まかな流れ

図8　BEV生産の必要なコバルト量

　コバルトはニッケルの5%程度しか産出しない。年間コバルト生産量10万tをすべてBEV向け正極活物質に充てたとしても，BEV735万台分にしかならない（図8）。
　現状ではこれが限界である。各自動車会社のBEV増販戦略において，コバルトは極めて重要な金属と言える。

## 5 コバルト対策は？

### 5.1 新規ニッケル鉱山開発からのバイプロダクトに期待

コバルトの年間産出量はわずか10万tなので，伸長していくBEV需要に応えていくためには新規開発が求められる。前述のとおり，複数のニッケル資源開発が進めている。これら新規開発によって副産するニッケル系コバルトの上乗せが期待できる。

また，ニッケル系コバルトは，紛争鉱物に該当しないことも魅力である。ニッケル資源新規開発は，コバルト確保の観点においても重要である。

### 5.2 コバルト使用量の削減

#### 5.2.1 NCAの優位性

新規開発に加えて，希少なコバルトを有効活用する取り組みも必要である。

図9にNCAとNMCの組成別Ni，Co含有重量%を示した。なお，NCAが含有するAlは3mol%に固定して計算した。

BEV向け高容量タイプとしてNMC622が開発されているが，Co含有量は12 wt%を越える。NCAとして一般的に使用されているNi82mol%組成のNCAのCo含有量は8〜9 wt%である。仮にNMC611とNi82 mol%-NCAの充放電容量がほぼ同等であるとすると，希少Coの効率利用という観点においては，NMCよりもNCAが優位である。NCAにおいても高容量化に向けてNi mol比を上げる開発を行っており，さらなる低Co化が進んでいる。

NCAは$CO_2$発生抑制に対してもMNCと比べて優位である。NMCはリチウム原料として炭酸リチウムを使用するため，製造時の焼成工程において$CO_2$ガスが発生する。しかし，NCAは水酸化リチウムを使用するので$CO_2$ガスは発生しない（一般的に水酸化リチウムは炭酸リチウムから誘導されるが，その製造過程において炭酸基はガス化しない）。本章条件においてBEV1

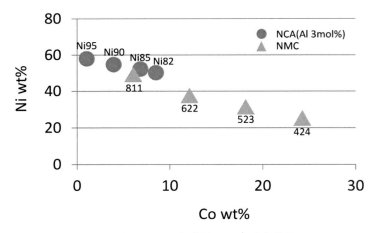

図9　NCA，NMCの組成別Ni，Co含有重量%

第7章　正極活物質用非鉄金属原料確保の必要性

台分の NMC を製造する際，25.3 kg の $CO_2$ ガスが発生する。

もっとも，2013 年世界 $CO_2$ 排出量は 329 億 t[5]と言われており，25.3 kg/BEV 台の $CO_2$ 発生量が多いか少ないかは議論の余地のあるところではある（個人的には，地球の温暖化は Milankovitch の仮説に基づく日射量変動の影響が大きく，$CO_2$ ガスによる温室効果は軽微だと考えている）。

### 5.2.2　LFP はコバルトを使用しないという点が魅力

中国においては国策効果もあり，xEV 向け正極活物質として LFP の人気が高い。NMC や NCA に比べて充放電容量が低く，コスト面でも期待された効果は得られておらず，私はあまり良い選択ではないと思っていた。しかし，コバルト確保の困難さが予想される現状において，希少なコバルトを全く使用しない点は大きな特長であると言える。

### 5.2.3　PHV, HEV との共存

PHV の場合，電池走行距離の設定や車体重量により搭載する電池容量は変動するが，たとえば ZEV18 規制の 60 km を目安とした場合，車載電池容量は 15 kWh 程度である。BEV 搭載電池容量を 70 kWh と想定した場合，PHEV の電池は約 5 分の 1 にサイズダウンできる。HEV であれば，1.5 kWh もあれば十分である。（Purius は 1.3 kWh）

一定レベルまで BEV が普及した後は，ガソリン車から xEV への転換として，自動車各社が全て BEV で突き進むのではなく，顧客ニーズに合わせて PEV，HEV もリリースしていくことは，インフラ整備や販売価格面だけでなく，コバルト有効活用の視点からも現実的ではないかと思う。

## 6　マンガンは心配いらない

図 10 に BEV 向け正極活物質に必要なマンガン量を示した。

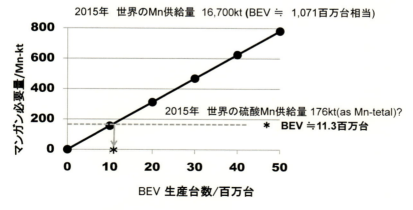

図 10　BEV 生産の必要なマンガン量

2015年のマンガン供給量は1,670万tで，その約95％が鉄鋼用途に使用されている。硫酸マンガンはマンガンメタル換算で約18万t生産されており，NMC原料や飼料添加物，肥料，触媒原料，サプリメントなどに使われている。18万tはBEV1,130万台分に相当する。需要がこれを超える場合でも，金属マンガンは容易に硫酸溶解でき，かつ確保が難しくないため，需要にあわせて硫酸マンガンを増産することはさほど難しくない。マンガンについては正極活物質用原料としても不安はない。

## 7　ここ数年間，リチウムは供給タイト

### 7.1　Big4の動向
　2015年の世界のリチウム化合物需給は，LCE（Lithium Carbonate Equivalent，炭酸リチウム換算）16万tでバランスした。リチウム化合物は釉薬，ガラス，潤滑剤，冷媒などに使用されるが，主用途は電池材料用であり，需要の約40％を占めている。今後もBEV普及に合わせて需要は増加し，2017年は21万～23万tまで膨れ上がるものと推測している。BEV向け需要はさらに年々増加することが予想される。

　旺盛な需要を受け，SQM社，Albemarle社，FMC社に天斉社を新たに加えたいわゆるBig4は，各社それぞれ増産計画を立案し実行に移している。なかでもAlbemarle社は能力増強に精力的で，4～6億USドルを投じてAtacama湖（Chile）からのBrine採水量を増加し，4～5年後に7万t（LCE）体制を確立すると発表している。さらに同社が49％の権益を有するTallison社GreenbushesからのSpodumene採鉱量の増量も期待できる。

　天斉社はTallison社に51％の権益を有しているが，2015年に買収したGalaxy社の本格稼働にも積極的に取り組んでいる。

### 7.2　新興勢力
　Big4以外に新たにリチウムサプライヤーとして参入を目指している会社も目白押しである。事業化に向けて苦戦を強いられているプロジェクトも多いが，Orocobre社のOraroz塩湖開発はようやく軌道に乗り，年間約20,000t（LCE）の生産が見込まれている。

　これまでリチウム原料は，Brine（かん水）とSpodumene（鉱石）に限られていた（かつて海水からのリチウム回収も試みられたが，採算があわず商業化には至らなかった）。

　Clay Sand（粘土）やMica（雲母）にもリチウムを含有するものがあることは知られていたが，BrineやSpodumeneと比較して精製コストが高いため資源開発されることはなかった。しかし，炭酸リチウム市場の急速な拡大と販売価格の高値安定により，近年，Clay Sand，Micaからのリチウム精製事業が計画されている。Clay Sand，Micaは採掘しやすく生産リードタイムが短いという利点もある。

　リチウムの資源賦存量はメタル換算で約3,000万tともいわれており，開発中のいくつかの新

第7章　正極活物質用非鉄金属原料確保の必要性

規案件が事業化されていけば，中長期的にリチウム確保の心配はない。しかし，各案件とも本格稼働を2020年ごろとしており，ここ2〜3年のリチウム確保は熾烈さを増すことが想像される。

## 8　おわりに

これからの自動車産業において，二次電池の重要性はますます高まっていく。仮に数十年後にFCVがBEVにとって代わったとしても，二次電池は必ず車載される。FCに日産自動車のe-POWER方式が採用された場合は，二次電池の存在感はさらに大きくなる。それを支えるために，ニッケル，コバルトといった非鉄原料をいかに確保するか極めて重要な課題である。

本章では触れなかったが，非鉄原料の以外の原料，資材確保も困難になってくることが予想される。たとえば正極活物質の前駆体を製造する際に必要な苛性ソーダーも，今後は入手が困難になるかも知れない。そもそも電力が不足する。

BEV市場は華やかではあるが，それを下支えする資源をいかに安定的に確保するのか。BEV時代の勝敗を分ける鍵になるのかも知れない。

文　　献

1)　Heinz H. Pariser, Alloy Metals & Steel Market Research/Nickel Institute（2016）
2)　三井物産㈱，Nickel Data 2016, P20（2016）
3)　Argus Media Ltd, Cobalt in Cemented Carbides（Hardmetals）-Market Overview and Outlook CDI Conference 2016, P25（2016）
4)　Argus Media Ltd, Cobalt in Cemented Carbides（Hardmetals）-Market Overview and Outlook CDI Conference 2016, P16（2016）
5)　EDMCエネルギー・経済統計要覧2016年版

# 第8章　負極材料

武内正隆*

## 1　はじめに：昭和電工の黒鉛系 Li イオン二次電池（LIB）関連材料紹介

当社（昭和電工）は，これまで報告してきたように[1~3]，1996年に多層CNT（カーボンナノチューブ）の先駆けであり，カーボンナノファイバーの代表と言われている気相法炭素繊維「VGCF®」の商業生産化に世界で初めて成功し，Li イオン二次電池（LIB）電極の導電助剤として，広く使用されてきた。当社「VGCF®」は高温熱処理により黒鉛化しており，高結晶性＝高電導性，低金属不純物が特徴のひとつである。

また当社は，長年の人造黒鉛電極事業で培ってきた高温熱処理技術や炭素粉体処理技術を活用し，LIB 負極用に「人造黒鉛負極材 SCMG®」（SCMG：Structure-Controlled-Micro-Graphite を略して命名）を2004年に生産開始した。SCMG® はパソコンや携帯電話用小型 LIB 向けやパワーツール・電動バイクなどのパワーLIB 向けに使用されてきたが，最近，車載用 LIB や蓄電用 LIB のような，長サイクル寿命，保存特性が要求される大型 LIB 向けに新規グレードを開発し[4~9]，国内外複数の車載向けに採用され，生産能力を増やしている。

本章では，当社 SCMG® 負極材の特徴，負極材新グレード・新材料，導電材 VGCF の負極への添加効果などを例示しながら，本テーマである「車載用 LIB の高安全，評価技術に関する炭素系負極材」の当社の開発状況ついて，報告する。

車載用 LIB としての安全性を考えた場合，負極に要求される特性としては，高温安全性，低温安全性などがある。いずれにしても，負極への Li 挿入（充電）時に金属 Li（デンドライト）析出がないことが重要である。そのためには Li 挿入時の抵抗をできるだけ小さくすることが重要である。後述するが，Li 挿入時の抵抗が低い負極としては，ハードカーボンやソフトカーボンなどの低結晶炭素や，LTO のような Li 挿入電位の高いものが優れていると言われているが，これらは，低初期効率や低エネルギー密度というデメリットがある。従って，高エネルギー密度で高初期効率の黒鉛で Li 挿入時の抵抗が低い材料が求められている。また，高温安全性として，Li デンドライト析出を防ぐこと以外に，高温保存性が優れる（高温放置しても負極材粒子の内部及び表面構造の変化が少ない）負極材が求められる。

---

＊　Masataka Takeuchi　昭和電工㈱　先端電池材料事業部　横浜開発センター　センター長

第 8 章　負極材料

## 2　炭素系 LIB 負極材料の開発状況

### 2.1　LIB 負極材料の種類と代表特性

図 1 に LIB 負極として使用または開発されている材料の分類，その代表的具体例を示した。炭素負極材料としては，ソフトカーボン（SC）やハードカーボン（HC）に代表される低結晶性炭素や天然黒鉛，人造黒鉛に代表される高結晶性炭素（黒鉛）材料がある。図 2 には，これら LIB 負極のなかで，大型 LIB に使用または検討されている材料の単極評価での 1 回目の充放電カーブを示した（電流値 0.2 C）。これらの中で黒鉛は充放電容量が 330 mAh/g 以上と最も大きい。充放電電位も最も低く，正極と組み合わせた場合の電池電圧が高くなり，LIB としてのエネルギー密度は最も大きくなる。低結晶性炭素の SC や HC は充放電電位が充放電に伴い，徐々に変化しており，充電末期時に Li メタルの析出（デンドライト）が起こりにくく，Li イオン挿入

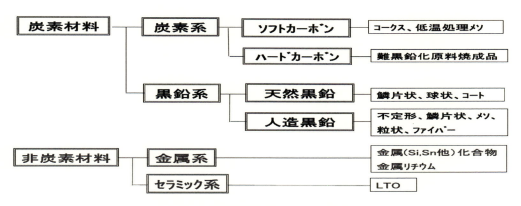

図 1　各種 LIB 負極材料の分類と具体例

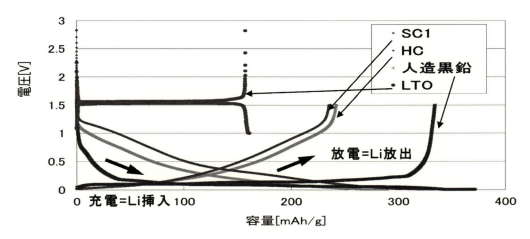

図 2　各種 LIB 負極材料の初期充放電カーブ（電流：0.1 C）

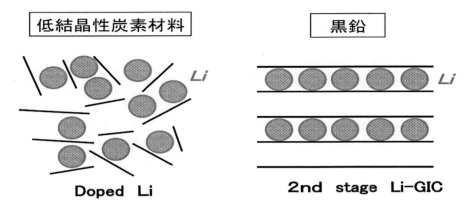

図3　各種炭素材料へのLiイオン挿入イメージ-炭素（黒鉛）層

（入力）を速くできるなどの特徴を有し，安全という観点でも好ましい特徴を有する。しかしながら，正極と組み合わせた場合の電池電圧は黒鉛負極を用いた場合よりも低い，また初期充放電効率が85％以下と低いため正極のLiの消費が多い，充放電容量も300 mAh/g以下と黒鉛より小さい，真密度が黒鉛より小さいため電極密度が低い，などの理由からLIBのエネルギー密度としては黒鉛系より小さくなる。

非炭素系材料のLTOは充放電電位が1.5 VvsLi/Li+と高く，充放電容量も150 mAh/gと炭素・黒鉛系の半分以下であり，エネルギー密度では大幅に不利であるが，充放電電位が高いため，Liメタルの析出が起こらないので，急速充電特性・低温特性やサイクル寿命が良好，安全性にも有利という，特徴を有する。また，多量のLiを挿入できるため，高容量が可能な，Si系化合物が最近特に注目され，開発が活発である。Si系化合物としては，SiOx系化合物，Siと他の金属との合金，Siと炭素の複合物などがある。当社は前述した炭素・黒鉛技術を生かし，高容量Si黒鉛系複合負極の開発を行った[10]。

図3には，低結晶炭素と黒鉛のLiイオン挿入（充電）イメージを示した。黒鉛のLiイオン挿入では，発達したグラフェン層間へのインターカレーション（GIC：グラファイトインターカレーション）であるのに対し，低結晶炭素材料では層状構造が発達していないため，ドープ的（電荷移動を伴う）に徐々にLiイオンが吸着する機構が推定されている。図3で示した充放電カーブの違いは，このようなLi挿入機構の違いよるものである。

## 2.2　LIB要求項目

LIBの要求項目としては，これまで及び今後も以下の5点が重要である。

① エネルギー密度
② 入出力特性
③ 耐久性（サイクル，保存性）

## 第8章 負極材料

④ 安全性
⑤ 低価格

炭素系負極材料の要求特性も上記①〜⑤に密接に関係する。例えば，① Liイオン挿入放出容量（充放電容量）が大きい，高充放電初期効率，低充放電電位，高電極密度，② 高Liイオン挿入放出速度，高Liイオン拡散速度，高電気伝導度，③ 化学構造安定性，Liイオン挿入放出時の膨張収縮の低さ，Cu箔集電体への高接着強度，④ Liデンドライト抑制（上記②が良好なほど好適），低副反応（電解液との低反応性），⑤ 低製造コスト，LIB製造工程での高生産性，品質安定性などが挙げられる。この中で，高性能化には，①，②，③が重要であり，④安全という観点では前述したように，②，③が密接に関わっている。

### 2.3 各種炭素系LIB負極材料の特性

図4に遠藤ら[11]による各種炭素材料の結晶化度（XRD測定によるLc値）と重量あたりの充放電容量（mAh./g）の関係を示した。PPP700のようなLc＝1 nm付近の無定形炭素は700 mAh/gという高容量を示すが，Lcが大きくなるにつれ容量が低下し，Lc＝10 nmを超えた付近からまた容量が上昇する。このLc値は炭素の熱処理温度と相関があり[12]，黒鉛は，3000℃付近の高温熱処理で330 mAh/g以上の高容量を示す。低結晶性炭素は一般的に1000℃〜2000℃

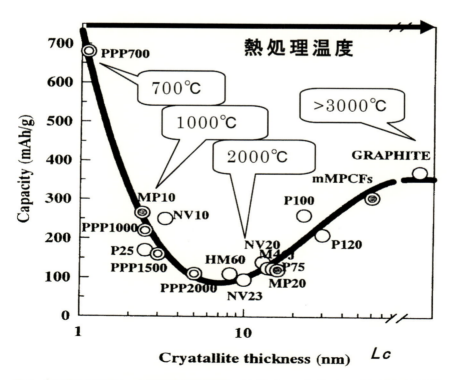

図4　各種炭素材料のLcと充放電容量の関係：M. Endo et al., Carbon, 38, 183 (2000)

の領域で処理されたもので，図2，図3で説明したように吸着的なLi挿入により入力特性は優れており，また充放電での体積膨張も小さいことからサイクル寿命も比較的優れているが，容量は100〜280 mAh/gとかなり低い。今後のLIB特性向上の為には，この低結晶性炭素の入出力特性・サイクル寿命と同等で容量の大きな黒鉛系材料の開発が必要となる。

## 3　人造黒鉛負極材のサイクル寿命，保存特性，入出力特性の改善

### 3.1　人造黒鉛SCMG®-ARの特徴

当社の最近の量産負極グレードの粉体物性（参考値）を表1に示す。SCMG®-ARが当社の事業開始時からの長寿命・高耐久性を特徴とする代表グレードである。SCMG®は独自の粉体処理技術により，負極材として最適な形状に加工した炭素原料を，黒鉛化炉で熱処理することにより生産する。製造法の特徴として，炭素原料の前加工→黒鉛化→後加工というシンプルな工程で，用途にあった粉体物性を顕現可能という点と，当社独自の超高温粉体黒鉛化が挙げられる。SCMG®-ARは黒鉛としては高電流（高入出力），長寿命であり，パワーツール，バイク，車載，定置型蓄電向けLIBが主用途である。この理由としてはいくつかあるが，図5に示した配向性の値が天然黒鉛などの高結晶性黒鉛に対して大きい（配向しにくい）ことも注目できる点である。配向性はX線回折での110面と004面のピーク強度比（I(110)/I(004)）で表している[13]。強度比が大きいほど配向しにくい材料である。特にSCMG®-ARの配向性は0.66と天然黒鉛系が0.1以下に対して大きな値を示している。

表1の当社他の材料も粒度，容量は異なるが，同様の考え方で設計している。特にXR-sはARに対して350 mAh/gという高容量化を達成したが，同様に良好なサイクル特性を示す[14]。

図6にSCMG®-AR負極の充放電イメージを高結晶性人造黒鉛・天然黒鉛系負極と比較した。高結晶性黒鉛は電極に塗工した場合，集電体の銅箔に平行して，各粒子のグラフェン層が配向しやすくなる。一方，SCMG®-ARは上述したように，配向しにくいため，各粒子のグラフェン層がランダムに向いており，その結果，Liイオンの挿入放出サイトも増え，高入出力特性や充放電サイクル寿命が長いなどの特徴を有するようになる。

図7，8には，SCMG®-ARを用いた，ラミネートLIB（単層，約15 mAh設計）の急速放電

表1　昭和電工LIB人造黒鉛負極材SCMG®参考物性

| SCMG | | AR | BR | BH | AF | AF-C | XR-s |
|---|---|---|---|---|---|---|---|
| 比表面積 | m²/g | 1.4 | 2.0 | 2.5 | 3.1 | 2.6 | 2.5 |
| 粒度 D50% | μm | 20 | 16 | 18 | 5 | 5 | 16 |
| 放電容量 | mAh/g | 330 | 330 | 330 | 330 | 330 | 350 |
| 初期充放電効率 | % | 93 | 93 | 92 | 90 | 90 | 93 |
| 特徴 | | 高耐久性 | 高耐久性 | 高耐久性 | 高入出力 | 高入出力 | 高容量 |

*放電容量，初期クローン効率：コインセル単極評価の値（対極Liメタル）

第 8 章　負極材料

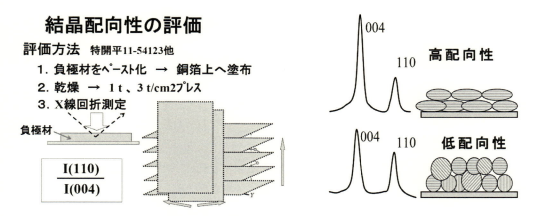

図 5　黒鉛負極配向性の X 線回析による評価方法

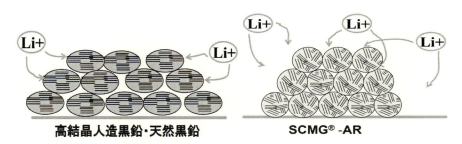

図 6　高結晶性黒鉛と SCMG®-AR を Cu 箔上に塗工した場合の充放電反応（Li 挿入脱離）のイメージ

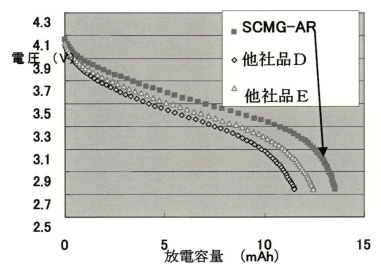

図 7　SCMG®-AR を用いたラミネート（単層）LIB の急速放電特性（4C）

特性(出力),充放電サイクル寿命を,同等の粒度分布を有する代表的なメソ系人造黒鉛負極材(他社品D,E)用いたLIBと比較した結果を示す。低電流では同等の放電容量で設計しているLIBを4C(15分放電)という高電流にすると,SCMG®-ARを用いたLIBは他社品よりも高い放電容量を維持している(図7)。また,充放電サイクルの繰り返しによる容量低下も他社品に比較して小さい(図8)。これらの効果は,前述した配向しにくいという特徴も要因のひとつである。

図9には,SCMG®-ARとメソ系人造黒鉛(D)の電極にした場合の電気抵抗の各電極密度で比較した結果を示す。全体的にSCMG®-ARの電気抵抗が低く,これも電流特性が良好であることの要因と考えている。これは,メソ系人造黒鉛粒子形状は球状(参考:SEM写真)であるが,

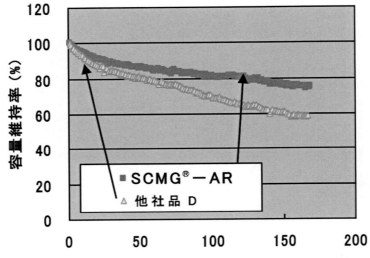

図8 SCMG®-ARを用いたラミネート(単層)LIBの充放電サイクル寿命

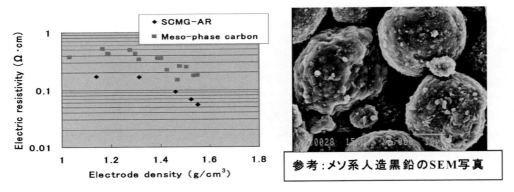

図9 SCMG®-ARとメソ黒鉛を用いた電極の各電極密度での電気抵抗の比較
バインダー:PVDF(5%)

第 8 章　負極材料

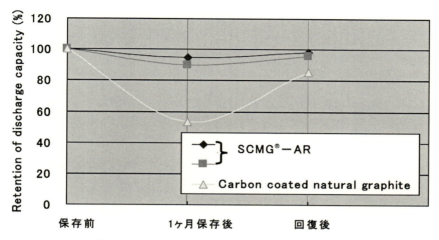

図 10　SCMG®-AR と表面コート型天然黒鉛の充電状態の高温保存特性（50℃）
18650 円筒電池，正極：LiFePO$_4$，電解液：1M LiPF$_6$ EC/DMC/DEC +VC 1 wt%
充電：CC（1C）-CV（4.0 V，0.05 C-cut），放電：CC（1 C，2.0 V-cut）

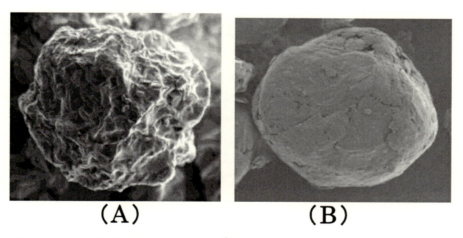

図 11-1　(A) 人造黒鉛　AGr 粒子（SCMG®-BR）と(B) 表面コート天然黒鉛 NGr 粒子の SEM 写真（粒径〜20 μm）

一方，SCMG®-AR は後述する BR と同様に（図 11-1(A)），凹凸のあるポテト状であり，電極にした場合の粒子間の接触が，メソ系に比較して，SCMG®-AR のほうが良好であるためと推定される。このように，SCMG®-AR は結晶性，配向性，粒子形状ともに，大電流特性，サイクル寿命に優れた設計を行った人造黒鉛負極材料である。

図 10 には，SCMG®-AR とカーボンコート天然黒鉛負極の 18650 円筒電池での充電状態での高温保存特性（50℃，1ヶ月後）を比較した。1ヶ月保存後の容量が天然黒鉛が 80% 以下に大きく低下し，またその後再度充電したあとの容量（復帰）も 90% まで低下しているのに対して，

SCMG®-AR は，保存後，復帰後ともにほとんど低下しておらず，定置型蓄電や車載用の大型 LIB に適した，優れた高温保存特性を有している。この特性は，長サイクル寿命の要因と同様に，SCMG®-AR の表面が安定していること，及び，配向性が低いことから，Li イオンの挿入が等方的であり，充電時の膨張も等方的で副反応が少ないことなどに帰因している。この，大電流特性／長寿命／高温保存が良好ということは，冒頭で述べたように，すなわち，本テーマの安全性に優れているということに結びつくものと考えている。

### 3.2 人造黒鉛 SCMG®（AGr），表面コート天然黒鉛（NGr）の耐久試験後の解析

図 10 の高温耐久性での人造黒鉛（AGr）と表面コート天然黒鉛（NGr）の特性差を解析するために，試験前後の各材料の表面及び内部構造変化を調べた[15, 16]。解析に使用した材料で AGr としては，SCMG®-BR（AR の後継グレード），比較の NGr としては表面コート天然黒鉛を用いた。図 11-1 に各材料の単粒子の SEM 像を示している。これらを負極に用いてラミネート型セルで図 11-2 の室温サイクル試験（500 回），図 11-3 の 60℃保存試験（4 週間）を行い，試験前後で各種分析・解析を行った。これまでの結果と同様に，サイクル試験，保存試験ともに，AGr（SCMG®-BR）が NGr より劣化が小さい結果となっている。解析手段としては，TEM や SEM と XPS 分析，IR 分析，ラマン分析を組み合わせて表面の SEI 被膜の厚みや材料分析，交流インピーダンスでの抵抗変化，断面 SEM や XRD 解析での黒鉛内部構造や配向性変化，DSC 分析による熱的安定性変化などを実施した。いくつかの解析例を示す。

図 12 には，図 11-3 で実施した AGr，NGr の 60℃で 4 週間保存前後での黒鉛表面に生成した SEI 被膜の厚みと組成変化を粉体の TEM 観察や XPS で調べた結果を示す。初期の厚みは AGr のほうが若干多かったが，保存後の増加率は，NGr が大きく，NGr の保存劣化が大きいひとつ

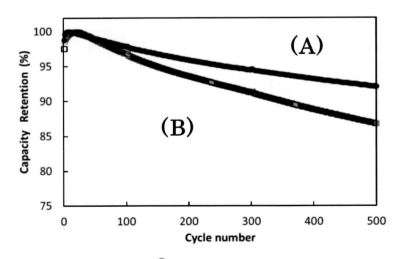

図 11-2　(A) AGr（SCMG®-BR），(B) NGr を負極に用いたラミ型 LIB の充放電サイクル試験結果（25℃）

第8章　負極材料

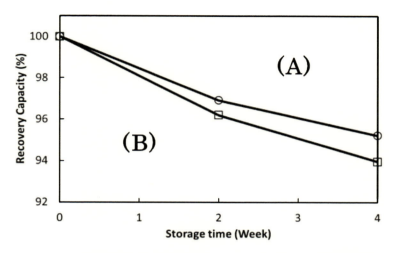

図11-3　(A) AGr と (B) NGr 負極を用いたラミ型 LIB の充電60℃保存後の
回復容量比較

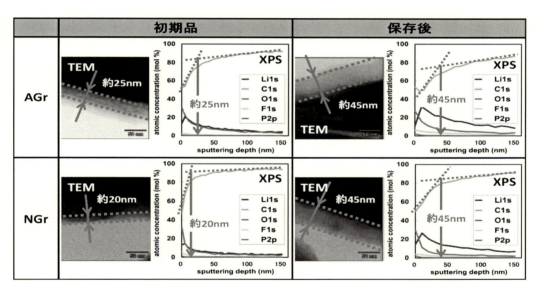

図12　60℃ 4週間保存前後の TEM, XPS 観察による SEI 被膜の厚み変化と組成変化回析

の要因であると推定される。

　図13は，図11-2で実施したサイクル試験前後の AGr, NGr 電極断面 SEM 観察結果である。AGr は500サイクル前後で電極や黒鉛粉形状にほとんど変化は見られない。一方 NGr の場合は，電極内の空孔が増え，また単一粒子で表面コートの剥離のような部分も観察された。AGr より NGr の黒鉛層配向性が高く，充放電での粒子の形状変化の異方性が高いためこのような劣化が進んでいるのではないかと推定している。

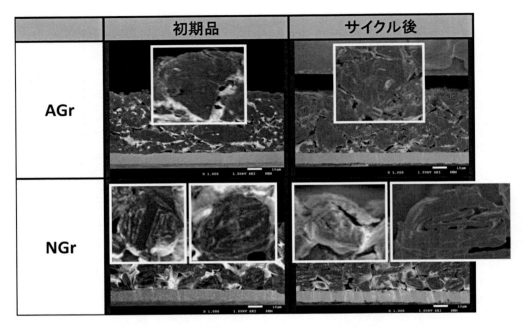

図13 25℃ 500 サイクル前後（図11-2）の AGr, NGr 電極の断面 SEM 観察

このように，弊社人造黒鉛 SCMG は，高温保存や高温サイクルで，表面や内部構造で安定であり，本課題の安全性に対しても，優れた特性を有すると考えている。

### 3.3 人造黒鉛 SCMG® の急速充放電性（入出力特性）改良

SCMG®-AR, BR は長寿命，高保存特性，大電流特性に優れているが，急速充電（入力）特性は図3に示した低結晶性炭素材料（ソフトカーボン，ハードカーボン）には，その充電機構から本質的には劣ると考えられる。但し，低結晶性炭素は重量あたりや体積あたりの充放電容量で黒鉛系には及ばないため，低抵抗で急速充放電性に優れた黒鉛負極材が求められている。繰り返すが，低抵抗で急速充放電性に優れる特性は Li の拡散が早く，負極内の電子分布が均一であるということであり，安全面においても優れていると言える。表1の AF, AF-C はこのような目的で開発した人造黒鉛である。図14には，SCMG®-AR, AF または AF-C を負極に用いた 20×20 mm 小形単層ラミネートセルの充電時または放電時のセル直流抵抗（DCR）を比較した。充電時，放電時ともに DCR は AF-C＜AF＜AR の順に低くなっており，AF の小粒子径化，さらに AF-C の表面加工の効果が DCR 低下に反映されている。図15に AR, AF, AF-C の 18650 LIB での各電流値での放電特性を比較したが，小粒径の AF, AF-C は，AR に比較し優れた放電特性を示した。寿命，保存特性に優れる，当社人造黒鉛 SCMG® シリーズの中でも，SCMG®-AF-C は，さらに低抵抗，急速充放電性能も兼ね備えた材料である。また，この低抵抗という特性は，低温特性にも効果を発揮する。高温での安定性に加え，急速充電に優れ，Li

第8章　負極材料

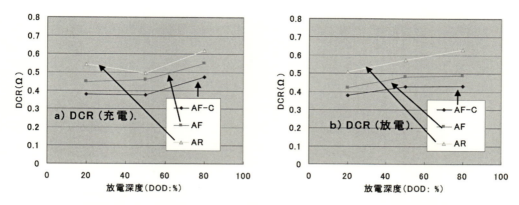

図14　各種負極を用いたラミネートセル（単層，20×20 mm）での直流抵抗（DCR）評価
正極：MNC，バインダー：PVDF，電解液：1M LiPF$_6$ EC/MEC（2：3）+VC 1 wt%

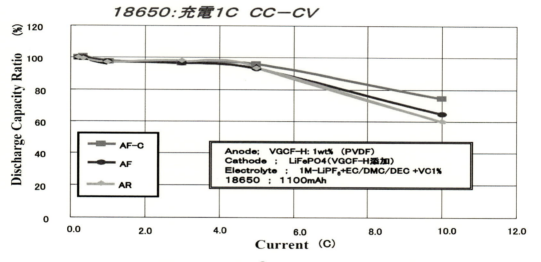

図15　18650LIBでのSCMG®-AR，AF，AF-Cの放電特性比較

デンドライトの起こりにくいAF-Cは，安全性という観点からも，優れた黒鉛材料であると言える。

### 3.4　人造黒鉛SCMG®のさらなる高容量化：Si黒鉛複合負極材の開発

お客様の高容量化ニーズ（スマホの場合一回の充電で長く使える。EVの場合は走行距離を高めることができる）に従い，当社は人造黒鉛よりはるかに高容量のシリコン－黒鉛（Si黒鉛）複合負極材を開発した[10]。まずはモバイル機器など小型LIBで実績をあげながら，将来の車載向けにも展開していく。

開発した複合負極材は，当社の膨張収縮が少なく，サイクル特性に優れた人造黒鉛SCMG®

を核に，表面にシリコンナノ粒子が均一に分散付着し，さらにカーボン被覆層を有する構造をとっており，従来の SiOx 系に比較し，充放電初期効率が高く，充放電での膨張・収縮を低減し，充放電サイクル特性も改善した。基本の充放電容量は 800 mAh/g 前後で，現在の黒鉛 360 mAh/g の 2 倍以上を有する。さらに高容量化も可能である。

複合材自身の詳細な安全性評価は現在進めているが，容量が高いので，負極にかかる負荷を軽くできる，また Si の充電電位は黒鉛より高い，ので，安全性の改善にもつながるものと期待している。

## 4 VGCF®の LIB 負極用導電助剤としての状況

当社気相法炭素繊維 VGCF® は LIB 負極の導電助剤として引き続き，盛んに検討されている[1〜3]。以下に最近の負極の高性能化，安全面への効果に関する事例を紹介する。

LIB の高容量化対応の一つとして，正極・負極の電極密度を限界まで高くして，体積あたりの容量密度を向上させる方策がとられる。しかしながら，電極密度を高くすると，電極中での電解液を保持する空孔が少なくなるばかりでなく，内部への電解液の浸透が阻害され，電流密度やサイクル寿命，さらには安全性が悪化する。このような高密度電極に VGCF® を添加すると，この電解液の浸透性低下を抑制できる[2]。図 16 には，メソ系人造黒鉛負極への VGCF® 添加量を変化させた場合の擬似電解液としてのプロピレンカーボネート（PC）の浸透時間変化を示した。特に 1.7 g/cm³ 以上の高密度で VGCF® の添加量が多いほど，PC の浸透時間が短くなっている。すなわち，電解液浸透性が優れる。このことは，負極での充放電反応をより均一にでき，Li デンドライト生成の可能性を低くできることを示唆している。

また，VGCF® は高電子伝導性のネットワーク構造を有しており，負極に添加された場合，電流特性が改善されるが，このことは，その高電流使用時に負極内の電子分布，電位がより均一と

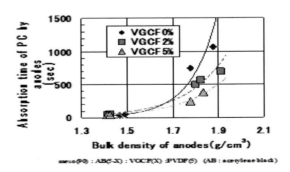

図 16　VGCF® 添加有無でのメソ系人造黒鉛負極の電極密度とプロピレンカーボネート（PC）溶媒の球液時間の関係

いうことであり，安全面でも有利となる。またあわせて高熱伝導性であるため，特に蓄熱しやすい大型 LIB の放熱性，温度上昇抑制という観点でも期待されている。

## 文　献

1) 須藤彰孝，外輪千明，松村幸治，武内正隆，第 44 回電池討論会要旨集，3C13, 402 (2003)
2) 武内正隆，田中淳，電池技術，**17**, 85 (2005)
3) 外輪千明，須藤彰孝，武内正隆，第 48 回電池討論会要旨集，3B08, 256 (2007)
4) 武内正隆，Automotive Technology **9**, 33 (2009)
5) 武内正隆，Materials Integration Vol.**23**, No.06, 55-58 (2010)
6) 電子 J「2010Li イオン電池技術大全」第 3 編，第 10 章
7) 香野大輔，利根川明央，水野雅大，脇坂安顕，武内正隆，第 57 回電池討論会要旨集 1B18 (2016.11.29)
8) 利根川明央，佐藤佳邦，香野大輔，脇坂安顕，武内正隆，第 57 回電池討論会要旨集 1B19 (2016.11.29)
9) 原田大輔，香野大輔，利根川明央，水野雅大，脇坂安顕，武内正隆，第 43 回炭素材料学会年会要旨集 1A-01 (2016.12.7)
10) 2016 年 10 月 26 日化学工業日報，2016 年 11 月 7 日石油化学新聞　他
11) 遠藤守信ら，*Carbon*, **38**, 183 (2000)
12) 高見則雄，工業材料，**47**, 30 (1999)
13) 特開平 11-54123
14) 川口直登ら，AABC2013（California, 2013 年 2 月 4 日）要旨集，Posters, 26
15) 香野大輔，田村健博，利根川明央，外輪千明ら，第 54 回電池討論会要旨集，2D07-09 (2013)
16) 香野大輔，炭素材料学会　先端技術講習会発表（2014 年 6 月 6 日）

# 第9章　電解質系

堀尾博英*

## 1　はじめに

　本章では車載用Liイオン2次電池の新規電解質の提案をするのではなく，現状の電解質に関する品質の安全性，供給の安全性，コストの安全性について，中国の電池や電気自動車市場の動向を絡めながらどのように確保すべきかの所見を述べる。

　Liイオン2次電池が汎用品レベルの電池として認知されるようになってからも新規電解質の研究は継続されているが，ここ数年については主流となる電池材料に根本的な変更は見られてない。特に電解質はTFSIなどのイミド系電解質が度々$LiPF_6$の代替として注目されるものの開発レベルに留まり，実質的にはこれまでの主流である$LiPF_6$が民生用と同様に電気自動車用Liイオン2次電池の電解質としても中心となっている。$LiPF_6$の持つ熱特性や熱安定性に起因する問題点は引き続き存在するが，車載用として必要な高容量と低コストを実現する為には現時点でも$LiPF_6$を使用する方向に大きな変更はない。

　Liイオン2次電池が車載用として注目されるようになってから電池材料事業に新規参入する企業は明らかに増加し，2013年の時点で電解質の生産能力は需要数量を上回るレベルとなり，市場価格もほぼ底値近くまで落ち込んだ。しかし2014年後半から中国独自の電気自動車ブームが巻き起こり，供給過多状態にあったLiイオン2次電池と電池材料の市場が一変。中国国内を中心にLiイオン2次電池の生産数量が急激に増加し，電池材料もこれまでの供給過多状況から供給不足へと市場環境が大きく変化した。この急激な市況の高騰により電池材料市場がどのように変化し，その結果Liイオン2次電池の安全性にどのような影響を与えることになったかについて所見をまとめる。

　Liイオン2次電池の安全性については，これまでも携帯電話やパソコン用など民生用において重要な項目として検討されてきたが，温度上昇や発火などいまだ完全に解決されたとは言えない。電気化学的な問題と同時に，世界的に増加している電池材料や電池生産メーカーの安全性に関する取組姿勢や認識レベルに関しても考慮する必要があり，やはり統一した基準を持たなくては本質的な安全性の確保は難しい。生産する側でも顧客の要求内容が合理的なものであるかどうかを見極め，高品質で低コストという両立が難しい要望に対して，一方を重視するあまり片方を軽視する事のないように慎重に対応すべきである。

---

*　Hirohide Horio　森田化学工業㈱　常務取締役；森田新能源材料（張家港）有限公司　総経理

第9章　電解質系

## 2　中国における電気自動車と電解質の市場動向

　Liイオン2次電池が電気自動車用として注目されるようになった背景には，大気汚染と温暖化防止という地球規模で解決しなくてはならない環境テーマが存在している。その中で2000年頃から$CO_2$削減を目的とした電気自動車の普及が日本とアメリカの自動車メーカーを中心に進められ，これに自動車産業と電子産業に関与する多くの企業が興味を持って参入。約十数年の間に既存企業の増産や電池事業への新規参入が相次ぎ，2013年には世界全体の電池および電池材料の生産能力は需要数量を大きく上回り，電池材料市場は完全な供給過多状態となった。特に中国では様々な企業が乱立し，600社以上の電池メーカー，70社以上の電解液メーカー，10社以上の電解質メーカーに加え数社の添加剤メーカーも立ち上がり，受注数量の取り合いの中で完全な価格競争に突入。海外の電池及び電池材料メーカーもこの流れに完全に巻き込まれた。各社共に電気自動車の普及に期待しながら価格競争の中で市場の高騰を待ったが，結果的に普及は進まず期待はずれとなり，数年で電池及び電池材料の市場価格は製造原価ギリギリ近くにまで落ち込むことになった。

　一方同じ時期に中国独自の大きな問題点として排気ガスによる大気汚染が注目されるようになり，その改善策として中国政府主導の元に電気自動車の普及が進められることになった。中国政府は日本やアメリカ政府とは異なり，1年間に普及させる電気自動車の台数を国策として設定。政府から支給する助成金をベースに一般消費者の動向に左右されることなく公共バスやタクシーの電気自動車化を積極的に進めて普及目標にまで台数を押し上げた。この手法により，中国国内の電池及び電池材料の需要は一挙に高騰。需要と供給のバランスが逆転して電池材料の市場価格は大幅に上昇。事業存続が難しくなっていた中国国内の電池関連企業が全て息を吹き返した。この勢いは日本や韓国，アメリカなど海外のLiイオン2次電池関連企業にも好影響を与えたが，ここで電池材料市場は初めて深刻な電池材料の供給不足を経験することになった。

　最近はヨーロッパでも$CO_2$削減が再燃して本格的な実施が報道されるようになり，政府主導で自動車メーカーに対する排気ガス規制の一環として電気自動車の普及を推進しようとする動きが見られる。ただし中国政府のように一般消費者の動向に左右されずに計画通りに普及させられるかどうかは課題。逆にこの欧州の動きが世界的な電気自動車市場にさらなる過剰な期待感を与える事になり，増産や新規参入する企業が急増して電池及び電池材料市場が再び供給過多状態に逆戻りする可能性が危惧される。いずれにしても世界全体の電解質の生産能力は増加傾向の中で進んでいくが，実質的な需要数量は政府主導の普及策と一般消費者の電気自動車に対する購入意欲による。その指針となりそうなのが，テスラ製電気自動車の今後の販売台数の推移である。流行りではなく継続的な受注を得られるかどうか，一般消費者に自動車の新しい一車種として電気自動車が認知されるかどうか判断を仰ぐことになる。

## 3 電解質の種類

 一般的に注目される電池の安全性というのは電解質にではなく電解液に由来するものだが,Liイオン2次電池の基本的な電解液組成に大きな変更がないので電解質も変わっていない。

 民生用のLiイオン2次電池の電解質は電池性能と価格の両面から$LiPF_6$が主流である。電気自動車用の電解質も同様。ただし車載用の場合,電池性能を向上させる為に新規電解質や数多くの添加剤の研究が活発に進められている。$LiPF_6$以外の電解質候補としては$LiBF_4$,LiTFSI,LiFSI,$LiPO_2F_2$などが以前から検討されているが,これらの化合物は電池特性の差異や比較的高価格であることから添加剤として使用されている。

 将来的に安全性を重視した難燃性や不燃性の新規電解液の開発が成功すれば,電解質も別の物質に変更される可能性はある。最近公知となった水系電解液も不燃性電解液として注目されたが,現時点では寒冷地での性能不良があって車載用としての採用は難しいとされている。

### 3.1 $LiPF_6$

 現状の電解質の中心はやはり$LiPF_6$。2000年以前は日本だけで生産されていたが,これまでに韓国,中国,台湾など数多くのメーカーが新たに生産を開始。この生産メーカー増加の原因は2000年頃からリチウム電池の生産拠点が日本⇒韓国⇒中国へと移動し始めたことと,世界的な電気自動車普及の期待感によるものである。生産メーカーの増加により$LiPF_6$は供給過多となって,2013年に市場価格は底値近くまで急落。新規参入メーカーは採算性を確保できず事業から撤退する動きとなった。しかし2014年以降に中国国内で開始された公共バスやタクシーの電気自動車化によって電解質市場は高騰し,$LiPF_6$の市場価格も大幅に上昇。結果的に電解質メーカーは完全復帰した。同時にさらに新規参入するメーカーも続出し,$LiPF_6$の生産能力は再び供給過多の方向に動いている。

### 3.2 $LiBF_4$

 従来からLi電池の一次電池用電解質として使用されている。$LiPF_6$と比較すると熱安定性や温度特性などに優位性があり,以前は混合電解質として一部の電気自動車用の電解質として使用されていたが,やはり電気容量の面から車載用としての使用は難しいとして市場の伸びは見られていない。電池の設置スペースに比較的制限のない定置型電池の電解質として使用される可能性がある。

### 3.3 LiTFSI

 以前は欧米や日本メーカーが本格生産していたが,現時点では中国生産がメイン。Liイオン2次電池用の添加剤として中国電解液メーカーが自社生産,あるいは化学品メーカーがイオン性液体用途として量産化している。現時点での電解液組成では集電体を溶解することもあって,メイ

## 第9章　電解質系

ンの電解質としては採用されていない。イオン性液体に使用されるようになって市場価格は大幅に低下。日本や欧米での生産では対応が難しいレベルとなっている。

### 3.4　LiFSI

新規電解質として最も有望視されている。2015年から高騰した$LiPF_6$の現時点での市場価格であれば，代替えとして評価できる可能性はある。電池特性と熱安定性の両面で他の候補物質と比べても優位性と安全性が高い。従来の製造工程で発生する大量の廃棄物質についても，製法変更により低減できる可能性も出てきている。ただし，車載用Liイオン2次電池に対する要望は，従来と同様に現時点でも更なる高容量化と低コストである。代替となる為には，$LiPF_6$が底値となった2013年レベルの市場価格で生産する必要があるので容易ではない。

### 3.5　$LiPO_2F_2$

$LiPO_2F_2$は車載用の添加剤として数量を伸ばしているが代替え電解質レベルまでには至っていない。$LiPF_6$の生産工程の一部を変更して生産可能であるが，それでは$LiPF_6$を上回るコスト競争力はない。全く別の製法でも生産可能だが，精製工程でコスト高となるので添加剤としての位置付けとなる。

## 4　電解質に対する顧客の要求

電池材料に関わらず購入品に対する要求は安定した品質の製品を低価格でというのが基本。品質は良いが高価では原価高となり使用不可。低価格だが品質が悪いのでは製品の品質を維持できない。つまりこの二つは両方守らねばならない必須条件となる。しかしながら中国におけるLiイオン2次電池市場の場合，電池の種類として車載用，高グレード，低グレードがあるように電池材料にもグレードが存在している為，急速な需要増の場合には数量確保が最優先となってグレードの境界線が曖昧になる傾向がある。

実際に2014年以降に電池材料が供給不足になると中国国内ではほとんど全ての電解質メーカーの製品が完売となり，電解液メーカーから電解質メーカーへの品質や価格の要求がほとんど見えなくなった。汎用品となって品質重視から価格重視になるのは合理性があると言えるが，数量確保の為に購入基準がなくなっては品質に関わる安全性を確保することはできない。

電解質メーカーに対する厳格な品質要求がないと生産の工程管理や使用する原材料にも規制がなくなり，これまで安全性確保の為に種々改善してきた品質管理基準や技術改善の内容が風化してしまう可能性もある。品質的に使用が難しいとされていた製品が市場に出回ると品質重視の意識が薄れ，本来安全性を重視しなくてはならない電気自動車用の電解質においても同じような事象が発生し，将来的に電気自動車の安全性を損なう可能性がある。また一般消費者からすると電池の安全性に車載用と民生用の区別はないので，どのようなLiイオン2次電池であっても事故

発生は電気自動車普及の逆風となる。

## 5 中国における原材料調達

$LiPF_6$ の主原料は HF,$PCl_5$,$Li_2CO_3$(LiF)。原料は全て資源として中国国内に存在している。主原料の枯渇問題がよく話題にでるが,原材料を安全に安定的に購入するには資源の枯渇よりも価格設定をする原材料提供メーカーの思想に注目すべきである。現状ではタイト感の有無で価格も数量も変動している状況で,温暖化や大気汚染防止の為に電気自動車を普及させるビジネスに関わっている意識があるとは思えない。電気自動車普及のビジネスは大義としては地球レベル,実質的なビジネス環境は単なる通常ビジネスと何ら変わらない。

電解質生産に必要な主原料は品質要求に合わせて厳選すべきものであり,メーカーの変更の際には,製造工程,品質規格,管理体制など,ユーザーからの要望事項をクリアできるかどうか必要項目のチェックが必須となる。しかしユーザーからの厳格な品質要求がなければ数量の確保が最優先となり,グレードや原料メーカーそのものも容易に変更可能となる。その結果ロットによる品位のバラツキや分析項目にない不純物混入の危険性など,安定した品質の確保は非常に難しくなる。資源を有している中国には同一原材料を生産するメーカーは数多く存在し,価格競争の中で安価なメーカーは比較的見つけやすい。この事は逆に言えば,コスト重視により容易に原材料の変更ができる環境にあるということになる。

## 6 車載用の電池と電解質

電気自動車普及の目的は原子力発電や夜間電力を使って電気自動車を走らせ,ガソリン車から発生する $CO_2$ を削減しようとするものだったが,原子力発電の将来性が不透明になったので現時点の大義は不明確である。太陽電池や風力発電の電力を利用して EV 車を普及させれば当初の目的は達成できるが,充放電中の安全,インフラ面の安全,老朽化した使用後電池の安全性など,電池性能を限界付近まで上げる EV 車には安全性を確保する為に解決すべき問題がいくつかある。日本ではニッケル水素電池による HEV システムが既に構築されているので,電池サイズの小さい HEV や PHEV を主流にすることも可能だが,中国には自動車用エンジンに関する技術の蓄積がないこともあって EV 車での普及が当面の目標である。

電気自動車用の電解質は,民生用と同様に $LiPF_6$ が中心。車載用電池の価格は,電気自動車の車体価格からの逆算によって設定されるので,民生用電池に対するコスト要求より更に厳しい。新規電解質や電解質の改良によって仮に電池性能や安全性が 10%～20% 上昇するとしても,それらが電池価格に反映させることはまずない。つまり電解質への要求は低価格,電解液に対しては高品質かつ低価格ということになる。EV 車の普及が進めばサイズの大きい電池が必要となるので消費する電池材料の数量も大きくなるが,車載用 Li イオン 2 次電池のコスト低減要求は助

成金で成立している間は半永久的に続くと見るのが妥当。

## 7 電解質の安全性について

　一般的に安全性と言えば電気化学的な特性の話となるが，LiPF$_6$の電気化学特性は既知のことなので，ここでは汎用品としての電解質に必要な安全性について述べる。
　電解質が既に汎用品だとすれば，安全性とは顧客の要望に合わせた形で製品を提供することになる。つまり市況の変化に関係なく顧客の要望する品質の製品を安定的に製造し，仮に設備トラブルや法的な環境規制や法律変更があっても，指定期日に決められた数量の製品を製造原価をベースとした合理的な価格で提供するということになる。
　　品質の安全性＝電解液メーカーの定める分析項目に準じて提供
　　供給の安全性＝顧客の要求する数量で提供
　　価格の安全性＝製造原価から設定する合理的な価格で提供
　中国電池市場には低グレード品の需要が今現在もあって，電解液メーカーとしては低グレード用と海外基準の高グレード用の両製品を上手く組み合わせて採算性を確保している。これが基本スタイルなので，市況によって電解質の品質基準，供給数量，市場価格など全てが変動することがある。それゆえ電解質メーカーは顧客の要望に関係なく独自の管理基準を定めて安定生産することにより，車載用Liイオン2次電池の安全性を確保しなくてはならない。

## 8 中国における電池及び電解質事業の実態

　中国の主要電解質メーカーは4社で，品質は基準レベルをクリアしており，民生用電池の電解液には問題なく使用されている。市場が供給過多の時は低グレードメーカーに価格を下げて販売していたが，市況が高騰してからは低グレードメーカー向けの販売価格を従来の4倍程度にまで引き上げて高収益を上げている。電解質の主原料である炭酸リチウムの市場価格も高騰しているので製造原価はかなりアップしているが，それでも現状の価格設定は合理性を欠いている。
　従来の4倍以上の価格の電解質を使用しても電解液メーカーや電池メーカーがビジネス展開可能なのは，電気自動車事業に中国政府から助成金が出されているからである。この助成金をサプライヤーチェーンの中で分け合っているのが実情である。つまり，中国における電気自動車ブームは一般消費者を中心とした正常な市場ではなく，政府の助成金をベースとした見せかけの市場ということになる。助成金がなくなれば消滅する危険な市場ということである。

## 9 北米及び欧州における電池及び電池材料

　北米及びヨーロッパのLiイオン2次電池市場は全て車載用である。北米はカリフォルニアを

中心に嗜好品レベルで電気自動車の普及が続いているが，2017年からテスラが数十万台の本格的な電気自動車の生産を開始するとのこと。一方欧州では，大手自動車メーカー各社が政府指導の新しい環境規制に合わせて電気自動車生産を本格的にスタートさせる意向を示している。これを受けて韓国電池メーカーが欧州で電池生産工場の建設を開始したとの話もあるが，パッケージではなく素電池の生産を北米や欧州で本格的に実施することになれば，品質の安全性確保の為に電解液の現地生産が必要となる。しかし電解質の場合は品質の安定性という面では現地生産の必要性はないので，外地生産＋物流費に比べて現地生産の製造コストがどうなるかを見て現地生産するかどうかを検討すべきである。環境規制により市場がどのように動くか注目が必要となる。

## 10　電気自動車市場の真実

10年ほど前の再来でまた世界に電気自動車ブームが巻き起こっているように見えているが，実際に電気自動車市場は始まっていると言えるのだろうか。中国の電気自動車ブームも政府の助成金によって公共のバスやタクシーが普及しただけで，一般消費者の間で普及している訳ではない。また電池の安全性に関する最終的な結論も出ておらず，中古車や廃車電池の処理やインフラの整備など，そこが曖昧では一般消費者が購入に至らないなど，数多くの項目が非常に中途半端な状態となっている。

電気自動車は携帯電話やノートパソコンとは全く違う次元の商品だと言える。携帯電話やノートパソコンは，コードレスというこれまでの製品では不可能だった仕様を可能にした新商品である。これに対して電気自動車は，ガソリン車と同じ事ができる商品に過ぎないという事である。つまり一般消費者の頭の中で電気自動車の比較対象となっているのは，従来の電気自動車ではなくガソリン車なのである。ガソリン車に比べて電気自動車はより安全なのか，ガソリン車に比べて中古車や廃車の際に面倒なことはないのか，ガソリン車に比べて走行中や維持に不便さを感じないのか。電気自動車産業に関わっている人達が，以前の電気自動車より安全性が高く，走行距離も長く，購入価格も安くなったと評価しても，ガソリン車との比較で劣っていては一般消費者に受け入れられるはずがない。つまり本当の意味での電気自動車市場はまだ始まっていないということである。ガソリン車と比較して何をベースに普及を促すのか。一般消費者にとって電気自動車がガソリン車よりも魅力があると思えるセールスポイントが見えた時が，本当の市場の始まりとなる。

## 11　まとめ

Liイオン2次電池用の電解質は高性能と同時に安全性を確保する必要があるので，現状に満足することなく常に新規電解質の開発を目指して研究されている。だが現時点での主流は，やはり$LiPF_6$と従来から変わっていない。その中で本章では学術的な電解質の安全性ではなく，既に

# 第9章　電解質系

汎用品の位置付けに近い電解質 LiPF$_6$ が車載用電池の電解質として提供すべき安全性とは何なのかについて，Li イオン2次電池の生産国として最も大きい中国の電池と電池材料市場の動向と各電池材料メーカーの動きを紹介しながら分析した。結論として車載用電池の安全性確保の為に電解質が提供すべき事は，特別な内容ではなく①安定した品質②安定した供給③安定したコストの3項目をユーザーの要求に合わせるのではなく，独自の管理基準をベースに設定して遵守するということである。電池や電池材料メーカー全てに各部材や仕様毎に管理基準が設けられるようになり，それを統一し国際基準として遵守するようになれば，少なくとも電池材料に起因する問題点は最低限に抑えられることになる。

電池材料メーカーが新規あるいは増産の際に生産能力を設定する場合，電気自動車の市場動向を念頭として企画立案する。しかし電気自動車の市場動向やユーザーからの需要計画はコミットされたものではない。そのため仕方なく予測の中で生産能力を設定して，設備化し生産体制を構築する。市場動向が不安定で生産能力に応じた受注を得られず供給過多，あるいは生産能力が不足して供給不足になる。このどちらになるかは自社だけの判断では予測できない。供給過多の際には事業が存続できない状態にまで市場価格が落ち込み撤退に追い込まれる。供給不足の際には採算性は問題ないが，品質やコストに対する従業員の意識が薄れて管理体制が崩壊してしまう。このような環境の中では，長期的に安定した製品を供給する為に共通した管理基準が必要となる。

車載用電池の安全性というのは人命に関わる重要な課題である。市況が高騰して原料がタイトになった際に数量確保が容易な低グレード品を使用する，コスト重視により原材料メーカーを変更するなどは，電池材料メーカーとして電池の安全性を損なう行為をしていることになる。市況に関わらずサプライヤーチェーンの中で単に数量を確保するのではなく，双方の事業が成立する状態での連携が必要不可欠だと言える。その為には競争力のある価格で製造できる生産拠点とパートナーが必要になる。パートナーというのは当然の事ながらユーザーとサプライヤーの両方である。しかし本格的に Li イオン2次電池事業が始まってから既に十数年が経過していることから，新規に真のパートナーと呼べるユーザーやサプライヤーを見つけるのは容易な事ではない。日本流の関係構築方法で海外メーカーと交流しても現実的には難しいのが実情である。しかし今後はグローバルの中で海外メーカーとサプライヤーチェーンの中で電気自動車産業を発展させていかなければ，地球温暖化や大気汚染防止という地球規模の問題を解決することはできない。今後この電気自動車産業の発展を一般的なビジネスとして進めるのか，地球規模の環境対策として取り組むのかハッキリさせる必要がある。国家と企業が同じ目的の中で事業として成立する形でサプライヤーチェーンを結び安定的に普及させなければ，この状態からの脱出は難しいと思われる。

# 第 10 章　セパレータ

西川　聡*

## 1　はじめに

　リチウムイオン電池は高いエネルギー密度が特徴であり，そのような特徴から携帯電話，スマートフォン，ノートパソコン等の携帯用電子機器の電源として広く普及している。また，最近では EV，HEV といった車載用への展開が活発に検討されている。このような多岐にわたるアプリケーションへの展開は，他の二次電池に比べエネルギー密度が高く，そのため小型化，軽量化が可能ということが背景となっており，そのような観点からリチウムイオン電池の研究開発においてエネルギー密度を高めることは重要となっている。また，車載用途では携帯用電子機器に用いられるリチウムイオン電池に比べ大型化が要求され，そのような技術開発も活発になっている。その結果，現状のエネルギー密度は実用化当初の倍以上になっており，車に搭載可能なまでの大容量化も実現されている。
　リチウムイオン電池は電解液に可燃性の有機電解液を用いているので，その使用方法を間違えれば発火に至ることもある。このような安全性についての問題はリチウムイオン電池の開発当初から指摘されてきた。高エネルギー密度化，高容量化といった研究開発の流れの中で安全性確保技術の重要性は増してきおり，電池を安全に制御するということ以上に電池そのものを安全にする材料部材技術が重要と考えられている。当然のことながら正負極の絶縁のために用いられるセパレータ部材の技術もその例外ではない。
　このような背景から本稿においては，安全性確保という観点からリチウムイオン電池セパレータ技術について述べることにする。

## 2　ポリオレフィン微多孔膜とシャットダウン機能

　リチウムイオン電池ではセパレータとしてポリエチレンまたはポリプロピレンからなるポリオレフィン微多孔膜が主に用いられている。リチウムイオン電池ではイオン伝導度が低い有機電解液を用いなければならなかったので，そこに用いるセパレータは薄膜化が必要であったが，このポリオレフィン微多孔膜はリチウムイオン電池で要求される膜厚においても正負極の電子絶縁的絶縁を確保できるだけの十分な力学物性を有し，かつ十分なイオン透過性が得られるような多孔

---

*　Satoshi Nishikawa　帝人㈱　電池部材事業推進班　機能材料開発室
　　帝人グループ技術主幹

構造を有する。また構成材料のポリエチレン、ポリプロピレンはリチウムイオン電池内で用いても、化学的、電気化学的安定性に問題はない。このような理由から開発当初から現在に至るまでポリオレフィン微多孔膜がリチウムイオン電池のセパレータとして主に適用されてきた。

このようなポリオレフィン微多孔膜はシャットダウンと呼ばれる機能を発現することで、リチウムイオン電池の安全性確保に貢献している。図1はポリエチレン微多孔膜に電解液を含浸させ、これをSUS板電極で挟んだ構成のセルを作製し、昇温させながらそのセルの交流抵抗を測定した結果である。ポリエチレンの融点近傍で急激な抵抗上昇が確認されるが、これがシャットダウン機能と呼ばれるものである。リチウムイオン電池が何らかの異常によって発熱した場合、この抵抗上昇によって電池反応を停止させ更なる発熱を抑制することでリチウムイオン電池の安全性確保に貢献する。この機能だけでリチウムイオン電池の安全性が確保されるわけではないが、外部短絡、内部短絡、過充電といった異常時における安全性確保の一つの有効な手段と考えられており、リチウムイオン電池セパレータの重要な機能と位置づけられている。

このシャットダウン機能はポリオレフィン微多孔膜を構成するポリオレフィンが溶融する過程で孔が閉塞し発現する。図1にはシャットダウン前後のポリエチレン微多孔膜をSPMで観察した結果を示しているが、孔が閉塞している様子がよく分かる。シャットダウン機能はこのような原理で発現するので、この機能は構成材料の融点近傍、すなわちポリエチレンでは130℃程度、ポリプロピレンでは160℃程度で発現する。リチウムイオン電池の安全性確保のためには使用温度範囲を超えた範疇のより低温でこの機能を発現させる方が好ましく、そのような観点から微多孔膜の構成材料はポリプロピレンよりポリエチレンの方が好ましいと言われている。

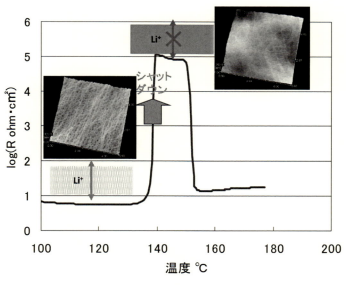

図1　ポリオレフィン微多孔膜のシャットダウン機能

## 3 耐熱加工ポリオレフィン微多孔膜

　前述のポリオレフィン微多孔膜はリチウムイオン電池セパレータとして非常に優れたものであり，安全性確保という観点においてもシャットダウン機能を有することで貢献してきた。しかしながら，リチウムイオン電池の高エネルギー密度化，高容量化といった開発の流れの中で安全性を確保するためには熱的寸法安定性が不十分であるという欠点が指摘されている。ポリオレフィン微多孔膜は強度の確保，多孔化を目的に製造工程で一軸または二軸に延伸されるため延伸による内部応力により熱収縮が起こるからこの問題を解決するのは単純なことではない。

　ここでセパレータの熱的安定性の重要性について内部短絡を例に説明する。金属異物等の混入で仮に内部短絡が起こると，その短絡した箇所では発熱が起こる。この発熱によってセパレータが熱収縮すると，短絡面積が拡大してその部分の短絡抵抗が小さくなり大きなエネルギーが放出される。その結果として，電池温度が上昇し熱暴走に至る。このような熱暴走に至るメカニズムを踏まえると，セパレータの熱的寸法安定性を向上させ短絡面積の拡大を防止することはリチウムイオン電池の安全性を向上させるのに有効であると考えられる。シャットダウン機能にもイオン透過性という観点から大きなエネルギー放出を抑制する効果が期待されるが，リチウムイオン電池が高エネルギー密度化，高容量化されていくとシャットダウン機能のみでは熱暴走を回避するのが困難であるとの認識で，このような背景からシャットダウン機能を備えつつセパレータの熱的寸法安定性を向上させるような技術が重要と考えられている。

　このようなシャットダウン機能と高い熱的寸法安定性を両立したセパレータ開発では，シャットダウン機能を有する従来のポリオレフィン微多孔膜へ熱的寸法安定性を高める目的で耐熱層をコーティングするというアプローチが一般的であり，このタイプのセパレータの実用化は既に始まっている。この耐熱層は無機フィラーとバインダーポリマーからなる構成がほとんどであり，さまざまな種類の無機フィラー，バインダーポリマーの組み合わせが提案されている。また，この耐熱層はイオン透過性も必要であり，そのような観点から十分に多孔化されていなければならない。多孔化の手法はポリマー相分離技術を適用した方法，無機フィラーを積み重ねることで瓦礫構造を形成する方法に大別される。

　このタイプのセパレータには，「ベルヴィオ®」（住友化学），「ハイポアTM」（旭化成イーマテリアルズ）[1]，「LIELSORTTM」（帝人）[2] などがある。また，「ESFINO」（積水化学）のような無機フィラーを適用していないタイプの耐熱加工ポリオレフィン微多孔膜も提案されている[3]。以下，耐熱加工ポリオレフィン微多孔膜の一例として弊社の LIELSORTTM の技術を紹介する[4]。

　弊社は耐熱ポリマーである芳香族ポリアミド（アラミド）を用いた耐熱繊維を製造している。そのような背景から，このアラミドをバインダーポリマーに用いた耐熱層をポリエチレン微多孔膜にコーティングした耐熱加工型セパレータを開発し，耐熱タイプ LIELSORTTM として商品化している。

　アラミドはメタ型とパラ型に大別されるが，相分離法を適用した場合，メタ型の方がパラ型に

第10章　セパレータ

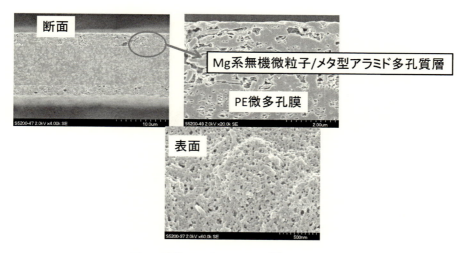

図2　耐熱タイプ LIELSORT™ の SEM 像

比べ多孔化が容易である。故に，耐熱タイプ LIELSORT™ ではバインダーポリマーとしてメタ型アラミドを適用している。また，無機微粒子と $LiPF_6$ 系有機電解液との反応性を検討した結果，多くの無機微粒子が電解液の分解を誘発することが確認されたが，MgO または $Mg(OH)_2$ は電解液の分解を誘発しないことが分かり[5]，そのような検討結果に基づき無機微粒子には Mg 系のものを適用している。

図2は耐熱タイプ LIELSORT™ の SEM 像である。この SEM 像から分かるように，耐熱タイプ LIELSORT™ ではメタ型アラミドをバインダーとした無機微粒子からなる耐熱層がポリエチレン微多孔膜の表裏両面に成形されている。両面成形によりカールのないハンドリング性に優れたものとなっており，また両面成形とメタ型アラミドをバインダーに適用していることで高い熱的寸法安定性を実現している。この耐熱層は相分離法により多孔化しているので空孔率が高く，イオン透過性に優れた均一な多孔構造になっている。

セパレータをリングに固定し中央部に切り込みを入れて，これを180℃のホットプレート上に置いたときの耐熱タイプ LIELSORT™ とポリプロピレン微多孔膜の状況を図3に示す。ポリプロピレン微多孔膜では瞬時にスリットから大きな収縮が起こっているが，耐熱タイプ LIELSORT™ ではそのような挙動は確認されない。図4は400℃のはんだごてを耐熱タイプ LIELSORT™ に当てたときの様子であるが，このときも寸法変化は確認されず，穴が開くこともなかった。このような試験結果から耐熱タイプ LIELSORT™ ではメタ型アラミドをバインダーにした耐熱層をポリエチレン微多孔膜の両面に成形することで高い熱的寸法安定性が実現されていることが分かり，前述した内部短絡時の安全性に対する熱的寸法安定性の寄与を踏まえると，この耐熱タイプ LIELSORT™ は従来のポリオレフィン微多孔膜に比べ高い安全性の実現が期待される。

図5は弊社の耐熱タイプ LIELSORT™ のシャットダウン特性を測定したものである。耐熱タ

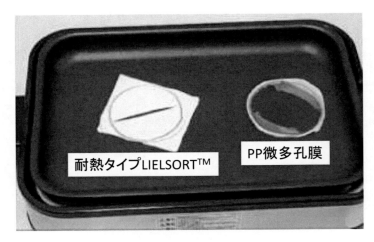

図3 ホットプレートテスト（180℃）

図4 はんだごてテスト（400℃）

イプLIELSORT™は耐熱加工前のポリエチレン微多孔膜と同様にシャットダウン機能が発現することがここから分かる。シャットダウン後の昇温においては耐熱タイプLIELSORT™とポリエチレン微多孔膜との挙動は異なる。ポリエチレン微多孔膜ではシャットダウン機能発現後，さらに昇温させると抵抗が急激に低下しているが，これはメルトダウンと呼ばれる現象で，ポリエチレンが溶融して短絡することによって引き起こされる。耐熱タイプLIELSORT™ではこのメルトダウン現象が確認されていない。これはポリエチレン微多孔膜が溶融しても耐熱加工により短絡が防止されたためと考えられ，この耐熱層はポリエチレンが溶融し高温環境下に晒されても短絡を防止するだけの十分な力学物性を有すると判断される。

このように耐熱性とシャットダウン機能を両立した耐熱タイプLIELSORT™ではあるが，こ

第10章　セパレータ

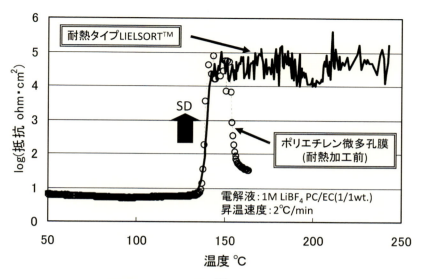

図5　耐熱タイプ LIELSOT™ のシャットダウン特性

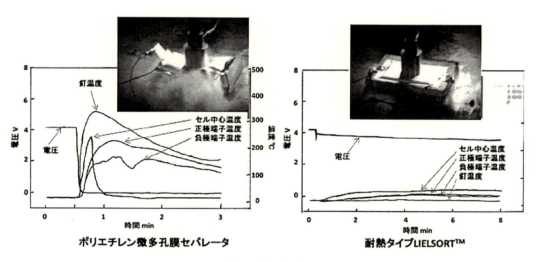

図6　釘刺試験

のようなセパレータを用いることで電池の安全性がどの程度向上するかが本質的には重要である。そこで弊社では負極にグラファイト，正極にニッケル酸リチウムを適用した3Ahのラミネート型リチウムイオン電池を試作し，内部短絡を模擬した釘刺試験による安全性評価で耐熱加工の効果を検証している。図6にその試験の様子を示す。ポリエチレン微多孔膜をセパレータに用いた場合は，釘を刺した直後に急激な電圧降下が確認されセル温度が上昇し発煙に至っている。それに対し，耐熱タイプ LIELSORT™ を用いた場合は釘を刺しても急激な電圧降下は認め

られず極めて緩やかに電圧が降下しておりセル温度上昇も小さく，発煙等に至ることはなかった。耐熱加工によって熱的寸法安定性が向上しているので，釘を刺した箇所の短絡面積の拡大が大幅に抑制されたため安全が確保されたと考えられる。

　内部短絡が起こった場合の安全性確保においてポリオレフィン微多孔膜への耐熱加工が有効であることについて述べてきた。このような無機フィラーとバインダーポリマーからなるコーティング層は適切に設計することで金属異物混入時の内部短絡そのものを防止する機能を付与できるとの報告[6]もあり，このような機能も安全性向上に寄与すると考えられる。

## 4　不織布セパレータ

　不織布，紙タイプの最大の魅力は低コストであることであろう。これは確立された高速生産技術，高歩留りに裏付けられている。リチウムイオン電池のコストに占めるセパレータの割合は小さいものではないので，その魅力は絶大なものである。特性面においても透過性に優れるため高出力化には有利であると言われている。また，耐熱性の高いポリエチレンテレフタレート，ポリイミドのような素材で容易に多孔性シートが得られるという技術的背景から安全性への貢献を特徴とした耐熱セパレータの検討も盛んである。

　しかし，リチウムイオン電池のセパレータに微多孔膜が用いられてきた理由を考えてみると，その適用は容易なことではない。前述したように有機電解液を用いるという事情からリチウムイオン電池のセパレータは薄膜化が要求された。そのような要求を満たし電池セパレータとしての最も重要な機能である正負極の短絡防止を実現できた多孔体がポリオレフィン微多孔膜だけであったわけであるから，不織布や紙の適用が従来技術の延長線上で困難となるのは当然である。

　不織布や紙で大きな問題の1つはマイクロショートである。このマイクロショートが不織布や紙で起こるのは屈曲のない目開きが大きい孔が存在するためと考えられており，この問題を解決する手法としてナノファイバー技術やコーティング技術の適用が提案されている[7]。ナノファイバーのような微細な繊維を活用した技術からは「NanoBase®2」（三菱製紙）[8]，「Energain™」（デュポン）が，コーティング技術の適用からは「Separion™」（エボニック）[9]，「NanoBase®X」（三菱製紙）[8]が商品化されている。これらのセパレータはいずれも耐熱性を特徴としており，内部短絡において前述の耐熱加工ポリオレフィン微多孔膜を凌駕する高い安全性を実現するという報告[10]もある。このような報告を踏まえると，車載向けを中心とした大容量リチウムイオン電池においてどのようなポジショニングをとるか今後興味深いところである。

　また，負極活物質の変化も不織布や紙といった形態のセパレータの適用には重要である。マイクロショートはグラファイトのようなリチウムの酸化還元電位近傍で充放電される活物質で起きやすく，充放電電位が高い負極活物質では問題にならないと考えられる。そういった観点から東芝が提案している[11]チタン酸リチウムのような負極活物質の適用が拡大されれば従来の不織布や紙といったタイプのセパレータの位置付けも大きく変わってくるだろう。

## 5 接着層加工ポリオレフィン微多孔膜

　一般にリチウムイオン電池は使用劣化によって安全性が低下するが，充放電に伴う負極の膨張収縮で起こるジェリーロールの変形，電極／セパレータ界面の隙間により負極で抵抗分布が生じ金属リチウムの析出が起こることが要因の1つとして挙げられている[12]。これを解決する手段として考えられる直接的な手法は膨張収縮の小さい負極材料を選定することであるが，これはエネルギー密度とトレードオフの関係となり高エネルギー密度化の観点から好ましい手法ではない。これとは別に電極とセパレータを接合させてセル強度を高める手段が挙げられ，このような背景から電極と接着機能を有する接着層加工ポリオレフィン微多孔膜が弊社の接着タイプLIELSORT™として実用化されている。

　図7は接着タイプLIELSORT™のSEM像であり，ポリエチレン微多孔膜の表裏に接着層としてPVdF系樹脂の多孔質層がコーティングされている。この多孔質層は電解液に膨潤した状態で熱と圧力を印加すれば容易に電極と接着し，この接着によって電極／セパレータ界面の剥離及びずれが防止されることでセル強度が向上する。図8はセルの3点曲げ試験によってセル強度を測定した結果であるが，接着機能のないポリエチレン微多孔膜をセパレータに適用したセルに対し接着タイプLIELSORT™を適用し電極とセパレータを接着させたセルでは大幅なセル強度の向上が確認される。

　このような接着セパレータの技術はパウチセルの膨れ防止やサイクル寿命向上といった側面が強調されており，民生のパウチ電池中心の適用となっているのが現状である。ただ，使用劣化後

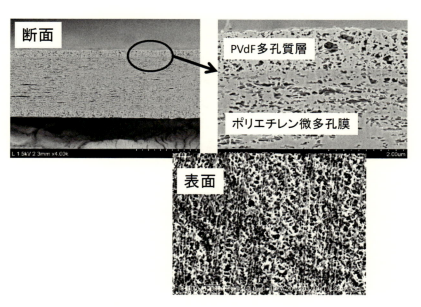

図7　接着タイプLIELSORT™のSEM像

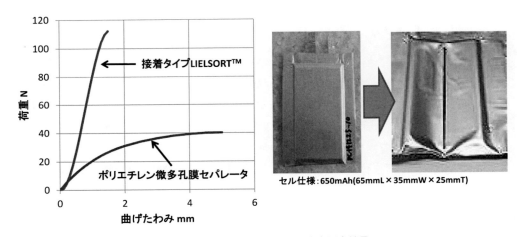

図8 ３点曲げ試験によるセル強度測定結果

のセルの安全性を向上する１つの技術要素であり，こういった観点から接着セパレータの適用範囲は今後広がると思われる。

## 6　おわりに

本稿ではリチウムイオン電池の安全性向上に関わるセパレータ技術において，従来からのシャットダウン機能を有するポリオレフィン微多孔膜，近年適用拡大傾向のシャットダウン機能と熱的寸法安定性を両立した耐熱加工，今後期待される不織布セパレータについて述べた。また，使用劣化に伴う安全性低下を防止するという観点から接着セパレータ技術についても触れた。セパレータ技術はリチウムイオン電池の安全性確保において重要と認識されており，特に耐熱性の高いセパレータへの期待は大きい。ただ，耐熱性の効果は内部短絡時の安全性確保に限定的されるとの報告[13]もある。当然のことながら，安全性等の電池の特性はセパレータだけで決まるものではなく他の部材とのすり合わせの中で電池技術は進歩していくものである。そういった電池技術の進歩においてセパレータ技術という観点で本稿が参考になれば幸いである。

文　　　献

1) 旭化成イーマテリアルズ，Polyfile, 50, 36-37（2013）
2) 帝人，Polyfile, 50, 38-39（2013）
3) 山縣昌彦ほか，Polyfile, 51, p12-16（2014）

## 第 10 章　セパレータ

4) 西川聡, Polyfile, **49**, p20-24 (2012)
5) 西川聡ほか, 第 50 回電池討論会予稿集, 3B17 (2009)
6) 梶田篤ほか, 第 51 回電池討論会予稿集, 1B26 (2010)
7) T. Cho, M. Tanaka, H. Onishi, Y. Kondo, T. Nakamura, H. Yamazaki, S. Tanase, T. Sakai, *J. Electrochem. Soc.*, **155**, A699-A703 (2008)
8) 三菱製紙, Polyfile, **50**, 40-42 (2013)
9) S. S. Zhang, *J. Power Sources*, **164**, 351-364 (2007)
10) 笠井誉子ほか, 第 57 回電池討論会予行集, 1E16 (2016)
11) 小杉　伸一郎ほか, 東芝レビュー, **63**, 54-57 (2008)
12) 小林正太, リチウムイオン電池の高安全性・評価技術の最前線, 第Ⅲ編 第 3 章 77-87, シーエムシー出版 (2014)
13) 馬場泰憲ほか, 第 49 回電池討論会要旨集 3B04 (2008)

# 第11章　高エネルギー密度・高入出力化に向けた セパレータ材料の安全性への取り組み

山田一博[*1], 河野公一[*2]

## 1 リチウムイオン二次電池とその動向

### 1.1 リチウムイオン二次電池の登場

　化学電池は，正極／電解質／負極の構成で化学エネルギーを電気エネルギーに変換する装置であり，化学エネルギーと電気エネルギーとの相互変換を可逆的に行う二次電池，電気エネルギーを取り出す方向のみを利用する一次電池，電気化学反応を生じさせる物質を外部から供給して発電する燃料電池がある。

　1800年のボルタによる電池の発明から僅か60年後に発明された鉛蓄電池を皮切りに，この100年の間，マンガン乾電池，空気電池，アルカリ乾電池，酸化銀電池，ニッケルカドミウム二次電池，ニッケル水素二次電池と，数々の電池が次々と私たちの身の回りに現れ，1970年代になると動作電圧が3V級と高いリチウム一次電池が実用化され，リチウム時代の幕が開けた。同時期にリチウムイオンのインターカレーションが $LiAl/TiS_2$ で確認され，1980年代には $Li/MoS_2$ や $C/LiCoO_2$ を用いたLi二次電池の開発が本格化し[1]，1992年リチウムイオン二次電池が商業化されるや否や需要が急速に拡大してきた。

　LIBは従来のニッケルカドニウム二次電池等に比べ，重量・体積エネルギー密度が大きく，電圧は約3倍高く，自己放電は一桁程度低く，メモリー効果も無いため，小型軽量で長時間使用可能である。代表的なセル構造を図1に示すが，正極，負極，電解液とセパレータで構成され，リチウムイオンが正・負極間を伝導することにより充放電を行う電池で，大半に正極にはリチウムを含む遷移金属複合酸化物，負極にはリチウムイオンを吸蔵・脱離可能なグラファイト等の炭素材料が使用されている。リチウムイオンは金属では無くイオンとして吸蔵されるため，リチウム金属を負極に用いたリチウム二次電池と区別され，リチウムイオン二次電池（以下LIBと称する）と称されている。

---

[*1] Kazuhiro Yamada　東レバッテリーセパレータフィルム㈱　技術開発部門
　　　　　　　　　　技術企画サービス部　部長；技監
[*2] Koichi Kono　東レバッテリーセパレータフィルム㈱　技術開発部門
　　　　　　　リサーチフェロー

第11章　高エネルギー密度・高入出力化に向けたセパレータ材料の安全性への取り組み

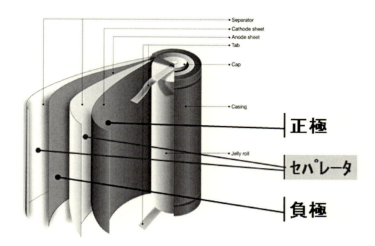

図1　リチウムイオン二次電池の代表的なセル構造[2]

表1　LIBのセル種と代表的な用途[4]

|  | 小型セル | | | 大型セル | | |
|---|---|---|---|---|---|---|
|  | 円筒型 | 角型 | ラミネート型 | 円筒型 | 角型 | ラミネート型 |
| 高エネルギー密度セル設計 | ノート型パソコン<br>EV<br>定置型蓄電 | 携帯電話 | タブレット<br>スマートフォン<br>ドローン | EV<br>プラグインHEV（以下pHEVと称する）<br>定置型蓄電<br>電気バス，フォークリフト，無人搬送車（AGV） | | |
| 高入出力密度セル設計 | 電動工具<br>電動自動二輪車<br>電動アシスト自電車<br>コードレス掃除機<br>園芸器具 | | | アイドリングストップ車<br>HEV | | |

## 1.2　LIBのセル種とその用途拡大

LIBは，現在，スマートフォン等の民生（IT）用途では小型セルが，電気自動車（以下EVと称する）等の車載や定置型蓄電用途では大型セルが主に使用され，セル形状では円筒型，角型，ラミネート型に，またセル設計で，高エネルギー密度タイプと高入出力密度タイプに分けられる。各セルに対する代表的な用途を表1に示すが，ノート型パソコン，タブレット，スマートフォン，デジタルカメラ，EV等には高エネルギー密度タイプ，電動工具やハイブリッド電気自動車（以下HEVと称する）等には高入出力密度タイプのLIBが好まれ，近年，ドローン，電気バス，フォークリフト，無人搬送車（AGV），電動二輪車，掃除機，園芸器具への採用も増え，従来のニッケルカドミウム二次電池やニッケル水素二次電池を置き換え，また新しい用途を生み出しながら，LIB市場が更に拡大し続けているのが現状である[3]。車載や定置型蓄電用途にも，民生（IT）用途で実績のある小型セルの採用が増えてきており，TeslaのEVが代表例である。

車載用リチウムイオン電池の高安全・評価技術

### 1.3 LIBの高エネルギー密度化と高入出力化

車載用途では2020年に1回充電当たりの航続距離250〜350 km達成のため250 Wh/kgを目指しているLIBメーカが多い[5,6]。パシフィック・ノースウェスト国立研究所（PNNL）が先導するConsortium "Battery 500" では，向こう5年で，2倍の500 Wh/kg達成を目指すことになっている。

LIBが実用化されて以来，小型の円筒18650型セルのエネルギー密度は約2.5倍以上の250 Wh/kgに達しているが，大型セルでは未だ達成していないにも関わらず，一般的なガソリン車は1回の給油で500 km以上走行できるため，EVも1回の充電で同等の航続距離が望まれて，ここに500 Wh/kgの目標の背景がある。そのため，新たな正極と負極の活物質が検討されている。$Li(Ni_x\text{-}Mn_y\text{-}Co_z)O_2$で表せる三元系正極では，ニッケル含有量を増やすと（$x$を0.33から0.85まで，$y=z$），エネルギー密度が1.2〜1.3倍上がるが（図2），300℃以上で生じる電解液との発熱反応温度は約220℃まで低下し（熱的安定性が悪化）[1]，LIBが熱暴走に至り易くなるとされており，さらなる高安全化に寄与するセパレータ技術開発が必要になってきている[4,7]。

高電圧正極による高エネルギー密度化も期待されているが（図3），セパレータ表面の正極側が更に高電圧環境下に曝されることになる[7]。

一方，負極の高エネルギー密度化では，シリコンやその化合物との合金系が期待されているが（図4），民生（IT）用途で主流のグラファイトに比べ充電時の膨張が大きく，その分セパレータは圧縮されることになる[7]。

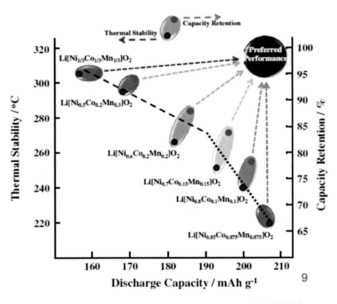

図2　正極の容量密度と熱安定性/サイクル容量維持率
　　（State University of New York）[1]

第11章　高エネルギー密度・高入出力化に向けたセパレータ材料の安全性への取り組み

(3) リチウム二次電池の正極材料の技術マップ

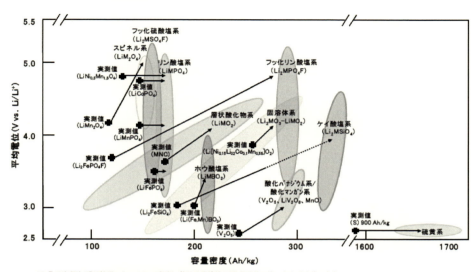

図3　新エネルギー・産業技術総合開発機構（NEDO）正極の容量密度と平均電圧[5]

(5) リチウム二次電池の負極材料の技術マップ

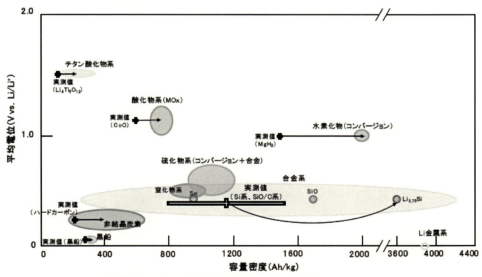

図4　新エネルギー・産業技術総合開発機構（NEDO）負極の容量密度と平均電圧[5]

出力の向上も望まれているが，入力の向上も必要とされている。充電は１Ｃ程度が主流で，80％充電には少なくとも30分を要し，ガソリン給油に比べると桁違いに長く利便性が良くない。またブレーキ時のエネルギー回生の効率が改善されると航続距離を延ばすことができる。すなわち，いずれもセパレータの高イオン伝導化も重要な課題となる。

本稿では，セパレータの基本的な役割，製法，高エネルギー密度・高入出力化・高安全化のための製品設計とそれに向けた技術開発の動向を紹介する。

## 2 LIB セパレータの役割

LIB セパレータは正・負極板間に置かれ，その名の通り，両極板間が直接接触しないように物理的に隔離する役割（第1の役割）を持つ。

両極板間には，イオン伝導付与のため電解質が必要である。自己支持性のある電解質，例えば固体電解質を用いることもあるが，多くの場合，電解質を有機溶媒に溶解させた電解液を用いるため，それを保持することができる貫通孔を有する不織布や微多孔膜のような多孔質材料がLIBセパレータとして用いられており，イオン伝導付与の役割（第2の役割）を果たしている。

後述するLIBの長期寿命化や高安全化への寄与（第3，4の役割）にも大きく期待されている。また，セル製造の工程適性も重要で，巻取り・巻出しが容易で，極板との捲回・積層工程に影響を与えず，所望の幅に加工し易いことも必要である。中でも，ポリエチレン（以下PEと称する）やポリプロピレン（以下PPと称する）等のポリオレフィン（以下POと称する）は，絶縁性が高く，化学的に安定（特に電解液耐性）で，その微多孔膜（図5）は微細・均一孔径化や薄膜化が可能であるため，LIBセパレータに適しているとされている。

尚，これらの役割は相互に影響することから，従来の電池におけるバイプレーヤー的な存在から，重要な構成材料の一つとなってきている[8]。以下，各々の役割について詳述する。

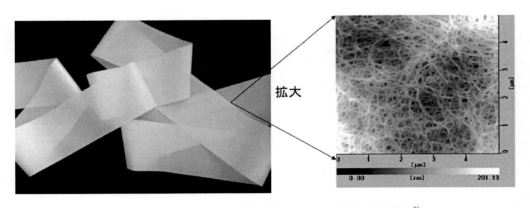

図5 ポリエチレン（PE）微多孔膜フィルムの外観と表面構造[9]

第11章　高エネルギー密度・高入出力化に向けたセパレータ材料の安全性への取り組み

## 2.1　第1の役割「極板間の電子的絶縁性」

　極板間が接触すると，負極に充電された電子が正極側に急激に流れ（短絡電流），その接触箇所にジュール熱が生じ温度が上昇する。これは後述するがLIBの発火（熱暴走）のきっかけとなる場合がある。

　PEは高い電気抵抗（$10^{16}$ Ω・cm以上）を有しLIBには十分な絶縁性であるとされているが，多孔質材料の場合，細孔構造が大きく影響することになる。すなわち，細孔が大き過ぎると電子の通り道となる可能性があるからである。例えば，外部からの金属異物や，極板から脱落した電極活物質粒子（図6）や導電助剤微粒子が正・負極板間に混入した場合，それを介し正・負極板間の抵抗が下がり電流が流れ易くなることもある。

　また，電解液中の金属カチオンが負極上で金属で析出しデンドライト（樹状結晶）として成長することがある（図7）。例えば，過充電状態では電解液中のリチウムカチオンがデンドライト化し易くなる。また，電解液が過剰な残留水分と反応しフッ酸が生成した場合（酸性下），正極活物質よりコバルト等の遷移金属が電解液に溶出，若しくはLIBの作動電位内で溶解するその他の金属（銅や鉄など）が外部より混入しそれが電解液に溶解し，それらのカチオンもデンドライト化することがある。金属デンドライトは負極から正極へ向かって樹状に成長し，その結果，正・負極板間の抵抗を下げ短絡電流を生じさせる要因となるが，電池製造後や保管中に生じる現

 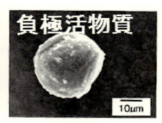

(a) LiCoO$_2$　　　　　(b) 黒鉛

図6　正・負極活物質粒子（首都大学東京）[10]

図7　デンドライト成長（State University of New York）[1]

象であることから，成長抑制が必須でなる。このような金属デンドライトは，大孔径セパレータの方が，成長し易く太くなり易いとされている。この場合，セパレータを突き破ることもあり，正極板に到達することが無いよう突刺強度は高い方が良い。

集電体の端に生成し易い鋭利なバリは内部短絡を引き起こすこともあり，高突刺強度化が望ましいとされている[8]。

## 2.2 第2の役割「極板間のイオン伝導性」

LIBの充放電には電極間のイオン伝導率が高い方が良い。電解液は電極活物質粒子間やセパレータの細孔の中に存在するが，有機溶媒系のイオン伝導率は，ニッケル水素二次電池等に用いられている水溶液系電解液に比べ1桁以上低いこともあり（図8），電解液中のリチウムイオンの伝導を妨げないようなセパレータが理想的である[11]。

## 2.3 第3の役割「LIB長期寿命への寄与」

LIBの長期寿命は，充放電サイクル試験，高温保存試験，高温トリクル充電試験等で評価される。充放電サイクル試験では，電解液の分解物がセパレータの細孔の中に目詰まることがあり，目詰まりすると寿命は短くなり，この点ではセパレータは大孔径が望ましい。一方，充電時には，セパレータの細孔内を伝導してきたリチウムイオンが負極活物質に吸蔵されること（インターカ

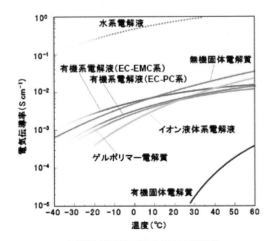

図8　新エネルギー・産業技術総合開発機構（NEDO）
　　　LIB電解液のイオン伝導率[5]

第 11 章 高エネルギー密度・高入出力化に向けたセパレータ材料の安全性への取り組み

レーション）により，活物質が膨張する。また，放電時には，負極活物質からリチウムイオンが脱離されること（デインターカレーション）により，活物質が収縮する。このような充放電を 300 回から数千回も繰り返すサイクル試験では，この試験後も充電可能な電気エネルギー量を低減させないことが望まれる。負極活物質の膨張・収縮に対して，透過性や機械的性質は変化しないことが理想的で，小孔径セパレータの方が変化し難いとされている。このような圧縮のほか，機械方向（MD）の伸長も受け，これも長期寿命に関係しているとされている[8]。

高温保存試験や高温トリクル充電試験で，電解液共存下で高電圧（4.2 V 以上）環境に置かれ，その際の長期保存においても，化学的・電気化学的にも変化しないことが望まれる[4]。

## 2.4 第 4 の役割「高 LIB 安全化への寄与」

セル温度が上昇した場合も第 1 の役割の電子的絶縁性維持（内部短絡防止）が必要であり，熱収縮，シャットダウン性能や熱破膜（メルトダウン）耐性が鍵とされている。この内部短絡は，正・負極板間やそれらと各集電体間の接触で生じ，短絡電流が流れ，そのジュール熱で短絡箇所を中心に温度が上昇することになる。また，充電の不具合等で電極が過充電状態になり発熱することもある。これらの発熱をきっかけに，以下のような温度に到達すると新たな発熱反応が起こるとされている[12~14]。

- a) 80℃付近　　　：グラファイト（負極）と電解液の反応による発熱開始
- b) 160~220℃付近：Li 金属酸化物（正極）と電解液の反応による発熱開始
- c) 220~320℃付近：Li 金属酸化物の熱分解による酸素放出，その酸素と電解液の反応で激しい発熱開始
- d) 660℃付近　　　：正極集電体 Al が溶融し，その Al と正極の金属酸化物の反応で発熱開始

例えば，前述の内部短絡でセル温度が上昇し 80℃付近に達した場合，上記 a) の反応が起こり新たな発熱を生じ，セルの温度上昇が放熱により留まるどころかさらに温度が上昇する。続いて，160~220℃付近に達した場合，上記 b) の反応が起こり新たな発熱を生じ，セル温度が更に上昇する。この連鎖的な温度上昇が途中で留まらず，約 220℃以上に達した場合，この温度領域での発熱反応は激しいとされている。この反応の開始温度は，エネルギー密度が低い $LiMn_2O_4$ 正極では高く（約 320℃），エネルギー密度が高い $LiNiO_2$ 正極では低くなり（約 220℃），エネルギー密度が高い正極ほど熱的に不安定となる傾向にある[1,18]（図 9）。

このような発熱とそれによる温度上昇を繰り返し，遂には発火に至ることもあり，これを阻止できず制御できない状態を熱暴走と称されている。この温度上昇と発熱の連鎖の抑制には LIB セパレータの有するシャットダウン（閉孔）性能や熱破膜（メルトダウン）耐性が重要な役割を果たすと期待されている。

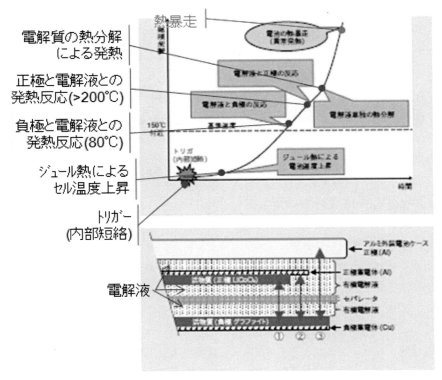

図9 LIBの断面概略と熱暴走メカニズム (㈱NTTドコモ)[15,16]

## 3 LIBセパレータの製造プロセス

　多孔質材料の製法には，相分離法，延伸法，充填物抽出法等がある。PO微多孔膜では，湿式法[17,18]と乾式法[19~21]と称される製法があり，前者は温度誘起による相分離と延伸による結晶面の滑り剥離を組合せた方法である。一方，後者は配向ラメラ構造（Row crystal）から成る塊とその間に存在する中間層への応力集中剥離を延伸により行う方法である。

　湿式法の製膜装置の一例を図10に示す。PO樹脂を可塑剤に高温溶解し，冷却結晶化により，樹脂のセル構造体から成るゲル状シートが得られ（図11），これを前駆体として機械方向（MD）とそれと直行する横方向（TD）に延伸すること（2軸延伸）により，セル壁が微細フィブリルのネットワーク構造となり，可塑剤を溶剤で抽出・乾燥処理を行い微多孔膜が得られる。原料に液体の可塑剤とその抽出（洗浄）に溶剤を使用することから湿式法と呼ばれている。湿式法の典型例として，1984年に東燃石油化学㈱で開発されたPE微多孔膜SETELA®[28]の表面構造を図14に示す。数10 nmの均一なフィブリルが規則的に三次元分岐しながら空間を埋めつくした微細フィブリルネットワークを形成している。このPE微多孔膜は，LIBの世界初の商業化に向け1991年に供給を開始して以来，民生（IT）用途のLIBの大半に使用されている。この事業は東

第11章　高エネルギー密度・高入出力化に向けたセパレータ材料の安全性への取り組み

レバッテリーセパレータフィルム㈱（2012年以降）に引継がれ，車載用途でも高エネルギー密度化に伴い需要が拡大している。

乾式法の製膜装置の一例を図12に示す。PO樹脂を加熱溶融し，インフレーションでせん断

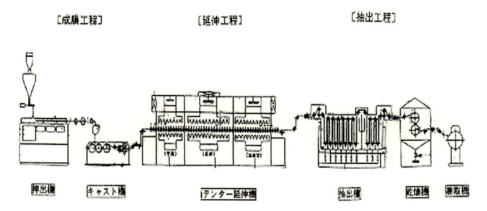

図10　湿式法製膜装置の例[22]

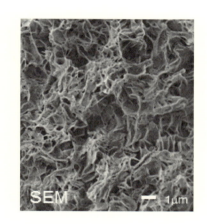

図11　高温溶解，冷却後のゲル状シートの表面（SEM）写真[23, 24]

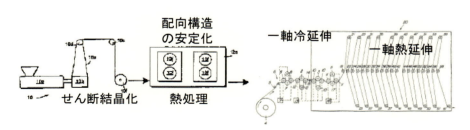

図12　乾式法製膜装置の例[25, 26]

結晶化することにより，帯状塊の配向ラメラ構造が規則的に密に配列し（図13），それを前駆体として，MDのみに延伸すること（1軸延伸）により，配向ラメラ構造の間に存在する中間層が櫛歯状の細孔構造となる。溶剤を一切使用しないので乾式法と呼ばれている[25,26]。

乾式法の典型例として，Celgard®（Polypore International, LP）のPP/PE/PP三層微多孔膜の表面構造を図15に示す。湿式法のフィブリルに比べ1桁大きい数100 nmの帯状塊と，その間がフィブリルで連結された櫛歯状構造が一方向に規則的に配列していることが分かる[27]。乾式法微多孔膜は1966年に開発され（Celanese Corp.），1981年にリチウム一次電池，1994年にLIBに参入し，専ら車載用途のLIBに使用されている[24,29]。

また，充填物抽出法と延伸法との組合せでは，無機粒子を樹脂に混合しそれを抽出し延伸する方法で1990年代半ばから実績がある。

細孔構造は，2軸延伸（湿式法）では縦（MD）・横（TD）に等方的，1軸延伸（乾式法）で

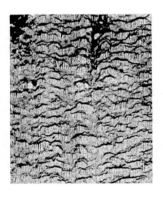

図13　インフレーション（せん断結晶化）後の表面（SEM）写真[25,26]

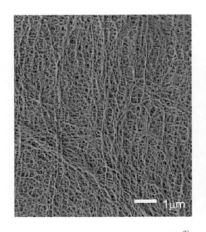

図14　湿式法微多孔膜の表面構造[2]

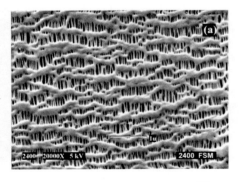

図15　乾式法微多孔膜の表面構造[27]

は異方的と大きく異なることが分かる(図14, 15)。また,原料樹脂設計や製膜条件も製品設計上重要な因子とされている。

## 4 LIBセパレータの製品設計

### 4.1 高エネルギー密度化・高入出力密度化に向けた製品設計[4,7]

高エネルギー密度化と高入出力密度化については1.3で概説したが,これらに向けたセパレータの製品設計を図16にまとめた。高エネルギー密度化には,電極活物質増量やエネルギー密度の高い新規の電極活物質を採用する方法が採られている。前者に対しては薄いセパレータが選択されるが,後者に対しては高電圧正極が主に研究されているため高電圧下の電気化学的安定性の向上が求められる場合がある。

高入出力密度化には高イオン伝導化が必要で,その要因を,透過速度の一般的な理論を用い考察する。細孔中の媒体の透過速度は,図17のように表せ,細孔を透過させる媒体を空気や電解液を用い実測し計算できる。孔径と曲路率は2乗で寄与し,厚みと空孔率に比べ寄与が大きい事が分かる。

一方,リチウムのイオン伝導率の逆数であるイオンの抵抗(インピーダンス)$R(\Omega)$ は下式(1)で表せる[27]。

$$R = \rho_e \cdot \tau^2 \cdot l / \varepsilon / A \tag{1}$$

$\rho_e$:電解液の比抵抗($\Omega \cdot cm$)
$\tau$:曲路率
$l$:厚み(cm)
$\varepsilon$:空孔率
$A$:測定面積($cm^2$)

ここで,曲路率はイオンの経路長を極板間距離(セパレータの厚み)で除したものであるが,セパレータの細孔構造が複雑であるためイオンの経路長を求めることは簡単では無い。三次元SEMから細孔と樹脂部を二値化しイオンの経路長を物理的に測定する方法[33]もあるが,測定範囲が狭く限定的である。実用的には,図17の式のほか,下式(2)からも求められている[34]。

$$N_m = \rho_{(s+e)} / \rho_e = q^2 / \varepsilon \tag{2}$$

$N_m$:MacMullin定数
$\rho_{(s+e)}$:セパレータに電解液を含浸させた時の比抵抗($\Omega \cdot cm$)
$\rho_e$:電解液のみ比抵抗($\Omega \cdot cm$)
$q$:曲路率
$\varepsilon$:空孔率

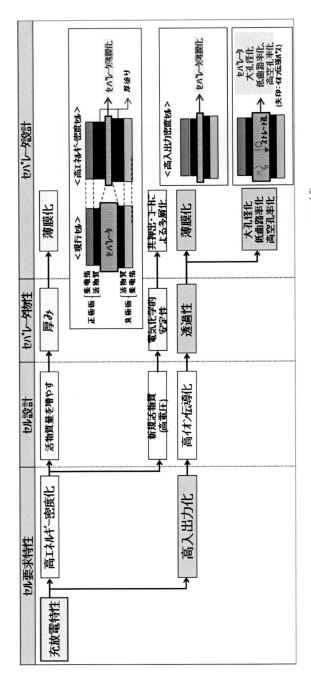

図 16 高エネルギー密度化・高入出力密度化に向けた製品設計[4.7)

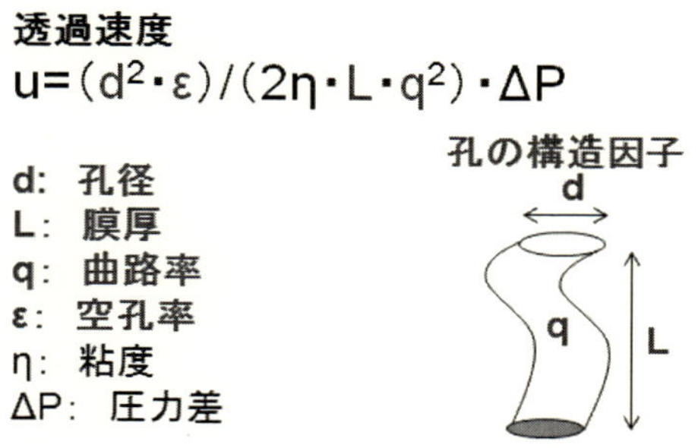

第11章 高エネルギー密度・高入出力化に向けたセパレータ材料の安全性への取り組み

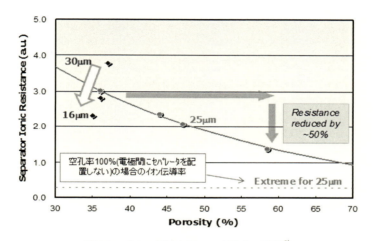

図17 透過速度と細孔構造因子[30〜32]

図18 イオン抵抗と厚み／空孔率の関係[2]

$$q = (\varepsilon \cdot \rho_{(s+e)} / \rho_e)^{1/2} \tag{3}$$

セパレータの厚みと空孔率の低イオン抵抗化への影響について紹介する（図18）。空孔率が36％前後の場合，厚みを30μmから16μmまで薄膜化すると約4割，厚み25μmの場合，空孔率を36％から58％まで大きくすると約5割のイオン抵抗の低減が可能であることが分かる。低イオン抵抗化の点では，空孔率100％（セパレータを配置しない状態）が理想的であるが非現実的である。空孔率70％のイオン抵抗値でも理想の値に比べると大きいが，現実的には安全性とのバランスを考慮し空孔率が設定されている。

高エネルギー密度化や，高入出密度化に向けた高イオン伝導率化のためには理論的には大孔径，低曲路率，高空孔率，薄膜が望ましいが，これらはセルの安全性に懸念がある。また，実際には，小孔径でも高入出力密度化を達成できているようである。更に，最近では，車載向けで低温特性が重視される傾向で，低温での電解液の高粘度化の影響も無視できなくなってきており，セパレータへの要求が高度化してきている。

## 4.2 高安全化に向けた製品設計[4,7]

　高安全化に向けたセパレータの製品設計を安全性試験別に図19にまとめた。①から③まではセルを破壊する試験でセパレータが物理的に破れ、④の加熱試験では現行のPO製セパレータは収縮する。これらの多くの場合、前述の通り正・負極間の接触（内部短絡）によりセル温度が上昇する。しかし、その後セパレータのシャットダウン（閉孔）機能により、前述の連鎖的なセル温度上昇を抑制できる場合がある。

　シャットダウン（閉孔）機能について概説する。PE微多孔膜は120～140℃の温度域でその細孔が閉じる（図20）。この細孔がある温度で閉じる現象をシャットダウンと称する。シャットダウン（閉孔）後リチウムイオンの伝導が停止し、短絡電流が低下し、セルの温度上昇を抑制するとされている。シャットダウン（閉孔）は、微多孔膜の成分であるPOの溶融を利用している。ここで、溶融とは秩序のある結晶状態から無秩序な液体状態に転移する現象で、吸熱を伴い、不連続な容積増加や弾性率低下等が起こり瞬時に閉孔するとされている。これが時間を要する拡散や流動ではなく、結晶から融液への一次転移を利用している性質上、小型セルだけでなく大型セルにおいて急激に温度上昇しても、転移温度に達しさえすれば、シャットダウン（閉孔）は瞬時かつ確実に作動するフェールセーフ機能として幅広く活用されてきている。

　しかし、放熱が不十分でさらに温度上昇した場合、セパレータは溶融・流動し、遂には破膜が起こるリスクが高まる。この現象は熱破膜（メルトダウン）と称され、これは電子的絶縁性を維持できなくなる状態（内部短絡）で、これに耐えること、すなわち熱破膜（メルトダウン）耐性がシャットダウン（閉孔）と併せてセル温度上昇抑制の点で重要で、シャットダウン（閉孔）温度と熱破膜（メルトダウン）温度の差異の拡大（図21）が望まれている。シャットダウン（閉孔）後の溶融状態では、糸毬状に拡がった分子鎖は互いに重なり絡み合っており、その粘度は分子量の3.4乗に比例して増加することが知られており、高分子量ほど流動し難いことになる[35]。

　セパレータの物理的破れ（図19①～③）に対しては、高強度化、異物耐性改善や異物管理強化が、熱的収縮（④）に対しては低収縮化が、新たな内部短絡を生じさせないためには耐熱コートセパレータや耐熱樹脂セパレータ等による熱破膜（メルトダウン）耐性改善が鍵となる。セパレータ以外のアプローチ（図19）では、耐熱コートをセパレータ上ではなく極板上に形成させる方法もある[36]。また、金属集電体と電極活物質層との内部短絡による発熱量が大きく、熱暴走に至り易いとされており、金属集電体が露出している部分を絶縁層で覆う対策も増えてきている[36]。

　これらはセパレータ等の材料による改善やセルでの対策となるが、図19の⑤から⑦の安全性試験はセルのみならず、保護回路素子を取り付ける等電池モジュールや電池パックでも対策が可能である。振動（⑤）では極板とセパレータがずれ内部短絡が生じる場合もあり、過充電（⑦）や急速放電を引き起こす外部短絡（⑥）ではセル温度が上昇し、熱暴走のきっかけとなり得るため、前述のようなセパレータの対策も効果的である。

　なお、熱収縮[37～39]は小さい方が前述の通り望ましいが、寧ろセパレータが適度に収縮するこ

第11章　高エネルギー密度・高入出力化に向けたセパレータ材料の安全性への取り組み

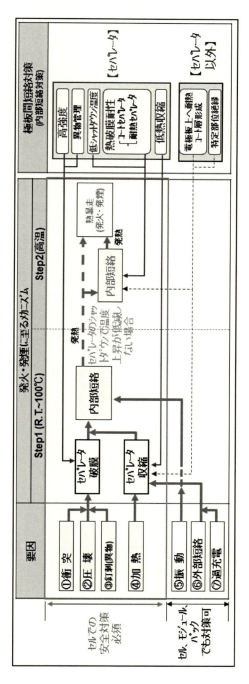

図19　高エネルギー密度化・高入出力密度化に向けた製品設計[4,7]

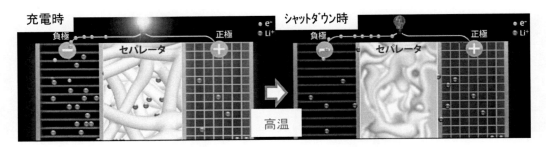

図20 異常時のシャットダウン機構の模式図[9]

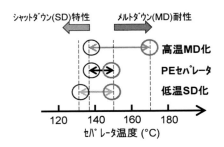

図21 シャットダウン(閉孔)温度とメルトダウン(熱破膜)温度の関係[35]

とで，正・負極板間の接触を徐々に形成し，抵抗が小さくなり，大きな電気エネルギーを徐々に放出させる方が好ましいとする考え方もある。このように安全性付与に対するコンセプトの違いで熱収縮率の目標値が異なるものの，重要な因子であることには変わりはない[35]。

## 5 LIBセパレータの技術動向

図16と19で示した製品設計の内，高エネルギー密度化・高入出力化・高安全化に向け鍵となる高強度化（薄膜化），シャットダウン（閉孔）の低温化，熱破膜（メルトダウン）温度の高温化，高電圧化対応，細孔構造制御の技術動向について紹介する。

### 5.1 高強度化／薄膜化，圧縮性制御（機械的性質関連）

LIBの高エネルギー密度化や高入出力密度化には，図22の通りセパレータの薄膜化が効果的であるが強度が低下する。正・負極間の物理的隔離・電子的絶縁性維持（第1の役割）のためにも薄膜化による強度低下の改善，すなわち高強度化も重視すべき課題と考えられている。

最近では，5μm品で現行の9μm品と同等の突刺強度が実現されている（図22）。突刺強度はセル生産の歩留りにも効果が有るとされているが，引張の破断強度や弾性率は専らセパレータを

第11章　高エネルギー密度・高入出力化に向けたセパレータ材料の安全性への取り組み

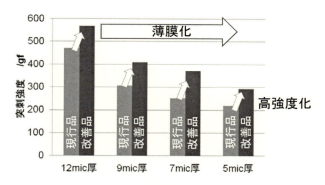

図22　薄膜化・高強度化[40]

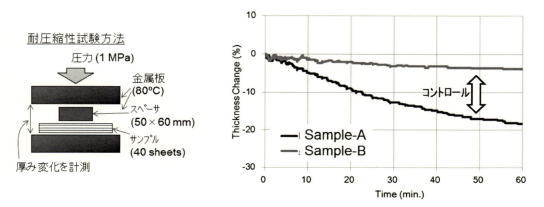

図23　厚み方向の圧縮性制御[40]

極板と共に捲回する時の伸び変形防止に寄与するとされ，LIB向けセパレータの商業化以来，これらは重要な要求特性の一つとなっている。

　厚み方向の圧縮性制御の開発例を示す（図23）。耐圧縮性や異物耐性向上には潰れ難い製品設計が望ましいが，エネルギー密度が高く充電時膨張の大きい合金系負極，例えばシリコン系負極には，潰れ易い製品設計も候補と考えられている。

## 5.2　シャットダウン（閉孔）の低温化

　PO樹脂の分子設計に工夫を施し，より低温でシャットダウン（閉孔）が作動させる開発も行われており，共押出製膜技術と組合せ低温シャットダウン（閉孔）層を形成させることにより，7℃の低温化を実現され（図24, 25）[41]，特に昇温速度が大きい場合，すなわち実際の安全性試験に近い条件の場合もシャットダウン速度は悪化していない（図25のインピーダンス上昇の傾き）。この多層化技術は2007年に開発され[9]，低温シャットダウン（閉孔）温度化のほか，PEや耐熱性PO等融点の異なる複数の樹脂を同時に複数層で押出すことにより，後述の耐熱性も付

129

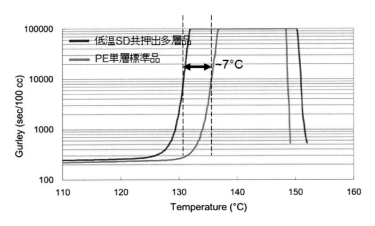

図24 低温シャットダウン（閉孔）化（5℃/min., Gurley 法）[40]

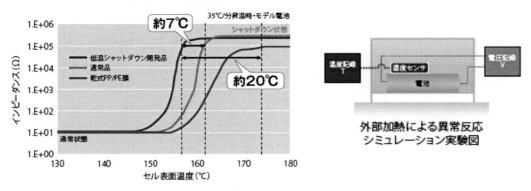

図25 低温シャットダウン（閉孔）化（高速昇温 35℃/min., インピーダンス法）[9]

与できる。このように新たに機能を付与できる（機能分担）ほか，単純な貼り合せに比べ薄膜化が可能で，各層の界面が連続的であり，品質・品位面でも優れていることが特徴とされている。

## 5.3 熱破膜（メルトダウン）の高温化

熱破膜（メルトダウン）の高温化や耐熱化では，高融点・耐熱性材料を含むポリマアロイを押出後延伸した微多孔膜[42]，融点の異なる樹脂で別々に製膜された微多孔膜を貼り合せた多層膜[25～27]が一般的であった。前述の共押出技術を用いた多層膜は，180～190℃の高温まで膜形状を維持し，少なくとも170℃付近まで高い抵抗を維持している[23,40]。

近年，PE微多孔膜の片面，あるいは両面に，無機粒子層をコーティングにより形成することにより（図26），熱破膜（メルトダウン）耐性に加え，熱収縮性を改善し異物による短絡を低減でき，電子的絶縁性を確実にしているとされている[43,44]。また，電解液の保液性向上で電池の長

第11章 高エネルギー密度・高入出力化に向けたセパレータ材料の安全性への取り組み

寿命化に寄与することが期待されている[45]。

更なる，熱破膜（メルトダウン）耐性や熱収縮性改善のため，耐熱樹脂コーティングされたPE微多孔膜（図27）も実用化されている。多孔質耐熱樹脂層を全芳香族ポリアミドのメタ型を用い形成させた場合，250℃半田ごてを接触させても形状を維持し（図28），400℃まで熱破膜が生じないとされている[46]。無機粒子層とPVDF層の多層コーティングも検討されており（図29），低熱収縮化に加え電極との接着性も付与できるとされている[46]。

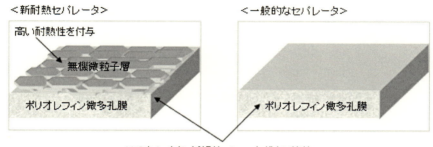

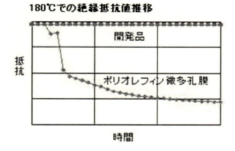

図26 無機粒子コーティングPO微多孔膜（日立マクセル㈱）[44]

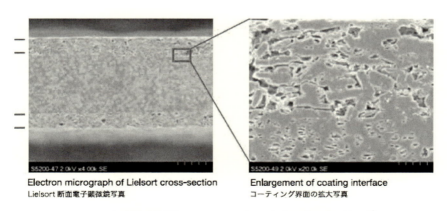

図27 多孔質耐熱樹脂コーティングPE微多孔膜の断面構造[46]

■Comparison of shape retention after contact with 250°C tacking iron
Left：Lielsort　Right：Typical PE separator

■250℃の電気こてを当てた場合の形状保持性比較
左）Lielsort　右）一般的な PE セパレーター

図28　多孔質耐熱樹脂コーティング PE 微多孔膜の耐熱性[46]

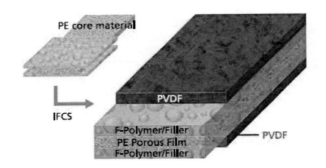

図29　無機粒子と PVDF ハイブリッドコーティング PO 微多孔膜[46]

　難燃剤をカプセル（樹脂）の中に取り入れ，それを繊維化したセパレータの研究も進められており，本年1月に発表された（図30）。これまで，難燃剤のリン酸トリフェニル（以下 TPP と称する）やリン酸エステルを電解液添加剤に用いた LIB の発火抑制も検討されているがセル出力が低下する問題があった。これを解決するため，このような難燃剤や難燃性のイオン液体を樹脂等で被覆（カプセル化）し電池内に入れる検討も行われているが[47〜49]，今回の発表は更に電池特性への影響を低減するためセパレータにカプセルを組み込む研究で，ポリフッ化ビニリデンとヘキサフルオロプロピレンの共重合体（以下 PVDF-HFP と称する）の有機溶媒の溶液を用いエレクトロスピニング法で TPP をカプセル化（Protective Polymer Shell）した多孔膜を試作し，その結果，電池特性に悪影響が無く，セル温度が150℃を超えると PVDF-HFP が融け内部の TPP が放出し0.4秒で完全に消火できるとされている[50]。

## 5.4 高電圧化対応

前述のように(図16)，LIBの高エネルギー密度化の一つの方法として正極の高電圧化(図2)があり，高電圧・高温下ではセル容量が低下し，セパレータの正極側表面が変質する場合がある[51]。

### 5.4.1 セパレータ表面の酸化現象

この変質の原因はセパレータの材料POの酸化と言われており，その報告例を表2に示す。この酸化は，正極活物質が$LiCoO_2$，電解質が$LiPF_6$，高温保存試験若しくは高温トリクル充電試

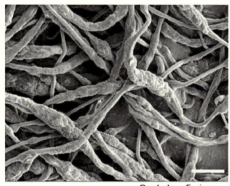

図30 難燃剤をカプセル化したセパレータ
(Stanford University)[50]

表2 POセパレータの酸化現象の報告例[53]

| | |
|---|---|
| J. Power. Sources 174 (2007) 1036-1040 (ソニー) | 正極：$LiCoO_2$，負極：グラファイト，電解液：$LiPF_6$系 4.4 V 90℃ 4 hの保存試験でPEセパレータ中にC＝Cが形成。サイクル特性に悪影響を及ぼし，保存試験ではセルが膨れる。PVdF-HEPゲル中間層によりこの現象を防止できる。 |
| 第50回電池討論会要旨集1C21 (パナソニック) | 正極：白金プレート，負極：Li箔，電解液：$LiPF_6$系 60℃ 150 hの4.2 V以上の定電圧保持でPEセパレータの黒色化が認められ炭化が確認。計算化学の結果ではPEは脱水素が起こるとC＝Cが形成され炭化していくが，PPは脱水素が起こってもメチル基の存在により炭化には至らない。 |
| J. Electrochem. Soc., 159 (3) A269-A272 (2012) (三洋電機) | 正極：$LiCoO_2$，負極：グラファイト，電解液：$LiPF_6$系 60℃ 4.2 V以上 20日間の保存試験でPEセパレータ中にC＝Cが形成。セパレータからの脱水素反応が自己放電を引き起こす。$PVdF/TiO_2$中間層によりこの現象を防止できる。 |
| 第53回電池討論会要旨集2B03 (パナソニック) | 保存試験における劣化の約30％程度がセパレータと正極との反応に由来するとの報告。この劣化はセパレータ劣化反応そのものが要因であり，炭化により生じる微小短絡由来の電流リークではないとのこと。 |
| 第80回電気化学会3E02 (首都大，帝人) | 4.3 V 60℃のin-situ FT-IR測定でPEのC-H結合由来の吸収速度が減少することが確認され，ex-situラマン測定でグラファイト由来のピークが確認されたことより，PEの炭化挙動を観察している。 |

験において 4.2〜4.4 V/60〜90℃の条件で生じることがほとんどである。PE 及び PP 共に，脱水素反応であるが，PE の場合 C=C 結合が形成され，PP の場合 C=C 結合は形成しないとの報告例がある[52]。この反応でセル容量は低下するとされている。

### 5.4.2 セパレータの酸化抑制

セパレータの酸化対策（電気化学的安定性向上）には，正極活物質粒子とセパレータを物理的に隔離し，反応を生じさせない対策が望ましい[54]。

正極活物質粒子とセパレータの間にコート層を形成させる対策（図 31 左）では，注意しておきたいことは，どのようなコート材料でも良い訳ではなく，バインダ材料等の添加物も耐酸化性（高い電気化学的安定性）が必要であることと，樹脂の分子構造で酸化現象が異なる場合があるとされていることである。コート層の主成分としては，無機粒子が一般的に用いられている（図 32）[43]。また，全芳香族ポリアミド（アラミド）ではメタ型は高電圧化のサイクル寿命試験で改善の効果が得られている（図 33）[46]。

PVDF-HFP のゲルを含浸し正極活物質粒子と隔離する方法（図 31 右）や，セパレータによる対策ではないが，正極活物質粒子を多孔質無機層で被覆されることもある。

PP は前述の通り，脱水素反応後 C=C 結合が形成し難く，変色も無いため変質を検知し難い。PP 微多孔膜を PE 微多孔膜に張り合せたり（図 33 左）[25〜27]，PP20%のアロイ化でも抑制効果が見られている（図 33 右，特許の実施例・比較例をグラフ化）[42]。しかしながら，PP の利用も酸化反応の抑制に過ぎないとされているため，PP より低温でシャットダウン（閉孔）が作動し，長年実績が有る PE 微多孔膜に何らか対策を施すことが主流である。また，セパレータによる対策ではないが，電解液に添加剤を加えることも多い。

### 5.5 細孔構造制御

小孔径はデンドライト成長抑制や耐電圧（異物耐性）改善に効果があるとされている。一方，大孔径は電解液注液性向上に効果が有り，セル生産性が向上すると考えられている。また，大孔径は理論的に高イオン伝導化の因子であるが，実際は高入出力密度化に寄与しない場合がある。長期サイクル寿命やコーティング適性に対しては孔径の影響については見解が分かれており，孔径やその分布等の細孔構造（図 34）の影響について紹介する。

長期サイクル寿命に対しては，平均孔径が小さくすることによる改善例もある（図 35）[40]。平

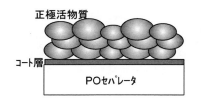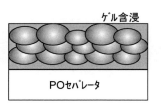

図 31　正極活物質粒子と PO セパレータの物理的隔離方法の模式図[54]

第11章 高エネルギー密度・高入出力化に向けたセパレータ材料の安全性への取り組み

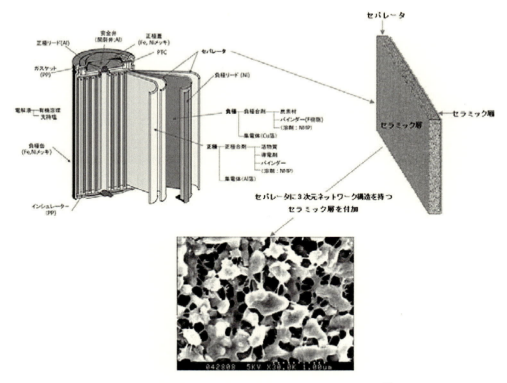

図32 無機粒子コーティングPE微多孔膜（ソニー㈱）[43]

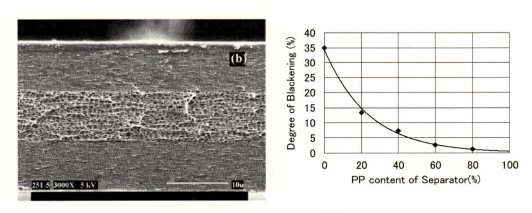

図33 PPによる酸化対策[27,42]

均孔径を小さくすると孔径分布が狭くなることが多く，それがセパレーター電極の界面でのリチウムイオンのインタカレーション・デインタカレーションの効率を向上させ（図36），サイクル寿命劣化を抑制していると考えられている。小孔径化かつその分布の均一化は，高耐電圧化やデンドライト生成抑制に加え，サイクル寿命にも効果的であることを示す結果である。

135

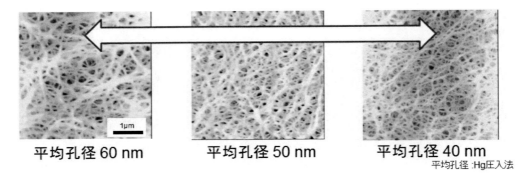

図34 異なる孔径を持つPE微多孔膜の表面構造

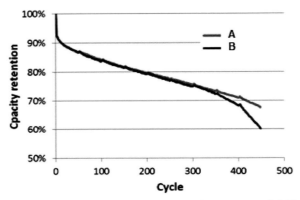

ラミ型セル、320mAh、LiCoO2/Graphite、4.35V

図35 平均孔径の異なるセパレータのサイクル寿命[40]

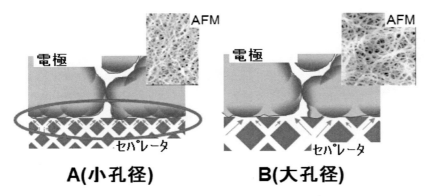

図36 細孔構造のサイクル寿命への影響[4,7]

第11章 高エネルギー密度・高入出力化に向けたセパレータ材料の安全性への取り組み

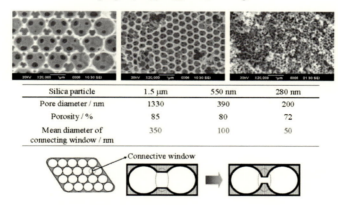

図37 三次元規則配列多孔構造セパレータ（首都大学東京）[55]

次に，孔径分布に対しては，金属デンドライト（樹状結晶）成長を抑制する開発例がある。三次元規則配列多孔構造（3DOM）と呼ばれている均一な孔径分布を持つポリイミド膜を作製し（図37），リチウムデンドライト（樹状結晶）成長の抑制効果を検証されている[55,56]。このセパレータを使用し高容量の次世代LIBの実用化を数年以内に目指しているLIBメーカもある[57]。

### 5.6 その他技術動向

シャットダウン（閉孔）によるイオン伝導停止と同様の機能をセパレータ以外に付与する研究も以前から行われていたが，最近の研究例を紹介する。グラフェンをニッケル粒子表面にコーティングしPEを混合し，それを正極活物質層と集電体の間にコーティングする。室温では高い電子伝導性を有するが，温度が上昇した場合にはPEが膨張しニッケル粒子同士が離れる（図38上）ために電子伝導性が低下し，過充電等を阻止できるが，温度が降下すると電子伝導性が

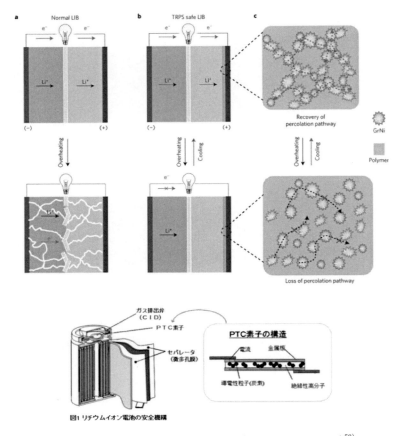

図 38 新規安全機能を組み込んだ LIB（Stanford University）[58]

回復する[58]。これは，電池セルの端子に通常接続されているPTC素子（Positive Thermal Coefficient/図38下）と同じ原理を電極板に組み込んだものと考えることができる。

また，極板上にセパレータを形成させる研究も以前から大手LIBメーカでも為されていたが，最近，極板表面に多孔質ポリイミド層を形成する発表があり，電池特性上は問題ないようである[59]。

## 6 次世代に向けて

このように，高エネルギー密度化・高入出力密度化，それに伴う高安全化の技術開発は今後さらに活発になることを期待されている。また，前述の通り，これらの技術には未だ課題が多いこともあり，その分析・評価技術の位置付けが益々重要になってくると考えている。これに関する最近のトピックスを紹介する。

## 6.1 デンドライト成長検出技術

LIB の安全化でデンドライト成長抑制が最も重要であるとされており，その金属デンドライト成長，若しくはそれに流れる微小電流（内部短絡）の検出や評価技術の開発が鍵になってくると思われる。金属デンドライト生成を充放電中に観察できる装置が販売されており（レーザーテック㈱[60]），鉄の異物に依る金属デンドライトの生成機構を解析している大学もある（山形大学[61]）。過充電などリチウムデンドライトが成長し易い条件で，充放電試験を行うことにより検知できる。これらを用い金属デンドライト成長を抑制するセパレータ開発が望まれる。

## 6.2 評価技術の高度化

セパレータの細孔構造や電極内の空隙の三次元シミュレーションも活発になってきているほか，充放電中の電極内部やその間の電解液濃度変化を測定する研究が為されている（京都大学[62]，デンソーグループ㈱日本自動車部品総合研究所[63]）。最近は磁場勾配 NMR を用い Li イオンとセパレータの細孔内壁との相互作用まで踏み込んだ試みが為されている（産業技術総合研究所／帝人㈱共同[64]）。高分解能電流経路映像化システムを用い電池セルの外部に漏えいする静磁場の測定からセル内の異常を検知する画像検査技術も開発されている（神戸大学／Integral Geometry Instruments, LLC 共同[65]）。㈱東レリサーチセンターも LIB やその材料の分析・解析による技術支援にも注力している[66]。このように LIB の高性能化・高安全化を支える評価技術の高度化が進んでいる。

## 7 最後に

新しい分析・評価技術をさらに活用し，高エネルギー密度化・高入出力密度化・高安全化・長寿命化に対応する新規な材料・設計提案が望まれており，次世代 LIB や Post-LIB の開発・実用化にも反映されることを期待されている。これらを実現する上で，細孔構造制御を駆使し，共押出技術やコーティング技術を活用した高性能な多層セパレータも益々期待され，このような技術開発が LIB 技術の発展に貢献していくものと思われる。

文　　　献

1) M. S. Whittingham, 12th Annual Battery Lithium Power (2016)
2) K. Kimishima, Y. Taniyama, M. Lesniewski, P. Brant and K. Kono, Advanced Automotive Battery Conference Proceeding (2006)
3) 山田，河野，"多孔質フィルム／膜の製造技術"（S&T 出版）(2016)

4) K. Yamada, International Lithium-Ion Battery and Applications Seminar (Yano Research Institute Ltd.&Gaogong Industry Research Co., Ltd.) (2016)
5) 国立研究開発法人新エネルギー・産業技術総合開発機構（NEDO）二次電池技術開発ロードマップ2013 (Battery RM2013)
6) 国立研究開発法人新エネルギー・産業技術総合開発機構（NEDO）技術戦略研究センター（TSC）レポート Vol.5 2015年10月
7) 山田，第8回国際二次電池展専門技術セミナー（リードエグジビジョンジャパン）(2017)
8) 山田，河野，Material Stage（技術情報協会），**16**, 6 (2016)
9) 第3，4，5回国際二次電池展（リードエグジビジョンジャパン）(2012，2013，2014) 弊社展示パネル
10) 金村，"ハイブリッド自動車用リチウムイオン電池"（日刊工業新聞社）(2015)
11) 河野，"ポリマーバッテリーの最新技術"，小山監修（シーエムシー出版）(1998) 174
12) 境，第21回バッテリー技術シンポジウムテキスト（一般社団法人日本能率協会）(2013)
13) D. H. Doughy, Advanced Automotive Battery Conference Europe Tutorial C (2013) 47
14) B. Barnet, The 30$^{th}$ International Battery Seminar&Exhibit (2013) 5
15) 竹野，他，NTT DOCOMO テクニカルジャーナル，**17**, 3, p63
16) 江頭，山木，センターニュース82（九州大学中央分析センター），**22**, 3 (2003) 2
17) 特公平03-64334，特公昭58-19689 ほか多数
18) 丹治，"新規二次電池材料の最新技術"，小久見監修（シーエムシー出版）(1997) 105
19) H. S. Bierenbaum, R. B. Isaacson, P. R. Lantos, Patent US3, 426, 754
20) 足立，R. M. Spotniz，"高密度リチウム二次電池"（テクノシステム）(1998) 205
21) 特公昭46-40119 ほか多数
22) 辻岡，サイエンステクノロジーセミナーテキスト（サイエンス&テクノロジー）(2008)
23) K. Kono, P. Brant, K. Takita, and K. Kimishima, 233rd ACS National Meeting, BMGT 11, (2007)
24) 河野，知の市場共通講座テキスト（社会技術革新学会）(2013，2014，2015，2016)
25) H. S. Bierenbaum, L. R. Daley, D. Zimmerman, I. L. Hay, U. S. Patent 3, 843, 761
26) M. L. Druin, J. T. Loft, S. G. Plovan, U. S. Patent 3, 801, 404
27) P. Arora, Z. Zhang, *Chem. Rev.*, **104** (2004) 4419-4462
28) K. Kono, S. Mori, K. Miyasaka and J. Tabuchi, Patent US4, 588, 633, US4, 620, 955
29) 伊藤，神奈川大学LIBオープンラボ第8回講演会テキスト (2014)
30) R. M. Spotnitz 他，化学工業，**48**, 1 (1997) 47
31) 足立，"リチウムイオン二次電池-材料と応用-第二版"，芳尾/小沢編（日刊工業新聞社）(2000) 115
32) R. Callahan *et al.*, The 10$^{th}$ International Seminar on Primary and Secondary Battery Technology and Applications (1993)
33) 高橋，The TRC Journal, 2015年12月号（東レリサーチセンター）
34) R. B. MacMullin, G. A. Muccini, *AIChEJ.*, **2** (1956) 393
35) 山田，河野，工業材料（日刊工業新聞社），3月号 (2015)
36) 宮本，第8回国際二次電池展専門技術セミナー（リードエグジビジョンジャパン）(2017)，

竹下，B3 レポート
37) Bulletin of the Electrotechnical Laboratory, **60**, 12 (1996) 19-23
38) Polymer Preprints, Japan 55th SPSJ Symposium on Macromolecules, 55, 2 (2006)
39) R. C. Laman, M. A. Gee and J. Denovan, *J. Electrochem. Soc.*, **140**, L51 (1993)
40) K. Kimishima, The 12$^{th}$ China International Battery Fair (2016)
41) S. Yamaguchi, K. Kono and P. Brant, Advanced Automotive Battery Conference Proceeding (2008)
42) M. Ohhashi and T. Kondo, WO2004-089627
43) ソニー㈱のホームページ
44) 日立マクセル㈱のホームページ
45) 伊藤，機能性フィルム 1 月号（技術情報協会）(2012)
46) 帝人㈱のホームページ
47) 三洋電機㈱ 特開 2001-076759
48) 日立化成㈱ 特開 2015-053211
49) トヨタ自動車㈱ 特開 2015-222653
50) Liu *et al.*, Sci. Adv. 2017；3：e1601978（13 Jan. 2017）
51) 稲葉，他，第 54 回電池討論会講演予稿，p427
52) 竹内，他，第 50 回電池討論会講演予稿，1C21
53) 西川，技術情報協会セミナー（2016 年 8 月 8 日）テキスト
54) 山田，技術情報協会セミナー（2016 年 8 月 8 日）テキスト
55) 金村，"高安全性リチウム二次電池用セパレータ"，国立研究開発法人 科学技術振興機構のホームページ
56) 金村，他，第 56 回電池討論会講演予稿，3E15, p393
57) 古河電池，日刊産業新聞 2017 年 3 月 2 日
58) chemistry world website
59) 山田，他，第 56 回電池討論会講演予稿，3D23, p329
60) レーザーテック㈱のホームページ
61) 伊藤，立花，仁科，他 表面技術協会第 129 回講演大会，(2014)
62) 山中，安部，小久見，他，第 56 回電池討論会講演予稿，1A24, p86
63) 古田，他，第 56 回電池討論会講演予稿，2E23, p375
64) 齋藤，西川，他，第 56 回電池討論会講演予稿，3M03, p48
65) 木村，他，第 56 回電池討論会講演予稿，3E25, p403
66) 東レリサーチセンターのホームページ

# 第12章　機能性バインダー

薮内庸介[*1]，脇坂康尋[*2]

## 1　はじめに

　1991年にリチウムイオン二次電池（以下LIB）が世界で初めて市場に出されてから，四半世紀経った現在においても，その市場とアプリケーションは大きく拡がっている。

　当初デジタルカメラに搭載されたLIBは，その高電圧・高容量という特徴に更に技術進歩を加えながら，現在ではスマートフォンやタブレット端末に代表される携帯端末用だけでなく電動工具やクリーナーなどに代表されるパワーツール向けへと用途を拡げてきている。

　またLIB用途の大きな変革となる点は何と言っても電気自動車を中心とする車載用途への展開である。車載用途と一言で言っても，ハイブリッド車（HV），プラグインハイブリッド車（PHEV），蓄電デバイスのみを駆動源とするいわゆる電気自動車（EV）がある。後者になるほど，搭載する電池の容量も大きくなる。

　LIBの技術進歩の歴史は，電池の高容量化の歴史と言っても過言ではない。図1に筆者が一般的な公開情報を基にまとめた車載向けLIBの容量推移と予測を示す。

　携帯電話の使用中に残りの電池容量を気にしながら使用することは誰しもが経験することであり，携帯電話の使用時間を長くしてほしいというユーザーの要求に電池メーカーは技術的に応え

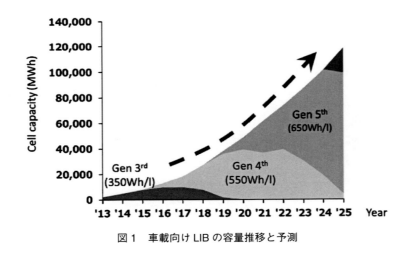

図1　車載向けLIBの容量推移と予測

\*1　Yosuke Yabuuchi　日本ゼオン㈱　エナジー材料事業推進部　事業推進グループ
\*2　Yasuhiro Wakizaka　日本ゼオン㈱　エナジー材料事業推進部　部門長

第12章　機能性バインダー

ながらリチウムイオン電池は進化を続けている。

　今後，車載用途にリチウムイオン電池が搭載されていく中で，走行距離を伸ばすための高容量化への闘いは，引き続き行われる。現在，高容量化に対する基本技術は出来つつあるが，エネルギーを多く蓄えた電池の安全性を如何に確保するかが大きな課題となっている。

　電池の安全性向上には，様々な技術が提案されており，電解液の難燃化，PTC（Positive Temperature Coefficient）の性能向上，BMS（Battery Management System）の性能向上などが提案されている。

　本稿では，本来電池内部では脇役である機能性バインダーが，電池内部で果たす役割を，安全性向上の観点から説明していく。

## 2　リチウムイオン二次電池用機能性バインダー

　各材料の項に移る前にLIB用機能性バインダーの機能全般について触れておきたい。

　LIBにはリチウムイオンを可逆的に挿入し，脱離することができる正極材料，負極材料と，その両極間のイオン移動を媒介する電解液，両極間を絶縁しつつイオンを通すセパレータ，及び電子を流す導体，が必須であることは言うまでもないが，電池としての電気化学デバイスを構築するためには，図2に示すように，各構成材料を効率良く結着することが必要不可欠であり，そのためバインダーは必須の材料の一つとなっている。

　バインダーは，その名の意味する単に「結着する」という機能に留まらず，優れた電池性能を発揮させるためにも非常に重要な機能を担っている。

図2　各構成材料の結着

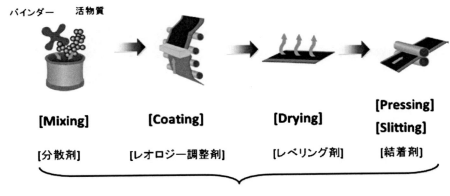

図3　バインダーに要求される機能

　例えば，電池を製造する工程においては，電極活物質等を水あるいは有機溶媒などの分散媒に分散し，電子を流す導体である集電体に塗工する工程が一般的にとられるが，バインダーは活物質をスラリー化する際の分散剤，あるいは塗工する際のレオロジー特性調整剤，レベリング剤としての機能が要求される（図3）。

　また，電池性能を発揮するという点においては，バインダーは電池内部の電気化学的に非常に厳しい環境下にさらされるため，優れた電気化学的安定性と電解液への不溶性などの機能が要求される。

　以上に述べたように，バインダーは十分な電池性能を発揮させる上で非常に重要な役割を担うキーマテリアルであり，各電池設計や，活物質種に合わせて適切な選択をすることが重要である。

## 3　負極用バインダー

### 3.1　車載用負極バインダーに求められる特性

　車載用LIBは，スマートフォン等のモバイル向けLIB以上に，長期の耐久性が要求される。モバイル向けLIBが一般的に3年程度の容量劣化の保証を要求されるのに対し，車載用では10年以上の耐久性が要求され，更には本書のテーマである高い「安全性」も要求される。

　そういう中でLIBの負極用バインダーとして求められる特性はどういうものであろうか。

　LIBの負極材料としては，1992年の商品化以来，炭素・黒鉛系材料を基本として，その層間へリチウム挿入反応を容易にするため球状や塊状に加工した粉体材料が多く利用されている。黒鉛系材料では炭素の六角網目の基底面が積層し，その層間にリチウムイオンが挿入される。

　そのリチウムの層間に挿入，脱離される際に，炭素材料は大きな体積膨張，収縮変化を伴うため，バインダーとしてはその動きに繰り返し追従し伸び縮みする能力が必要不可欠である。

# 第12章　機能性バインダー

　この活物質の膨張収縮にバインダーが追従することができないと，結果として電極の膨らみとして電池の変形などの悪影響が見られ，LIBとしても安全性を確保することが難しくなる。
　また，電池の高容量化の流れから負極用活物質も炭素系材料からシリコン系活物質へと変化を遂げていくと考えられ，そうなると上記の体積変化はさらに大きくなり，バインダーにはより高度な繰り返し強度の維持が求められる。

## 3.2　長期繰り返し使用における電極の膨らみへの対応

　図4に，充放電時の負極のモデル図を示す。また，その各々の状態でのポリマーモデルの概念図も示した。充放電による活物質の膨張収縮に伴い活物質間距離の拡大が生じる。活物質間に存在しているバインダーはそれにより，引き伸ばされたり，圧縮されたり種々の物理的ストレスを受けることになり，一般的なポリマーだと繰り返しのうちに強度を失い機能しなくなってしまう。
　車載用電池は，先に述べたようにこの充放電サイクルが10年以上も繰り返されることになり，バインダーとして高い耐久性が必要である（図5）。

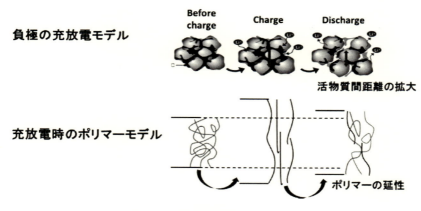

図4　充放電時の負極モデル図

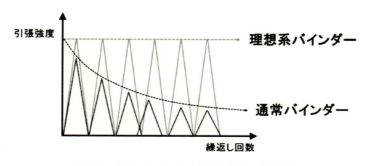

図5　バインダーとして必要とされる耐久性

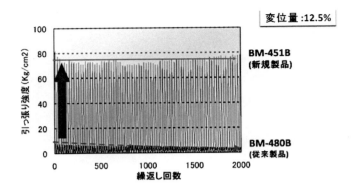

図6　一般的な負極バインダー（BM-480B：日本ゼオン製）と新規製品（BM-451B：日本ゼオン製）の比較

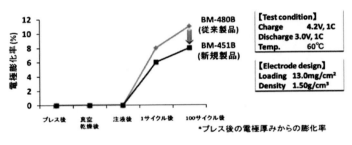

図7　BM-451Bを適用した際の膨化率

図6に負極バインダーのこれまでの一般的なバインダー（BM-480B：日本ゼオン製）と新規製品（BM-451B：日本ゼオン製）の比較データを載せた。

BM-451Bは初期の引張強度もBM-480Bと比較し高いが，繰り返しの引張試験においても強度を失うことなく維持していることがわかる。電極のバインダーとしてBM-451Bを適用し電極の膨らみを定量化したところ（図7），電極の膨らみが抑制されていることが確認された。

### 3.3　シリコン系活物質への対応

実用化に向けて開発が進められているシリコン系活物質は800〜1600 mAhg$^{-1}$と非常に容量が大きいが，充放電時の膨張収縮が大きく寿命の大幅な低下が課題である。そこで，活物質自体の劣化を抑制する技術と，バインダー種の最適化によりサイクル特性を大幅に伸ばせることが確認されてきた。

活物質自体が充放電に伴う膨張収縮で微粉化して劣化しないように，シリコン粒子の粒子径をナノレベルまで微細化させ，更に非晶質の二酸化シリコンの中に分散させた構造とするなど，活物質自体のサイクル劣化を抑制する研究が精力的に行われてきており，かつ充放電中の構造解析に関する研究も行われるなど，活物質開発が進んでいる[1]。

第12章　機能性バインダー

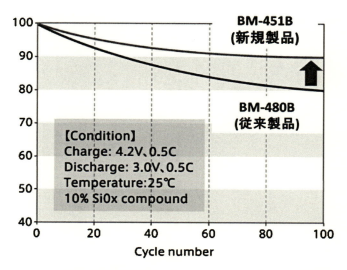

図8　シリコン系活物質をグラファイトに10%配合した負極活物質を用いたサイクル特性

　図8にはシリコン系活物質をグラファイトに10%配合した負極活物質を用いたサイクル特性を示す。従来バインダー（BM-480B：日本ゼオン製）をリファレンスに加え，新規製品（BM-451B：日本ゼオン製）を同時に評価した結果を示す。この結果より，シリコン系活物質向けに設計された新規製品のバインダーでは，当社従来品よりもサイクル試験中の容量維持率が高く，今後，リチウムイオン二次電池の大幅な高容量化が期待される。

## 4　セパレータ関連材料

### 4.1　LIB内への耐熱層の導入

　LIBのセパレータとしては，ポリプロピレン（PP），ポリエチレン（PE）の微多孔膜が使用されている。微多孔膜はPP，PEのラメラ構造の特性を利用して製造されている。製造方法として主に2つの方法が用いられている。その一つは乾式法と呼ばれる方法で，PP，PEを溶融押し出しフィルム製膜した後に，低温でアニーリングさせ結晶ドメインを成長させる。この状態で延伸を行い，非晶領域を延ばす事で微多孔膜を形成している。もう一つは，湿式法と呼ばれる方法で，まず，炭化水素溶媒やその他低分子材料とPP，PEを混合した後に，フィルム形成させる。次いで，非晶相に溶媒や低分子が集まり島相を形成し始めたフィルムを，この溶媒や低分子を他の揮発し易い溶媒を用いて除去する事で微多孔膜が形成される。
　こうして作製されるPP，PEの微多孔膜は不織布と比較し膜厚が薄く，正極と負極間の距離を短くする事が可能で，リチウムイオンの移動拡散抵抗を低くする利点がある。また，正極と負極が短絡して異常反応を生じ発熱した場合，結晶相が融点に達してメルティングする事により孔

# 車載用リチウムイオン電池の高安全・評価技術

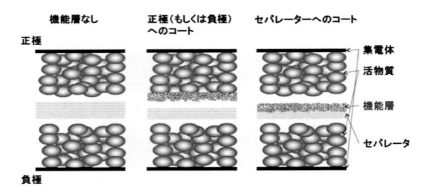

図9 セラミックス粒子のコート

が塞がれリチウムイオンの移動が遮断され，安全性が増すと報告されている（シャットダウン機構）。しかし，短絡時の発熱状態によっては，延伸されたフィルムが収縮し，さらに短絡面積を増大させ反応が暴走するといった問題を生じる場合がある。電池の高容量化や自動車への搭載に伴い，安全性の懸念が高まる中，この問題を解決するためにセラミックス粒子をセパレータの表面にコートして正極と負極の短絡を防止するといった構造が実用化された（図9右）。

耐熱層に使用されるセラミックスは通常粒径がサブミクロンで粗粒が除去されたものが使用され，材質としては，電解液に安定なアルミナやベーマイトが用いられる。層の厚みは，電池設計などによって異なるが，電池セル容量を増す，正極と負極間距離を短くして抵抗を低くするために薄膜化が望まれている。

セパレータ上にセラミック粒子をコートする方式とは別に，電極上（負極もしくは正極）にセラミック粒子をコーティングする態様も実用化されている（図9真中）。

電極上にコートするメリットは，電極構成材料の多くは，無機物質で構成されており，電池の温度上昇時に大きな収縮を伴わないため，電極上にセラミックコートしておくことにより絶縁性を向上させやすいと言ったことが挙げられる。また，電極上にセラミック層を形成することにより，電池の寿命特性の向上も見られる。こちらについては次項で後述をする。

各電池メーカーは，各社電池設計に応じてセラミック粒子をセパレータ上や電極上にコーティングする態様を使い分けているようである。

## 4.2 セパレータの耐熱収縮性向上

さきほどセパレータ表面上にセラミック粒子をコーティングすることにより電池の安全性に寄与することを述べた。

図10に図9に示す各セラミックの配置位置の違いによる電池の温度上昇時の電圧挙動を示した。一番左が基材セパレータのみを用いた電池，左から2番目がPVDF-HFP（ポリフッ化ビニリデンヘキサフルオロプロピレン）共重合体をコートしたセパレータを用いた電池，右から2番

第 12 章　機能性バインダー

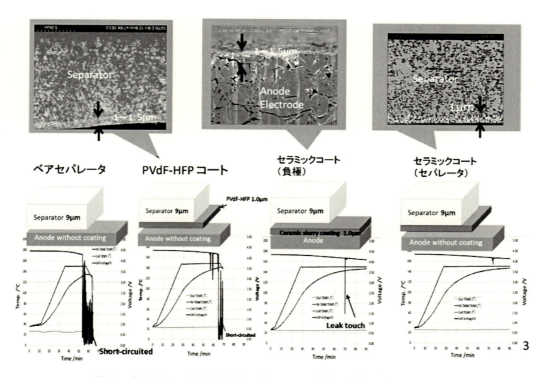

図10　各セラミックの配置位置の違いによる電池の温度上昇時の電圧挙動

目負極電極上にセラミックコートした電池, 1 番右がセパレータ上にセラミックコートした電池である。

図 10 下部左にあるように, 基材セパレータのみでは電池の温度が上昇していくと, 150℃で 15 分ほど保持したところで電圧が急降下する。これはセパレータが溶融し, 塑性変形することで正極, 負極の両極が短絡したためと推察される。PVDF-HFP をコートしたセパレータも, 電圧を保持する時間は基材セパレータのみと比較し長いものの, PVDF-HFP 自体も有機物であり, 高温での耐熱性は不足しており結果として同様に短絡による電圧降下が見られる。

一方, 前述したようにセパレータではなく, 電極（図 10 では負極上）にセラミック層を形成することで本質的には短絡を抑制することができる。特筆すべきは, 図中セラミック層を負極上に設けた系においては（図 10 右から 2 番目），一度短絡が生じた後に電圧が回復する挙動がみられる。

セパレータ上にセラミックを設けた電池でも, 微小短絡は生じるものの 150℃においても電圧降下が見られなかった。

## 4.3　セラミック層の配置場所による比較

セラミック層をセパレータあるいは電極（正極, 負極）に配置している各ケースがあるが, ど

のような差異が電池特性として現れるであろうか。

図11はあくまでも日本ゼオン内部での評価であり，電池の設計，使用材料によって結果が変わることは十分に予想されるが，電池の充電後の高温保存特性においては，電極（正極）上にセラミック層を配置することで高い容量維持率を示した。

これは，電極上にセラミック層をコートする際に電極内にバインダーが浸透することで，活物質の保護効果を発現するためと考えている（図12）。これを支持する結果として，図13に示すように，バインダーのみを正極上にコートしても同様の高温保存特性の向上の効果が得られることがわかっている。

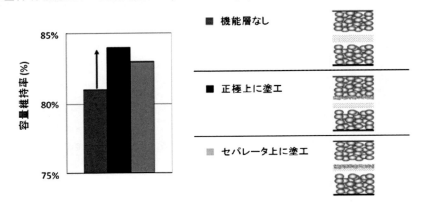

図11 セラミック層をセパレータあるいは電極（正極，負極）に配置した際の，高温保持後の容量維持率（60℃，20 days）

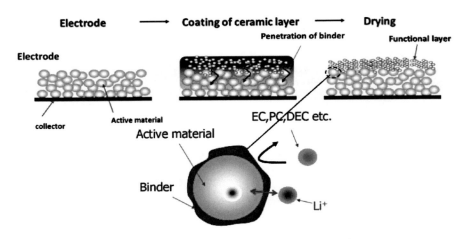

図12 電極上にセラミック層をコートした際のモデル図

# 第12章　機能性バインダー

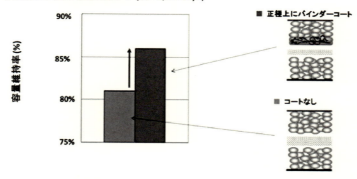

図13　バインダーのみを正極上にコートした際の，高温保持後の容量維持率
　　　（60℃，20 days）

## 5　おわりに

　電気自動車向けLIB市場は急激な拡大が予想され，より高いエネルギー密度化，高出力化，安全性の要求が高まるであろう。その中で，バインダーの果たす役割はますます重要になってくると考えられる。機能性バインダーの技術進歩により，一層電池性能の信頼性向上が成される事を期待したい。
　なお，本稿に記載のデータは日本ゼオンで評価した結果であり，その結果を保証するものではないことにご留意頂きたい。

文　　献

1)　長井龍，喜多房次，山田将之，片山秀昭，日立評論，38, 12 (2010)

# 第13章　パッケージングの技術と電池の安全性

山下孝典*

## 1　DNPバッテリーパウチの歴史

大日本印刷株式会社（以下，DNP）は，1990年台後半より，バッテリーパウチ（電池用途向けラミネートフィルム）の販売を開始した。

当初は，携帯電話向けの500mAh程度のものだったが，DNPの製品は以下の2点を目指して開発を進めた。

① 電池用途向けラミネートフィルムのデファクトスタンダード（de facto standard）となる製品を開発する。
② 将来の自動車用途にも耐えうる製品を開発する。

現在の代表的なDNPバッテリーパウチ層構成を図1に示す。

1990年台後半～2006年頃までは，携帯電話と電気自動車開発（テスト車）の用途向けに販売し，徐々に数量が増えていったが，2007年頃からのスマートフォン，タブレット用途にラミネート型電池が採用された事で，大幅にパウチの需要量が増えていった。

DNPは，市場要求に対して，十分な生産体制の構築し，また，日々高まる製品への要求へ対

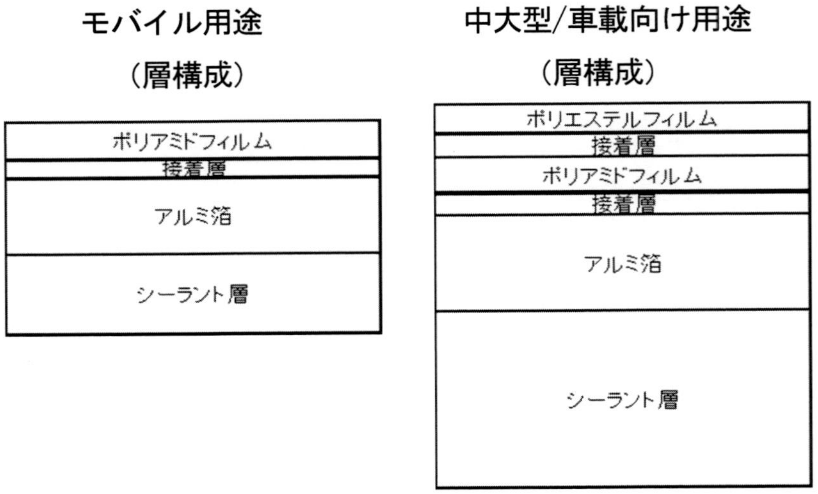

図1　代表的なバッテリーパウチの層構成

\* Takanori Yamashita　大日本印刷㈱　高機能マテリアル本部　開発第2部　副部長

第13章　パッケージングの技術と電池の安全性

表1　リチウムバッテリー市場とバッテリーパウチへの要求

応すべく，開発活動を継続している。表1に電池の市場の変遷を示す。Li電池の初期は円筒型，角型が主流であったが，スマートフォン，タブレット，薄型ノートPCの台頭でラミネート型電池への切替えが進んだ。

## 2　バッテリーパウチの安全性

当社は，15年以上にわたって，バッテリーパウチを市場へ供給しているが，バッテリーパウチが起因となった大きな事故は，現在まで発生していない。ラミネートセルは，熱暴走を起こしたとしても，高温時にシーラントが溶融し，内圧が上昇する前に開封する為，爆発等の致命的な事故が発生していないと推察する。

当社のバッテリーパウチを使用すれば，安全な電池を作ることが出来る，と言える事が理想であるが，現実は，バッテリーパウチが電池の安全性へ貢献出来る要素は，他の要素（活物質，セパレーター，およびバッテリーマネジメントシステム）に比べ，少ない。しかしながら，当社の製品を使って頂いている得意先へは，より安全で確実な電池を生産して頂けるように，シール加工や成形加工等の技術的支援を実施している。

以下，バッテリーパウチに求められる性能に関して説明する。

## 3 製品へ要求される性能

### 3.1 成形性

体積エネルギー密度の向上と，シールの安定化の為に，バッテリーパウチには，成形性が求められる。成形性が良いパウチは，より深い成形が可能であり，ついては容量の大きな電池の作成が可能となる。

一方，成形する際の金型の寸法や表面仕上げ粗さ，成形条件により，成形可能な深さは変わる。社内にテスト機を置き，成形パラメーターと成形性能の相関性を検証している。

成形する事で，特にパウチのコーナー部のアルミ層が薄くなるが，アルミ層にピンホールが発生しない限り，どれだけ薄くなってもバリア性は保たれている。その結果を図2に示す。バッテリーパウチを成形加工した後に，240 mm×60 mm の袋形状の試験片を作製した。袋の中に電解液溶媒（EC：DMC：DEC＝1：1：1）を入れたのち，シールをする。試験片を65℃，90％RH環境下に1週間放置後，電解液溶媒中の水分量を，カールフィッシャー法を用いて測定した。成形後のアルミ層の厚みと水蒸気透過率の関係を求めたところ，アルミ層の厚みが 7 μm～25 μm では，変化が見られないことが確認され，この範囲であれば，水分透過性が制御されていることが認められる。

ラミネート型電池は，多角形や円形など，形状の自由度が高く，搭載する機器やモジュールに合わせた最適な形状を設計する事が出来ることが特徴であり，成形加工後のバリア性も確保できていることがわかる。

### 3.2 耐電解液性

リチウムイオン電池に用いられる電解液には，主に電解質として $LiPF_6$ が存在しており，微量の水分と反応し，HF が発生する。

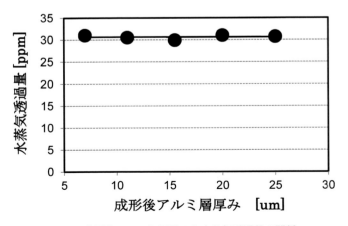

図2 成形後のアルミ層厚みと水蒸気透過量の関係

## 第13章　パッケージングの技術と電池の安全性

DNPバッテリーパウチは，アルミ層表面に，HF耐性のある表面処理を施す事と，アルミ層とシーラント層の接着機構に，接着剤を用いず，変性ポリプロピレンを用いたシーラント層とする事で，耐電解液性を発現している。

この組合せにより，長期間変化のないアルミ層/シーラント層間のラミネート強度と，シール強度を持つ事を特徴としている。

図3には電解液に浸漬した後のラミネート強度の経時変化を示す。電解液は（1 Mol LiPF$_6$（EC/DMC/DEC＝1/1/1））を用いて評価を行った。85℃の電解液に浸漬し，浸漬時間とラミネート強度の初期値からの低下率を示している。1440時間の浸漬後に，初期値の80％以上の強度を有している。実際の電池の使用環境よりも厳しい評価条件ではあるが，更なる強度維持を有するパウチの開発に取り組んでいる。

図4には，シール強度の耐電解液性について測定した結果を示す。190℃×1.0 MPa×3 sec.の

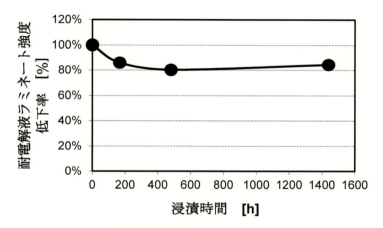

図3　85℃電解液浸漬時のラミネート強度低下率

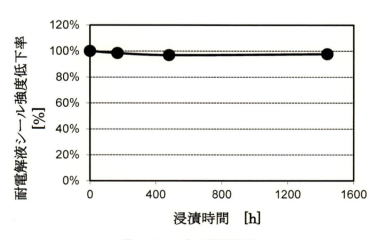

図4　シール部の耐電解液性

条件で 7 mm 巾シールヘッドを用い，3 方シールパウチを作製し，パウチ中に，図 3 と同様の電解液に水を 1000 ppm 添加した試験液を封入したものを試験片とした。試験片を 60℃ 環境下に保管し，保管時間とシール強度の変化率を求めた。その結果，1440 時間後も初期値に比べ 90% 以上の強度を有していた。

### 3.3 水蒸気バリア性

リチウムイオン電池の性能を低下させる水蒸気の侵入については，DNP 社内テスト結果から，電池の使用環境における水蒸気透過係数を導出しており，電池セルの寸法，シール幅，電解液量等の情報があれば，シミュレーションが可能である。

バッテリーパウチは，アルミ箔層がある為，電池の面方向からの水蒸気の侵入は無い。しかし，シール部分端面には，シーラント層であるポリプロピレン層があり，電池内部と外部の水蒸気分圧差と温度の影響から，端部を通して水蒸気が電池内部に侵入する。

25℃×90%RH，40℃×90%RH，60℃×90%RH の各環境下において，水蒸気透過度を測定し，一定水蒸気圧下での各温度における水蒸気透過係数を求めた。図 5 に DNP バッテリーパウチの水蒸気透過係数を示す。このグラフから，環境温度と透過係数の関係を求めると，以下の式で表す事ができる。

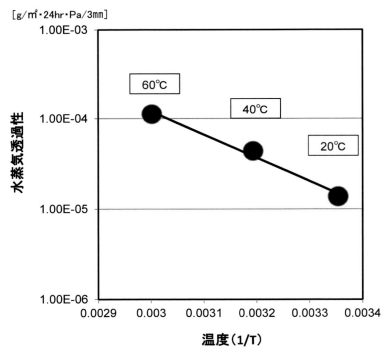

図 5　バッテリーパウチシーラント層の水蒸気透過度・活性化エネルギー

第13章　パッケージングの技術と電池の安全性

表2　シミュレーション電池の各寸法/仕様

|  |  | ラミネート | 角缶 |
|---|---|---|---|
| 容量（Ah） | | 4.7 | |
| 電解液量（g） | | 17.6 | |
| 電池寸法 | 長さ（mm） | 112.2 | |
| | 幅（mm） | 15.7 | |
| | 高さ（mm） | 78.5 | |
| シール部寸法 | シール巾（mm） | 8 | |
| | シーラント厚み（μm） | 128 | |
| GSKT部寸法 | 厚み（mm） | | 0.8 |
| | 透過距離（mm） | | 6.3 |

$$y = 6465.7 e^{-5930.6 \left(\frac{1}{t+273.15}\right)} \times S \times p \times D \times \frac{3}{L}$$

$y$：$D$ 日後の水分透過量 [g]　　$t$：使用環境温度 [℃]　　$S$：水分透過面積 [m²]
$p$：水蒸気分圧 [Pa]　　$D$：透過日数 [日]　　$L$：シール巾 [mm]

　上記の透過係数を用いて，ラミネート型電池と角缶型電池の水蒸気透過性をシミュレーションし比較した．大型の車載向け電池を想定し，シミュレーションに利用した電池寸法を表2に示す．日本の環境下で使用するものとし，電池容量と電解液量の相関性を3.75 g/Ahとした．各電池の水蒸気侵入経路を図6に示す．ラミネート型電池は，シール部端面から水蒸気が侵入するものとし，角缶型電池は，ガスケット部分から水蒸気が侵入するものとした．シミュレーション結果を図7に示す．角缶型電池に比べて，ラミネート型電池の方が，水蒸気バリア性が優れている結果となった．

　一方，円筒缶型電池（18650型）とラミネート型電池を比べると，ラミネート型電池の方が，バリア性が低いと想像される事が多いが，角缶型と同様に，ガスケット，又は筐体と端子の絶縁に樹脂材料が用いられており，この樹脂を通して水蒸気が内部へ侵入する．円筒缶型電池（18650型）とラミネート型電池（モバイル用）を図8のように仮定し，シミュレーションを実施した結果を図9に示す．円筒缶型（18650型）と比較しても，ラミネート型電池の方が，水蒸気バリア性が優れている事が判明した．

### 3.4　気密性

　電池内部の電解液が揮発した成分や発生したガスは，シーラント層を介して外部へ排出される．先ほどの水蒸気バリア性と同様に，気密性についても，各ガス成分の透過性データから数年後の電解液量をシミュレーションする事が出来る．また，発生ガスの成分比率と発生量のデータがあれば，電池の使用環境における内部圧力の変化をシミュレーションする事も出来る．先の水蒸気バリア性と同様に，電解液の気密性試験を実施した結果を図10に示す．

　ラミネート型電池は，真空シールされており，常に内部セルに対して，大気圧分の圧縮方向の

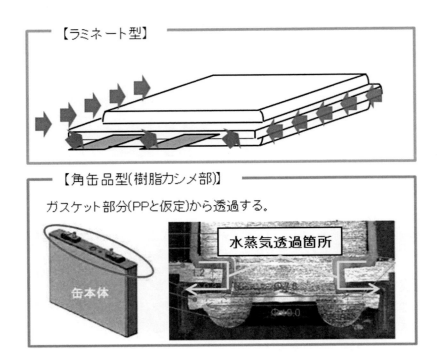

図6 ラミネート型電池と角缶型電池の水蒸気透過経路

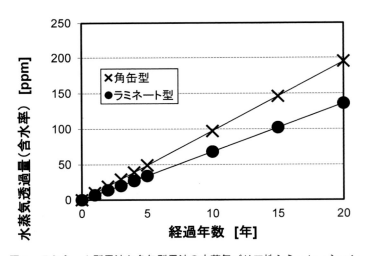

図7 ラミネート型電池と角缶型電池の水蒸気バリア性シミュレーション

第13章　パッケージングの技術と電池の安全性

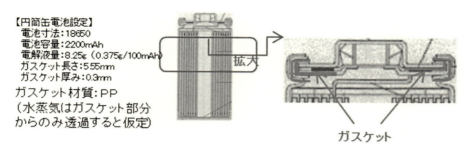

図8　シミュレーション用各電池の寸法/仕様

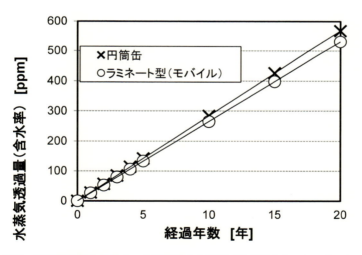

図9　円筒型電池とラミネート型電池の水蒸気バリア性シミュレーション

力が加わっているので，次世代電池と期待されている全固体電池に関しては，ラミネート型になると思われる。

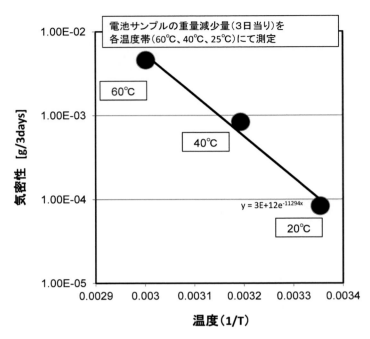

図10　バッテリーパウチシーラント層の気密性・活性化エネルギー

## 3.5　絶縁性

　金属缶電池は，材料により，正極／負極のどちらかを筐体と接続しており，筐体が腐食する事は無いが，ラミネート型電池の場合は，アルミ層が絶縁体で覆われており，アルミ層と内部，負極端子の絶縁性が低下すると，ラミネートフィルムのアルミ層が腐食してしまう。

　アルミ層を覆うシーラント層には，絶縁性の高いポリプロピレンを用いており，DNPが推奨するシール形状であれば，腐食が発生する事は無い。シール後の断面観察を行った結果を図11に示す。図11の上段の写真が，最適なシール後の断面であるが，中段にあるように，より高温で且つ圧力が高い場合は，シールのつぶし過ぎが発生し，クラックの発生が起こる危険性がある。一方，下段はシール温度が低温の場合であり，複雑なポリ溜まり形状となっており，クラックの発生源がポリ溜まり中に複数存在している。また，シーラントの溶着が不十分で，十分なシール強度が得られない。このことから，シール条件に因って得られる物性が変化するため，シール条件の最適化と管理が必要である。

　一方，表面基材側の絶縁性については，スマートフォン等のモバイル系に利用される場合，単一セルで利用されるので，特に必要ないが，車載向け等，モジュールとして複数の電池を接続し利用する環境では，システム電圧が数百ボルト級になる為，基材表面の絶縁性が必要になる。車載向け製品の基材層にポリエステル樹脂層を用いる事で，使用環境変化の少ない安定した絶縁性を有している。

第13章 パッケージングの技術と電池の安全性

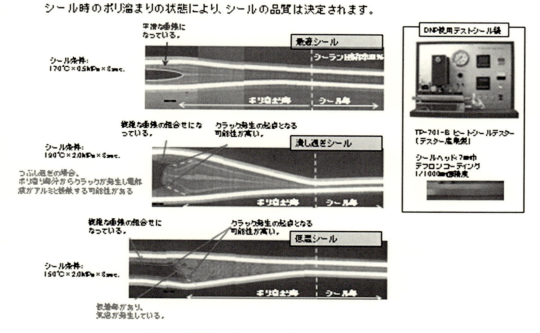

図11 溶着後のポリ溜まり形状とシール品質の関係

### 3.6 耐熱性/耐寒性

バッテリーパウチのシーラント層には，ポリプロピレンを用いている為，ポリプロピレンの融点以上の耐熱性は無い。

しかし，電池使用環境や，電解液の耐熱性を考えると，必要十分な性能であると言える。仮に電池が危険な状態になって，内圧と温度が上昇した際には，シーラント層が開封し，大きな爆発を防ぐ働きがある。

－20℃から160℃までのシール強度の温度依存性を図12に示す。各温度環境下にシール強度測定試験片を2分間放置後，温度環境を維持したままシール強度を測定した。氷点下20℃まで，常温と変わらないヒートシール強度を維持している。一方，高温側の140℃付近では，室温での強度に対して，約60%の強度を維持している。図13には90℃に長期間放置した際のシール強度の経時変化を示す。960時間経過しても，初期値と変わらない強度を有している。

ヒートサイクル試験も実施しており，ヒートサイクル条件として，－20℃⇔＋70℃を1サイクル1時間で行うものとし，1500サイクル経過した後のヒートシール強度を測定した。ヒートサイクル試験後，シール強度は初期の90%以上を有している結果を得た。いずれの場合も，十分なシール強度を維持しており，幅広い使用環境に対応出来る。

以上ラミネートパウチの種々の物性に関して説明をした。次に生産体制について記載する。

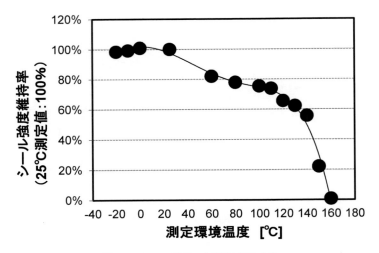

図12 シール強度の環境温度依存性

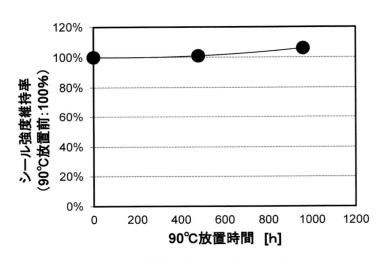

図13 高温放置試験 シール強度変化率

## 4 ラミネートフィルム生産工程と品質

　金属缶電池は，加工屑等を除去する為の洗浄工程があり，異物管理の必要があるが，DNPバッテリーパウチは，クラス10000相当のクリーン環境で生産しており，電池を生産する前の洗浄工程が不要である。これには，長年食品包装用ラミネートフィルムを製造してきた経験が活きている。今後も異物の混入の排除，検査体制の充実を図ってゆく。

　また，ISO/TS 16949：2009を取得しており，厳しい車載用途の品質に対応出来る生産体制を構築している。

第13章　パッケージングの技術と電池の安全性

## 5　電池評価技術

DNPでは，ラミネート型電池評価技術の企画・提案をしている。

電池の非破壊検査方法をいくつか提案しており，電池の生産ラインで全数検査が可能である。

絶縁性の評価機器を図14に示す。静電容量方式のテスターを導入することで，測定時の印加電圧による絶縁破壊を起こす事無く，製品の電池を検査する事が出来る。

電池として，全数検査を施す事で，世の中に安全な電池を供給する事が出来ると考える。

ラミネート型電池生産工程の中で，DNP製品をご利用中に発生した不具合について，不良電池をお預かりし分析する事で，シールや成形工程の改善提案も実施している。

電池の生産工程の中で，電解液注入後のベーキング工程を経た後に実施される最終シール工程は，最も難しく，課題の多い工程である。図15に液漏れの例を示す。

タブシール部と最終シール部が直行する部分において，タブシール部のポリ溜まりが大き過ぎる場合に，液漏れが発生する場合がある。タブシール部は，タブの段差を埋める為に，シーラント層を潰す傾向があるが，シーラント層の元厚みからの残存率を80％以上に維持する事で，漏れを防ぐ事が出来る。

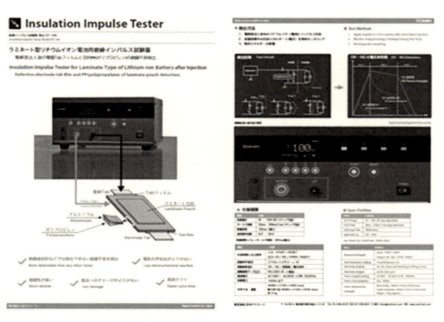

図14　絶縁性評価機器（静電容量方式）

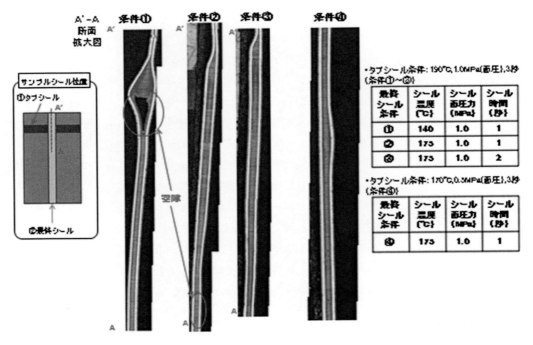

図15 タブシールと最終シール直行部の注意すべき点

## 6 バッテリーパウチの課題

先の項で，得意先への技術支援を実施していると述べたが，理想のバッテリーパウチとは，どんな条件でも，誰でも，簡単に電池を生産する事が出来る事である。

例えば，どのようなシール条件下でも，シール後の液漏れや絶縁性の低下（腐食）が発生しない事や，どのような成形条件下でも，成形の大きさや形状，深さに影響無く成形可能である事等である。

電池の体積エネルギー密度を向上させる為に，モバイル向けのバッテリーパウチは，15年間で約半分近くの厚みにまで薄くなった。今後は，扱いやすい（＝電池生産性が高い）バッテリーパウチや，バッテリーパウチを用いた電池の評価技術の向上が，より安全な電池を市場へ提供する事へ繋がると信じて，開発業務に邁進する。

# 【第Ⅳ編　リチウムイオン電池の解析事例】

# 第14章　リチウムイオン電池の高温耐久性と安定性

右京良雄*

## 1　はじめに

　リチウムイオン電池を自動車の動力源として用いる場合にはその寿命が非常に長いことが要求される。リチウムイオン電池は，充放電を繰り返したり，高温で保存された場合，電池の容量低下あるいは内部抵抗が大きくなることにより電池の寿命が決定されてしまう場合がある。これは，電極そのものの変化，あるいは電池に用いられている正・負極材料（活物質）あるいは電解液などの特性が変化することによって引き起こされる。このような現象は特に高温において大きく現れる傾向がある。また，これらの劣化現象はリチウムイオン電池の構造（特に電極構造）にも大きく依存することが近年明らかにされてきている。本稿では，正極活物質にニッケル酸リチウム NCA（$LiNi_{0.8}Co_{0.15}Al_{0.05}O_2$）などのニッケル系正極活物質，負極に人造黒鉛を用いたリチウムイオン二次電池の劣化現象を中心に記述する[1~14]。

## 2　電池特性評価

　ここで紹介する電池は主として正極活物質にニッケル酸リチウム NCA（$LiNi_{0.8}Co_{0.15}Al_{0.05}O_2$），負極活物質は人造黒鉛である。正極と負極のバインダーはいずれも PVdF である。電解液は，1 mol/L の濃度の $LiPF_6$ を含むエチレンカーボネート（EC）とジエチルカーボネート（DEC）を主成分とする混合電解液である。リチウムイオン電池の耐久性評価は主にサイクル試験により行われ，サイクル伴う容量劣化および抵抗上昇が解析される。サイクル試験による電池の容量変化および抵抗変化は，主として交流インピーダンス法などの電気化学的手法を用いて解析される。特に，電池のどの部分の抵抗変化が大きいかを特定するのには電気化学的手法が有効である。これまで一般的には，高温サイクル試験による電池抵抗増加は，主に正極に由来することが明らかにされてきている。このため，特にサイクル試験前後の正極活物質の観察・解析が種々の手法を用いて行われてきている。劣化解析は出来るだけマクロ的な解析からミクロ的な解析と行うのが効率的であり，近年マルチスケール解析として報告されるようになってきている。

---

*　Yoshio Ukyou　京都大学　産官学連携本部　特定教授；工学博士

## 3 サイクル試験による特性変化および解析

### 3.1 サイクル試験による特性変化と電気化学的解析

図1に，NCA正極を用いたリチウムイオン電池のサイクル試験における容量変化の温度およびDOD依存性を示した。この図にみられるように，DODが10～70%では試験温度が25℃および60℃でも容量劣化は殆ど認められない。一方，DODが0～100%の条件で充放電した場合には容量劣化が顕著であり，特に高温（60℃）ほどその傾向が強くなる。このように充放電に伴う容量劣化が正極あるいは負極のどちらの影響を受けるかを調べるために，サイクル試験前後の正極および負極（グラファイト）の放電曲線が，対極に金属Liを用いたハーフセルによって測定されている。その結果を図2に示した[20]。この図から明らかなように耐久後の負極の容量変化は比較的小さいが，NCA正極は温度が高く，DODが0～100%の場合に容量劣化が顕著になることが明らかにされた。このことは図1に見られる電池の容量劣化はNCA正極に起因していることを示している。図3はハーフセルを用いたNCA正極とグラファイト負極のナイキストプロットを示している。この図の低周波側の半円から求められたインピーダンスは，NCA正極でサイクル後に大きく増加し，特にDODが0～100%の場合に顕著である。また，グラファイト負極ではサイクル後にも大きな変化は見られない。このことから，図2に見られるNCA正極の容量劣化は，サイクルによってNCA正極のインピーダンスが大きく増加したことによるものと考えられる。等価回路を用いた解析によれば，このNCA正極のインピーダンス増加は活物質と電解質界面における電荷移動に起因していることも明らかになっている[21]。

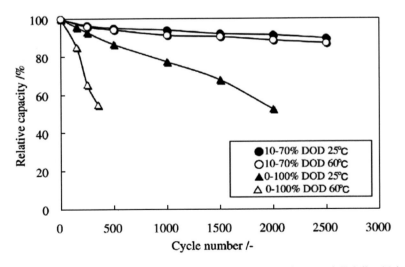

図1 NCA正極を用いたリチウムイオン電池のサイクル試験による容量変化の温度およびDOD依存性[20]

第14章　リチウムイオン電池の高温耐久性と安定性

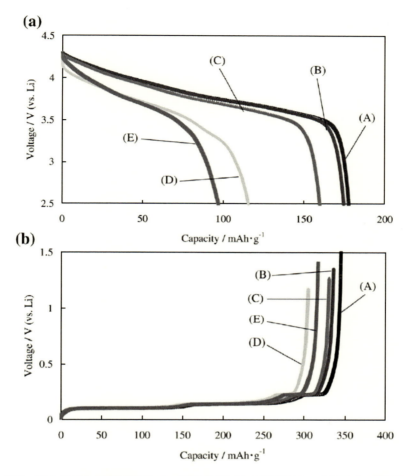

図2　図1の電池より取り出した，NCA正極(a)およびグラファイトアノード(b)を用いたハーフセルによる放電曲線
(A)サイクル前，(B)10-70％DOD，25℃で2500サイクル，(C)10-70％DOD，60℃で2500サイクル，(D)0-100％DOD，25℃で2000サイクル，(E)0-100％DOD，60℃で350サイクル[20]

## 3.2　電極評価・解析

　上述したように，NCA正極とグラファイト負極を用いたリチウムイオン電池が高温で耐久試験（今回の場合はサイクル試験）されると，容量劣化およびインピーダンスが増加し，その原因は主にNCA正極にあることが明らかにされてきている。このために，種々の物理的手法を用いてNCA正極の解析が行われている。解析に用いられている手法は，集束イオンビーム（FIB）あるいはクロスセクションポリシャー（CP）-走査型電子顕微鏡（SEM）による断面観察，X線回折による結晶構造変化観察，透過型電子顕微鏡（TEM，STEM）による形態観察，制限視野電子線回折（SAED）による結晶構造解析，TEMを用いた電子線エネルギー損失分光法

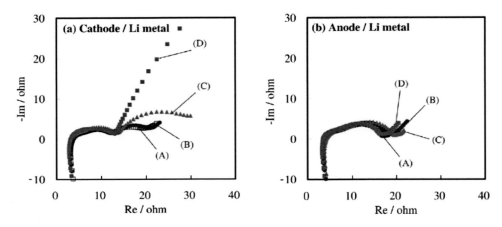

図3 図1の電池より取り出した，NCA正極(a)およびグラファイトアノード(b)の交流インピーダンス解析（ナイキストプロット）
NCA正極：(A)サイクル前，(B)10-70％DOD，25℃で2500サイクル，(C)10-70％DOD，60℃で2500サイクル，(D)0-100％DOD，60℃で350サイクル，グラファイト負極：(A)サイクル前，(B)10-100％DOD，25℃で2500サイクル，(C)10-70％DOD，60℃で2500サイクル，(D)0-100％DOD，60℃で350サイクル[20]

(TEM-EELS) およびX線吸収微細構造解析法（XAFS）によるNi価数の解析，などである。

　NCA活物質のマクロな変化を把握するために，サイクル試験前後のX線回折による解析が行われている。しかし，図4に見られるように回折パターンには大きな変化はなく，正極活物質の結晶構造は大きく変化していないことが明らかになった[21]。また，取り出した正極とリチウム金属からなるハーフセルの充放電によるX線回折パターンも測定した。その結果，サイクル試験後の電極には，サイクル前と比較して充放電による格子定数の変化にも差は認められなかった[1]。このようなことから，正極活物質の変化はマクロ的なものではなく，よりミクロな局所的現象であると考えられる。大型放射光研究施設（SPring-8）の産業用ビームライン（BL-16B2）を用いたXANES測定により正極活物質の詳細な解析が行われている[13, 21]。透過XANES測定によりサイクル後のNCA正極活物質の解析が行われた。測定試料は，サイクル試験前後において，異なる電位状態で解体した電池から取り出したNCA正極が用いられている。図5に，サイクル前の放電状態と充電状態における透過法（Transmission Mode）および転換電子収量法（Electron Yield Mold）によるXANESスペクトルから求めた正極活物質のNi吸収端エネルギー値を示した。透過法では正極活物質全体の平均の吸収端エネルギー，また転換電子収量法では活物質表面近傍（90〜100 nm）のNi吸収端エネルギーの情報が得られる。

　サイクル前の電池はリチウムの脱離（充電）に伴って，NiのK吸収端エネルギーが高エネルギー側にシフトしている。NiのK吸収端エネルギーはNiの価数によって変化し，価数が高くなると高エネルギー側にシフトすることが分かっている。これは，充電によりNiの価数が+3から+4に変化することによく対応している。図6は，60および80℃でサイクル後の測定結果である。この場合，サイクル前に比べてNiのK吸収端エネルギーが低エネルギー側にシフトして

第14章　リチウムイオン電池の高温耐久性と安定性

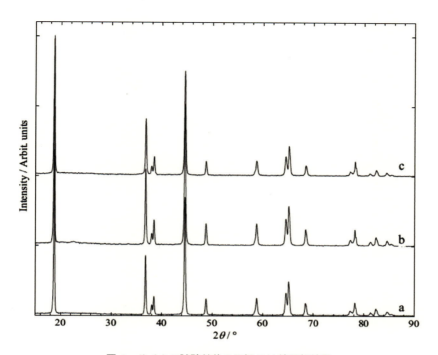

図4　サイクル試験前後の正極のX線回析結果
(a)サイクル試験前　(b)60℃　500サイクル後　(c)80℃　500サイクル後

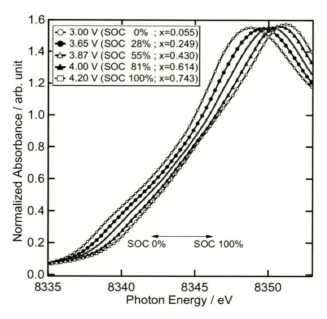

図5　サイクル前の放電状態と充電状態における透過法（Transmission Mode）および転換電子収量法（Electron Yield Mold）によるXANESスペクトルから求めた正極活物質のNi吸収端エネルギー[21]

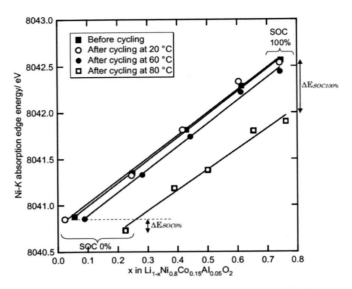

図6　60および80℃でのサイクル後におけるNCA正極の
Ni の K 吸収端エネルギーの変化[21]

いることが明らかである．すなわち，サイクル試験後はサイクル前に比べて Ni の価数が低くなっていることを示している．特に，転換電子収量法によって得られた Ni の K 吸収端エネルギーの低下が透過法に比べて大きく，Ni の価数の低下が活物質表面でより顕著であることを示している．

このことをより詳細に調べるために，TEM-EELS（電子線エネルギー損失分光法）を用いて正極活物質の解析が行われた．まず，放電状態の正極を取り出し TEM 用サンプルを作成し，EELS による解析を行った．この場合も EELS スペクトルの解析により Ni の価数の解析を行った．特に 2 価の Ni の解析に重点を置いた．これは，正常な場合には，基本的には Ni の価数は充放電に伴い 3 価から 4 価に変化すること，また TEM を用いた電子線解析により局所的に NiO によく似た非常に微細な結晶が充放電後に生成していることが明らかになったためである．さらに，EELS スペクトルの 2 次元マッピングを行い，2 価の Ni の分布状態を解析した．その結果を図 7 に示した[22]．図中黄色の部分が 2 価の Ni すなわち NiO 類似の結晶が存在することを示している．この図に見られるように，2 価の Ni は活物質表面あるいは粒界に多く存在していることが明らかである．

これらの結果は，本来層状構造を有する NCA 正極活物質がサイクル試験中に NiO 類似の結晶に相変化を起こしていることを示している．特にこの相変化は活物質表面あるいは粒界において顕著である．NCA 系正極活物質は充放電により体積が変化しクラックが粒内に生じることも観察されている[1]．このクラック沿って電解液が浸透し，あたかも粒界が表面と同じように作用すると考えられる．このような正極活物質表面での相変化が電池の抵抗の増加に大きく寄与してい

第14章　リチウムイオン電池の高温耐久性と安定性

るものと考えられる。図8はサイクル後のNCA活物質表面近傍をSTEM-EELSによって解析した結果を示したものであり，最表面には内部とは異なる結晶層（Cubic相）が存在している[20]。上述したように，これらの相変化は，通常のX線回折による解析では殆ど検出できない

図7　サイクル耐久後の正極のEELSスペクトルの2次元マッピング（黄色の部分が2価のNiの存在する部分を示している）[22]

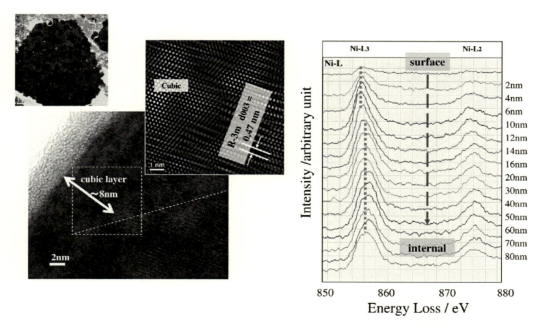

図8　10-70%DOD，60℃で5000サイクル後のNCA正極の表面近傍の構造観察結果[20]

車載用リチウムイオン電池の高安全・評価技術

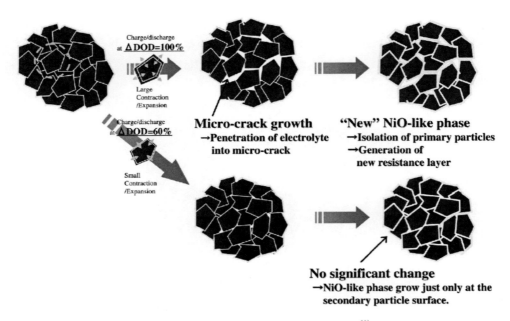

図9　NCA 正極のサイクルによる劣化モデル[20]

ほどのものであり，容量低下にはほとんど寄与していないと推定される。しかし抵抗増加（放電速度が速い場合は容量低下）には大きな影響を与えるものと考えられている。図9はサイクルに伴う NCA 正極の劣化モデルを模式的に示したものである[20]。

## 4　Mg 置換による（$LiNi_{0.8}Co_{0.15}Al_{0.05}O_2$）の安定化

NCA 正極を用いたリチウムイオン電池は高温サイクル試験後の抵抗増加が大きいことが示された。また，その原因がサイクル中の特に表面における結晶構造変化に起因することも明らかにされてきている。このような現象を抑止するために元素置換も試みられている。異原子価元素 Mg の添加を試みられた。3価の Co や Al とは異なり，Mg は2価であることから Ni の電荷補償において興味のある元素である。また，$Mg^{2+}$ のイオン半径は $Li^+$ と $Ni^{3+}$ とよく似ており置換が容易であると推測される。

占有サイトは 3a（Li）サイトあるいは 3b（Ni）サイトの両方が考えられる[15,16]。Mg の占有サイトを X 線回折だけから決定することは難しいと考え，中性子回折と EELS による検討を行った。いずれの解析結果からも合成粉末の Mg はほぼ Ni サイトを占有していることが分かった。Mg 添加量によらず Co の吸収端エネルギー値はほぼ一定である[17,18]。一方，Ni の吸収端エネルギー値は高エネルギー側にシフトしており，Ni 価数が増加することが明らかにされた[17,18]。これは，+2価の Mg による電荷補償のために Ni の価数が増加しているものと考えられる。図10は

第14章　リチウムイオン電池の高温耐久性と安定性

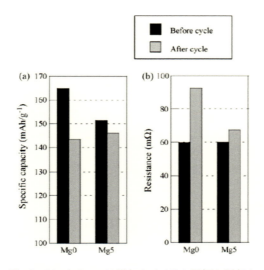

図10　Mgを5mol%添加したNCA正極と添加しないNCA正極を用いたリチウムイオン電池のサイクル試験前後の容量と抵抗[17, 18]

Mg添加および無添加正極活物質を用いた電池のサイクル試験前後における容量を示す。初期容量はMg添加によりわずかであるが減少した。しかし，60℃，500サイクル試験後では，電池容量はほぼ同程度であった。一方，Mg無添加系と比較して，Mg添加系電池の初期抵抗はやや増加した。しかし，サイクル試験後の抵抗増加は図10に見られるように大幅に抑制できた。これらの結果はMg置換の効果であると考えている。

## 5　まとめ

リチウムイオン電池の高温耐久性を，正極にニッケル酸リチウム（NCA），負極にグラファイトを用いたリチウムイオン電池の高温サイクル試験を例にとって概説した。また，耐久性を評価する尺度として容量劣化と抵抗増加を取り上げた。活物質表面で生じる僅かな構造変化が抵抗増加を引き起こすことが明らかにされつつある。すなわち，活物質表面の安定化が電池全体の安定化をもたらす可能性がある。このために，活物質表面の改質あるいは被覆技術が今後より重要になってくるものと考えられる。

一方，電池の状態解析においては電気化学的手法などを用いたよりマクロ的な解析からSEM，TEMなどを用いたミクロ的な解析と進めることが重要である。なぜならば，電池の劣化，言い換えれば耐久性は電池の局所的な現象で引き起こされる場合が多く，その場所を正確に把握する必要が重要だからである。材料開発とともに電池状態解析技術のさらなる発展が望まれる。

## 文　献

1) Y. Itou and Y. Ukyo, *J. Power Source*, **146**, 39 (2005)
2) M. Broussely, S. Herreyre, P. Biensan, P. Kasztejna, K. Nechev and R. J. Staniewicz, *J. Power Sources*, **97-98**, 13 (2001)
3) I. Bloom, B. W. Colea, J. J. Sohna, S. A. Jonesa, E. G. Polzina, V. S. Battagliaa, G .L. Henriksena, C. Motlochb, R. Richardsonb, T. Unkelhaeuserc, D. Ingersollc and H. L. Case, *J. Power Sources*, **101**, 238 (2001)
4) J. Shim, R. Kostecki, T. Richardson, X. Song, K. A. Striebel, *J. Power Sources*, **112**, 222 (2002)
5) K. A. Striebel,a, J. Shim,a, E. J. Cairns, R. Kostecki, Y.-J. Lee, J. Reimer, T. J. Richardson, P. N. Ross, X. Song, and G. V. Zhuangb, *J. Electrochem. Soc.*, **151**, A857 (2004)
6) Y. Makimura and T. Ohzuku, *J. Power Sources*, **119-121**, 156 (2003)
7) T. Ohzuku and Y. Makimura, *Chem. Lett.*, **642** (2001)
8) A. K. Padhi, K. S. Nanjundaswamy and J. B. Goodenough, *J. Electrochem. Soc.*, **144**, 1188 (1997)
9) D. Aurbach, Yair Ein-Eli, and O. Chusid (Youngman), Y. Carmeli, M. Babai, and H. Yamin, *J. Electrochem. Soc.*, **141**, 603 (1994)
10) D. Aurbach, M. D. Levi, E. Levi, H. Telier, B. Markovsky, and G. Salitra, U. Heider and L. Hekier, *J. Electrochem. Soc.*, **145**, 3024 (1998)
11) S. Yamada, M. Fujiwara, and M. Kanda, *J. Power Sources*, **54**, 209 (1995)
12) J. Shim, K. A. Striebel, *J. Power Sources*, **122**, 188 (2003)
13) T. Nonaka, C. Okuda, Y. Seno, H. Nakano, K. Koumoto and Y. Ukyo, *J. Power Sources*, **162**, 1329 (2006)
14) Y. Sasano, K. Tatstumi, S. Muto, T. Yoshida, T. Sasaki, K. Horibuchi,Y. Takeuchi and Yoshio Ukyo, The 16th International Microscopy Congress (IMC16) 2006-12
15) C. Pouillerie, L. Croguennec and C. Delmas, *Solid State Ionics*, **132**, 15 (2000)
16) C. Pouilleriea, F. Pertonb, Ph. Biensanb, J. P. Peresb, M. Broussely and C. Delmas, *J. Power Sources*, **96**, 293 (2001)
17) H. Kondo, Y. Takeuchi, T. Sasaki, S. Kawauchi, Y. Itou, O. Hiruta, C. Okuda, M. Yonemura, T. Kamiyama and Y. Ukyo, *J. Power Sources*, **174**, 1131 (2007)
18) 武藤俊介, 巽 一厳, 佐々野裕介, 吉田朋子 PixonImaging LLC, Richard C. Puetter, 佐々木 厳, 右京良雄, 竹内要二, まてりあ, 第45巻, 12号 (2006)
19) S. C. Nagpure, B. Bhushan and S. S. Babu, *J. Electrochem. Soc.*, **160**, A2111 (2013)
20) S. Watanabe, M. Kinoshita, T. Hosokawa, K. Morigaki and K. Nakura, *J. Power Sources*, **260**, 50 (2014)
21) T. Sasaki, T. Nonaka, H. Oka, C. Okuda, Y. Itou, Y. Kondo, Y. Takeuchi, Y. Ukyo, K. Tatsumi and S. Muto, *J. Electrochem. Soc.*, **156**, A289 (2009)
22) S. Muto, Y. Sasano, K. Tatsumi, T. Sasaki, K. Horibuchi, Y. Takeuchi and Y. Ukyo, *J. Electrochem. Soc.*, **156**, A371 (2009)

# 第15章 リチウムイオン電池の高性能化に向けた分析評価技術

末広省吾*

## 1 はじめに

リチウムイオン二次電池（Lithium Ion Battery：LIB）のさらなる高性能化のためには，新材料開発とともに製造工程の改良による電極構造の最適化が必要不可欠である。我々は，NEDO「次世代蓄電池材料評価技術開発」への参画を通じて，Ⅰ．活物質特性に及ぼす電極構造の影響の解明，Ⅱ．電池形成後の電極構造変化が信頼性・安全性に及ぼす影響の解明を行うことを目的として，電子顕微鏡，放射光X線および各種分光分析などの手法を用いて検討を行った[1]。ここでは，①電極構造の数値化，②三次元空隙ネットワーク解析によるリチウムイオン電池電極の評価法，③充放電中の電極活物質の構造変化を知るためのその場分析，④複合的分析手法によるLIB劣化原因の解析を行った事例について紹介する。

## 2 電極構造の数値化

### 2.1 概要

リチウムイオン電池電極は，図1に示すように複数の材料と空隙から構成されている。各材料は電極性能に影響する電子伝導性や電極合剤の強度に寄与し，空隙構造はLiイオンの伝導性に影響を及ぼす（表1参照）。各種観察および分析手法によって，合剤の組成分布などを求めるにとどまらず，電極構造の特徴を数値化し，電池性能に影響を与える因子との相関を解析することで，電極製造条件の最適化に寄与する情報を得ることを目標として，以下のような技術を開発・提案した。

### 2.2 電極内の空隙構造

LIB電極における空隙構造は，一般にLiイオンの拡散性に影響を及ぼすといわれ，ハイレートでLIBを充放電させるためには電極空隙内でのスムーズなLiイオンの移動が要求される。評価法としては，精度および実用性から水銀圧入法および電極断面の走査電子顕微鏡（SEM）による画像解析法から空隙率や空隙の形状に関する数値化が可能である。また，電極へのGa圧入[2]，高分解能X線CTおよび空隙解析（第3節参照）[3,4]の組み合わせによって，電極奥行方向

---

\* Shogo Suehiro ㈱住化分析センター　技術開発センター　主幹部員

車載用リチウムイオン電池の高安全・評価技術

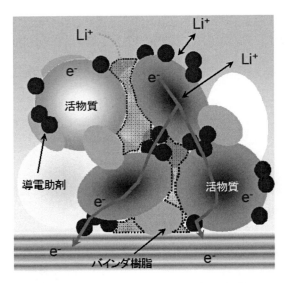

図1　LIB 電極の構造と電極中の Li イオンおよび電子伝導パスのイメージ

表1　電極構造に関する分析項目と電池性能との相関

| 評価対象 | 評価事項 | 適用スケール | 電極構造への影響 | 相関解析 |
|---|---|---|---|---|
| 空隙（率） | ・長さ，径<br>・ボトルネック | >100nm | Li イオン拡散，移動 | ・初期容量<br>・負荷特性 |
| 導電助剤ネットワーク | ・活性な活物質<br>・分散性 | >100nm | 容量，電子抵抗，接触抵抗 | ・初期容量<br>・内部抵抗 |
| バインダ樹脂 | ・偏在<br>・被覆率 | >1μm | 剥離強度，反応抵抗 | ・乾燥温度<br>・剥離強度<br>・負荷特性 |

も含めた評価も可能である。

### 2.3　導電助剤分散・導電性ネットワーク

電極中における導電助剤は，偏在や凝集があると容量密度の低下や導電性低下を招く恐れがあるため，その分散性の評価が重要である。導電助剤の分散性評価は，Raman 分析により得られる断面マッピング像から数値化解析する事で可能である。また，導電助剤の分散性に影響される有効な活物質割合を求める手法として，レーザー顕微鏡と走査型プローブ顕微鏡（SPM）の組み合わせによるマッピング手法[5]が挙げられる。

### 2.4　バインダの偏在・剥離強度

合剤層中にバインダの偏りがあると電解液浸透性の低下や活物質間の密着強度低下等の課題が生じる。このようなバインダ偏在に関する評価として，表面・界面剥離装置（SAICAS®）と熱分解 GC-MS 法の組み合わせにより，合剤層中での偏在傾向を定量化する方法が挙げられる[5]。

第15章　リチウムイオン電池の高性能化に向けた分析評価技術

## 3　三次元空隙ネットワーク解析によるリチウムイオン電池電極の評価法

### 3.1　概要

電極内に三次元的に広がっている空隙を位置および方向を特定したうえで，三次元的な画像解析により上記空隙に関する情報を定量的に解析することができれば，Liイオンの移動と相関する空隙構造の把握ができるはずである。手法としてX線コンピュータトモグラフィ（CT）を用いた評価法が挙げられる。ただ，X線CTによる黒鉛負極観察において，活物質(c)と空隙部分とのX線吸収の差が小さく，逆に集電体のCuと活物質とのX線吸収の差が大きいため，コントラストバランスを適切化するのが困難で，活物質と空隙部分との切り分けが困難になるという課題がある。解決のため，我々は電極空隙にガリウム（Ga）金属を液体として圧入する装置を開発し，GaのX線に対する吸収がCと比較すると非常に大きい事を利用し，空隙と活物質が明瞭に切り分けられた高いコントラストを持つCT画像を得る事に成功した。Ga圧入法と放射光X線を利用した高分解能X線CT像および三次元画像解析ソフトウェアによる画像解析により，所期の空隙構造解析を可能とした。

### 3.2　実験方法

測定および解析の手順を図2に示す。LIB電極を正極はそのまま，負極にはGaを圧入し，X線CT撮像した。得られたCT画像の三次元構築（レンダリング）および空隙の細線化処理を行った後，X，Y，Zそれぞれの方向に分け，空隙構造の解析を行った。

正極は活物質として三元系活物質Li(NiCoMn)$O_2$系を，負極は活物質として人造黒鉛系を供した。X線CT測定はSPring-8 BL47XUおよびBL24XUにて行った。負極の観察は圧入したGaが，照射したX線と試料との相互作用で発生する熱で融解するのを防ぐため，試料を冷却しながら行った。CTデータの解析は，ExFact VRおよびExFact Analysis for Porous/Particle（日本ビジュアルサイエンス製）で行った。

### 3.3　結果と考察

正極と負極のLiイオンの通り道を可視化するため，X線CT画像を二値化し，空隙部分のみを細線化した。図3の定義に従い，それぞれのporeおよびthroatを求めた結果を表2に示す。解析によって得られた空隙率は正極が37.7％，負極が40.7％と正極では理論値よりも大きく，負極では小さく見積もられた。正極はバインダおよび導電助剤も空隙として算出されているため理論値よりも大きくなったと考えられる。一方，負極では活物質の内部にGaの圧入されなかった空隙が存在するため，理論値よりも小さくなったと考えられる。次に各空隙を，X，Y，Z方向に分割し貫通するpathを図示した。その結果を先の図2に示す。正極および負極ともX，Y，Zそれぞれの方向でpathの数に大きな相違は無く，電極合剤層は等方的な空隙構造であるといえる。ロールプレスの圧力を高くすることで合剤密度は上昇し，LIBエネルギー密度の向上に繋が

車載用リチウムイオン電池の高安全・評価技術

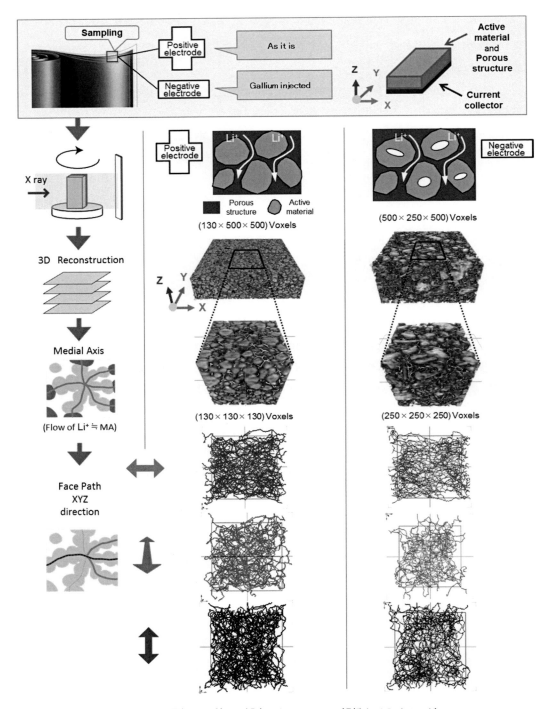

図2　LIB電極のX線CT観察からTortuosity解析までのイメージ

第15章　リチウムイオン電池の高性能化に向けた分析評価技術

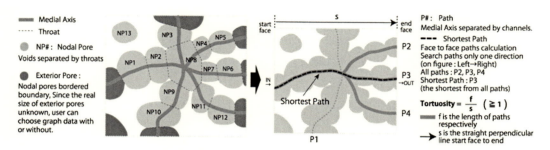

図3　LIB電極中のporeおよびthroat算出の定義

表2　LIB電極のporeおよびthroat算出結果

| Pore & Throat (Average) | Sample (Density) | Positive electrode ($d=2.9$ g/cm$^3$) | Negative electrode ($d=1.1$ g/cm$^3$) |
|---|---|---|---|
| Total void | Theoretial | 31.6% | 50.2% |
| | Measured | 37.7% | 40.7% |
| Total pore | | 4989 | 1516 |
| Pore volume | | 1.3e-07 mm$^3$ | 1.3e-07 mm$^3$ |
| Effective pore radii | | 2.5 $\mu$m | 2.6 $\mu$m |
| Throat area | | 9.1 $\mu$m$^2$ | 14.2 $\mu$m$^2$ |
| Effective throat radii | | 1.5 $\mu$m | 1.8 $\mu$m |

表3　LIB電極のTortuosity解析結果

| Tortuosity (Average) | Sample (Density) | Positive electrode ($d=2.9$ g/cm$^3$) | Negative electrode ($d=1.1$ g/cm$^3$) |
|---|---|---|---|
| $X$ | Shortest paths | 1.6 | 1.7 |
| | All paths | 1.5 | 1.6 |
| $Y$ | Shortest paths | 1.7 | 1.9 |
| | All paths | 1.6 | 1.8 |
| $Z$ | Shortest paths | 1.6 | 1.7 |
| | All paths | 1.5 | 1.6 |

るが，それに伴いpathも異方的に変化する可能性がある。

次に，切り出した関心領域内でのTortuosity解析を行った結果を表3に示す。Tortuosityは以下の式で定義する。

$$T = f/s$$

ここで，$T$はtortuosity，$f$は向かい合う面を貫通するmedial axisの実際に通った経路の長さ，$s$は$f$の経路の始点と終点を結ぶ直線の長さを表す。つまり，tortuosityはある空隙の経路が最短距離に対してどれだけ迂回しているかを表す指標となる。さらにひとつの経路の中で分岐を持

つものに対してその最短経路を，向かい合う面と面を直交する直線に対する比をとりshortest path として算出した。正極および負極ともX，Y，Zそれぞれの方向でShortest pathsおよびAll pathsでのTortuosity値に大きな差異はなく，pathの等方性を支持する結果となった。

　従来，多孔体電極の曲路率は例えばBruggeman型のモデルから近似して評価する方法が提唱されてきた[6]。しかし，CT画像の三次元解析により実空間での直接算出を可能とした。この評価法では，実際に製造した電極の構造を個別に評価することができる。したがって，電極プレスによる構造変化ならびに活物質粒径やスラリー混練状態といった空隙構造制御に関わるすべての電極製造プロセスの最適化に寄与すると考えられる。

## 4　充放電中の電極活物質の構造変化を知るためのその場分析

### 4.1　概要

　充放電反応中の活きた電池の内部挙動を確認したいというニーズは多く，その場（in situ）分析として様々な手法が提案されている。その場分析を行えば，電池内の同じ位置で正しい現象を捉えることができ，LIBの開発・改良に大きなメリットをもたらす。我々はこれまでにLIBに対するその場分析手法として，コンフォーカル顕微鏡，X線分析（XRD，XAFS），Raman分光ならびにGCによる発生ガス分析等の開発を行ってきた。本節では，XRD，カラーコンフォーカル顕微鏡およびRaman分光による事例について紹介する。

### 4.2　低温下におけるリチウムイオン電池の in situ 分析[7〜9]

#### 4.2.1　概要

　LIBは車載用，定置用など様々な用途に用いられ，幅広い温度環境下で安全に作動することが求められている。一般的には，LIBは低温環境で性能が低下することが知られている。その原因はセル内部の抵抗増大とされているが，詳細は明らかになっていない。そこで我々は，X線回折測定（XRD）とカラーコンフォーカル顕微鏡（ECCS）を用いてその場分析を行い，低温環境下における充放電時の挙動を観察・解析した。

#### 4.2.2　実験方法

　正極に一般的な層状化合物，負極にグラファイト，セパレータにポリプロピレン，電解液に1 M $LiPF_6$ EC：DEC（1：1 vol%）を用い，評価用電池を作製した。XRDはSPring-8 BL08B2を利用し，入射X線エネルギーとして16 keVの硬X線を用い，デバイ・シェラー光学系で測定した。正極および負極活物質のc軸に由来するピークを検出するため，$2\theta$の範囲で8 deg.から14 deg.が入るように2次元検出器を固定し，30秒ごとにXRDプロファイルを取得して充放電反応を追跡した。充放電レートは0.5 Cとした。測定時は試料となるラミネートセルをペルチェ素子で挟み，冷却して測定した。顕微鏡観察はカラーコンフォーカル顕微鏡（ECCS 310：レーザーテック社製）と，電池観察用セルを用いた。

第 15 章　リチウムイオン電池の高性能化に向けた分析評価技術

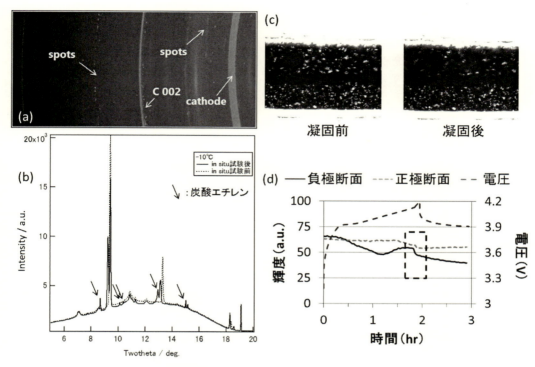

図4　(a)XRD の 2 次元検出像　(b)−10℃における充電前後の XRD プロファイル
　　(c)凝固前後の顕微鏡像　(d)輝度の時間変化

### 4.2.3　結果と考察

図4に(a)XRD の 2 次元検出像，(b)−10℃における充電前後の XRD プロファイル，(c)凝固前後の顕微鏡像および(d)輝度の時間変化を示す。−10℃における *in situ* XRD では，室温状態と比較して Li イオンの移動に伴う正極・負極に由来するピークシフトはほとんど生じなかった。これは低温時の充放電容量低下に関連すると考えられる。また，充電に伴いスポット状の回折が 2 次元検出器上で観測された（図4(a)）。これらピークを参照データと照合すると，炭酸エチレンである可能性が高い（図4(b)）。カラーコンフォーカル顕微鏡による観察では電解液の凝固が観測され（図4(c)），*in situ* 観察中に凝固に由来する一部の輝度低下が認められた（図4(d)）。これは XRD 分析結果を支持するものと考えられる。

以上のように，LIB の *in situ* 分析により，低温時の性能低下の原因として，電解液成分の凝固が影響している可能性が示唆された。

### 4.3　電極断面の Raman イメージング[10～12]

#### 4.3.1　概要

高性能 LIB の開発において，どれだけの活物質が電気的接続を保持し電池容量に寄与してい

るかを知ることは重要である．電極合剤中の導電助剤の分散性に問題があった場合，電極内に電気的に孤立し活物質としての機能を果たさない粒子が生じる．活物質の利用率を知るためには，電極部材の化学状態を充放電反応が起こるその場で (in situ で) 分析することが有効である．そこで，顕微 Raman 分光を用いて電極断面の in situ ラマンイメージング測定を行い，活物質の化学状態分布を可視化することで，電極の良否を評価する手法を開発した．

#### 4.3.2 実験方法

測定には独自の Raman 測定用充放電セルを用いた[11]．正極，負極には，それぞれ活物質として $LiCoO_2$ およびグラファイトを用いた電極を使用した．電解液として 1 M $LiPF_6$ EC/DEC = 1/1(v/v) を用いた．電極の断面を窓に接触させた状態で，0.2 C で充放電を行い 20 分ごとに正極の 160 μm×30 μm の領域について顕微レーザーRaman 分光装置でイメージング測定を行った．

#### 4.3.3 結果と考察

図 5 に各電位における $LiCoO_2$ のラマンスペクトルを示す．充電前のスペクトルでは，596 cm$^{-1}$ に c 軸方向の伸縮振動に由来するピーク ($A_{1g}$) が観測されていたが，充電を開始すると低波数側へシフトし，ピークの強度および対称性の低下も確認された．4.20 V まで充電するとピークは 570 cm$^{-1}$ 付近に観測された．電圧が低下すると元の波数位置に戻り始め，放電後では充電前と同様のスペクトルが確認された．

$A_{1g}$ モードのピーク波数位置から活物質の化学状態分布の可視化および解析を行った．図 6 にピーク位置から作成したラマンイメージングを示す．4.20 V でのイメージング画像から，

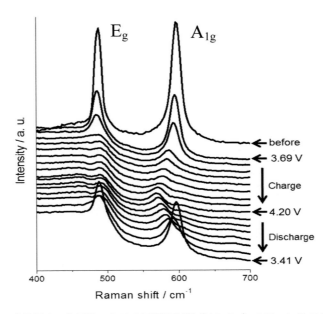

図 5　充放電中の各電位における正極活物質 ($LiCoO_2$) のラマンスペクトル

第15章　リチウムイオン電池の高性能化に向けた分析評価技術

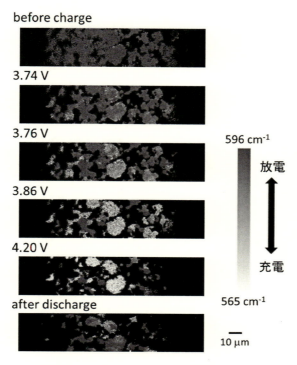

図6　充放電中の各電位における正極活物質（LiCoO$_2$）の
ラマンイメージング

596 cm$^{-1}$にラマンピークが観測される活物質が存在することが確認された。これらの活物質はLiイオンの脱離が起こっておらず，電池反応に関与していないと推定された。また，3.76Vでのイメージング画像では，活物質ごとにイメージングのカラーが異なっていることが確認された。

そこで，任意の活物質粒子のスペクトルを抽出し，ピーク波数位置の解析を行った。図7にピーク波数位置の経時変化を示した。充電時間2-4hrの領域に着目すると，□のプロットで示した活物質粒子は，●および△で示された他の2粒子と比較して，ピークシフトが遅れている事が分かり，Liイオンの脱離速度が粒子ごとに異なっている可能性が示唆されている。この結果から，本技術が電極合剤内の反応速度解析へ貢献する事が期待される。

## 5　複合的分析手法によるLIB劣化原因の解析[6]

### 5.1　概要

リチウムイオン電池のサイクル特性を改善し長寿命電池を開発するためには，電池劣化原因を効率よく解析し，改善していくことが近道である。そのためには電池に使用されている各部材に

車載用リチウムイオン電池の高安全・評価技術

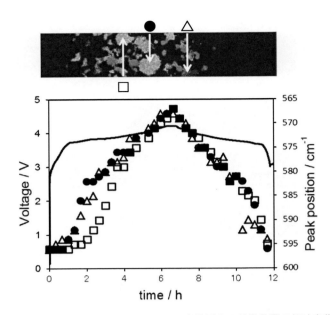

図7　LiCoO$_2$のA$_{1g}$ピークにおける充放電中の波数位置の経時変化
グラフの●，△および□プロットは，上図の●，△および□で示した活物質の充放電によるラマンピークシフトの変化を示す。

対して，「何が」「いつ」「どのように」劣化するのかを知ることが重要である。そこで，サイクル試験により容量が低下したラミネートセルを用いて劣化原因の解析を行った。

### 5.2　実験方法

LiCoO$_2$正極およびグラファイト負極を用いた単層ラミネートセルを使用し，25℃および45℃でサイクル試験を行った。400サイクル前後のセルを用いて in situ XRD測定により正極・負極の劣化度合いを評価した。in situ XRD測定はSPring-8 BL08B2にて行った。測定後，セルを解体して正極を取出し，Ramanイメージング測定を行った。その結果から劣化促進したと活物質粒子を取出し，透過型電子顕微鏡（TEM）観察を行った。

### 5.3　結果と考察

サイクル前のセルと比較して，25℃および45℃での400サイクル試験後の放電容量はそれぞれ75%，70%に減少した。図8に25℃でサイクル試験したセルの充電中の in situ XRD測定結果を示す。正極ではLi$^+$脱離に伴うLiCoO$_2$(003)ピークのシフトが，負極ではグラファイトへのLi$^+$挿入に伴うピークシフトが観測された。400サイクル後では，負極のピークは初期品と同じ挙動を示したが，正極は初期品とは異なっていた。負極が満充電状態であるステージⅠ（LiC$_6$）に達する前に正極のピークが満充電の位置までシフトして充電が完了した。放電時も同様の傾向が観測された。この結果は400サイクルの時点で負極よりも正極がより劣化していることを示唆

第15章　リチウムイオン電池の高性能化に向けた分析評価技術

している。この傾向は45℃でサイクル試験したセルについても同様であった。

そこで400サイクル後のセルを解体し正極の分析を行った。Raman測定結果より，正極中には図9(a)に示す正常な活物質の他に，粒子の一部がCo酸化物となった活物質（図9(b)）ならびに放電後においてもLi$^+$が戻りきらない活物質が存在することが判明した。そこで，図9(b)に示す特徴的なスペクトルを有する活物質を収束イオンビーム加工装置（FIB）で取出し，TEM観察を行った。図10にサイクル試験前後の活物質表層付近のTEM像を示す。400サイクル後で

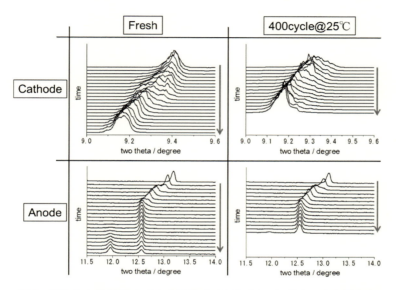

図8　新品および25℃サイクル試験（400サイクル）後セルの充電中の in situ XRD測定結果

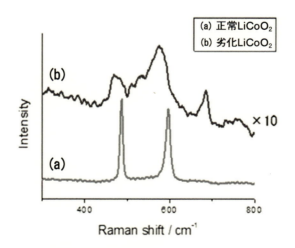

図9　正極中活物質のラマンスペクトル
(a)新品活物質，(b)25℃，400サイクル後活物質

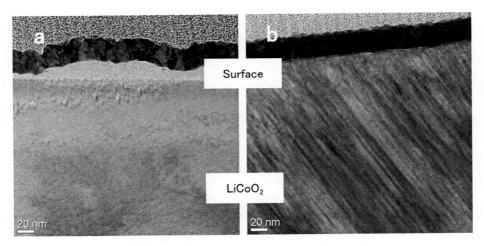

図10 サイクル試験前後の活物質表層付近の TEM 像
(a)新品, (b)25℃ 400 サイクル後

は $LiCoO_2$ の結晶構造に欠陥が生じている様子が観測された。

以上の結果から，本検討で用いたセルは繰り返しの $Li^+$ 脱挿入により，一部の正極活物質で結晶構造が変化したと考えられる。このような活物質が充放電反応に寄与しなくなったことから，容量低下に繋がったと推定した。

## 6　まとめ

LIB 関連分析の事例として，電極構造の数値化に関するもの，その場（*in situ*）分析ならびに劣化原因解析について紹介した。これら分析評価技術は，電池特性との相関性を解析する事により，LIB の高容量化と信頼性向上に寄与するものと考えられる。その場分析については，電極材料の開発・改善以外に Li デンドライトの生成過程の確認等，安全性評価にも応用展開できる。更に，これら評価技術は，全固体電池などの革新型電池系への開発プラットフォームとしての活用が期待できるため，今後重要性が増してくると思われる。

文　献

1) 「次世代蓄電池材料評価技術開発」事業原簿（http://www.nedo.go.jp/content/100772276.pdf）
2) 特開 2013-224927

第 15 章　リチウムイオン電池の高性能化に向けた分析評価技術

3) 特開 2015-041434
4) 福満仁志，寺田健二，末広省吾，滝克彦，千容星，*Electrochemistry*, **83** (1), 2-6 (2015)
5) 島田真一，浅井和野，福満仁志，寺田健二，末広省吾，田中浩三，第 54 回 電池討論会要旨集 2C23, 187 (2013)
6) D. Kehrwald, P. R. Shearing, N. P. Brandon, P. K. Sinha, and S. J. Harris, *J. Electrochem. Soc.*, **158**, A1393 (2011)
7) 東遥介，福満仁志，高橋照央，末広省吾，第 56 回 電池討論会要旨集 3M22, 64 (2015)
8) 堺真道，北口雄也，福満仁志，火口崇之，島田真一，第 56 回 電池討論会要旨集 3C14, 248 (2015)
9) 東遥介，堺真通，高橋照央，北口雄也，末広省吾，火口崇之，島田真一，第 13 回 SPring-8 産業利用報告会概要集，HO-1/P80 (2016)
10) H. Fukumitsu, M. Omori, K. Terada, S. Suehiro, *Electrochemistry*, **83** (11), 993-996 (2015)
11) 大森美穂，福満仁志，寺田健二，末広省吾，第 55 回 電池討論会要旨集 3C17, 259 (2014)
12) 特開 2015-099762
13) 福満仁志，寺田健二，大森美穂，真家 信，末広省吾，第 56 回 電池討論会要旨集 3M07, 259 (2015)

## 【第Ⅴ編　安全性評価技術】

# 第16章　自動車メーカーから見る安全性評価技術

新村光一[*1]，野口　実[*2]

## 1　はじめに

　2000年前後からはじまった自動車の電動化は2010年代に入りハイブリッド車（HEV），プラグインハイブリッド車（PHEV），電気自動車（BEV）と多様な展開を見せている。車両に搭載する電池のエネルギー量は，燃費や二酸化炭素排出量といった環境規制値に直結するため，搭載エネルギー量の増加が望まれている。これを実現するには単純に搭載する電池の数量を増やすほか，電池のエネルギー密度を高めることが必要である。この観点で車両搭載電池が，2010年代に入りNiMH電池からさらに高エネルギー密度なLiイオン電池へ置き換わりはじめ，2016年現在では主流な車両用駆動用電池となりつつある。Liイオン電池は使用する素材の影響から，従来のNiMH電池に比べ発火などの危険性が高くその安全性を確保する必要がある。小型民生機器のLiイオン電池においては，過去の開発において十分な安全性が確保されており，その検証手法も確立されている[1]。

　電動車両の開発においてもLiイオン電池の搭載に当たり十分な安全性を確保する研究開発が行われており，その検証手法も確立されてきている。しかし小型民生機器に対して圧倒的に大きいエネルギー量を搭載する輸送移動体においては，昨今大容量のLiイオン電池の発火などトラブルが発生していることも事実である[2]。

　このような動向の中，自動車会社では大容量化する車両搭載電池の安全性を確保するためたゆまぬ技術開発が推進されている。

## 2　車両に搭載される電池の特徴

　Liイオン電池を車両に搭載するための必要な性能について述べる。

　自動車用途と民生用途での比較を表1に示す。

　車載用電池は厳しい環境下で使用されるため，優れた温度特性が求められる。民生用で想定している環境に対し，自動車用は寒冷地や高温地で車両が曝される温度を想定し，より高温と低温に耐えることが必要である。

　特にHEVやPHEVには高い入出力性能が同時に求められる。民生用に対してこれらの自動車

---

　*1　Koichi Shinmura　㈱本田技術研究所　四輪R&Dセンター　上席研究員
　*2　Minoru Noguchi　㈱本田技術研究所　四輪R&Dセンター　主任研究員

第 16 章　自動車メーカーから見る安全性評価技術

表 1　車載用電池に要求される特性

| 項目 | 適用先 | | | |
|---|---|---|---|---|
|  | HEV | PHEV | BEV | 民生 |
| 温度特性 | −30〜70℃ | −30〜70℃ | −30〜70℃ | 0〜40℃ |
| 入出力特性 | Over30 C | 10〜30 C | 1〜5 C | 1〜5 C |
| 耐久性 | 10〜15 年 | 10〜15 年 | 10〜15 年 | 1〜3 年 |
| SOC 範囲 | 20〜80% | 10〜90% | 5〜95% | 0〜100% |
| 容量 | 1〜2 kWh | 5〜20 kWh | 10〜100 kWh | 数 Wh |

用では5から6倍の入出力特性が必要である。自動車用途での要求を満たすためには活物質や電解液，電極構造などの改良が必要であり，民生用をベースに自動車用への適用を想定した改良開発を進めて課題を解決している。耐久性に関しても自動車用は民生用よりも長期にわたる寿命の保証が求められるため，長寿命を目指した最適な充放電制御システムで賢く使いこなす技術の構築も必要である。車両搭載電池の開発においては，必要とされるエネルギー量を確保した上で，このような厳しい要求特性を満たしながら，安全性も十分に確保するといった2つの課題を同時に達成しなければならない。

## 3　車両に搭載される電池の安全性

　現在の車両に搭載されている Li イオン電池は技術構築の創成期を経たに過ぎず，各自動車会社より販売される Li イオン電池搭載車両は未だ大量に普及しているとは言えない状況である。現状必要な技術構築の方向性は，民生用で経験していない大容量を搭載した上での安全性の確保である。安全性の確保はお客様に安心して自動車を使って頂くための最重要項目である。電池の安全性を確保するにはセル本体と制御システムで総合的に失陥を防ぐことが必要である。しかし発火など制御ができない失陥に至る事象は，セル設計時には想定できなかった化学反応がセル内の素材間で生じることに起因する。それらは制御システムで防ぐことが困難な事象であり，セル本体で安全性を確保することが非常に重要である。そのためには失陥に至りにくい内部構成を実現すること，セルに内包する素材はより安全性を考慮して選定することが必要である。

　正極材料は失陥時，温度の上昇とともに結晶が分解し酸素を放出する素材が用いられることが多い。民生用で一般的に用いられているコバルト化合物（$LiCoO_2$）に対し，オリビン鉄化合物（$LiFePO_4$）は分解温度が高く400℃に至っても酸素を放出しない[3]。

　このような素材は過充電状態から生じるセル内部温度上昇に関する安全性の確保には有効である。

　負極材料は一般的には炭素系材料が用いられるが，リチウムの析出電位付近での作動を伴うため負極表面での Li 析出が発生する場合がある。これがセルの内部短絡の原因になるが，作動電圧が高く析出の心配がないチタン酸リチウム化合物（$Li_4Ti_5O_{12}$）を負極に用いることで回避することが可能である[4]。

本田技研工業においては現在 1 セル当たりの容量が 20 Ah を超える大容量電池を搭載する車両として BEV や PHEV をリース・市販にて展開している。これらの車両に関してはより安全性を重視して上記のオリビン鉄化合物を用いたブルーエナジー社製セルを PHEV に，チタン酸リチウム化合物を用いた東芝製 SCiB セルを BEV に採用し，セル本体から安全性を確保している。

## 4 各国の安全性評価基準

　安全性確保はお客様に自動車を安心して使って頂くために必要不可欠であり，自動車会社，車種，電池種類を問わず安全性を公平に判断し保証する中立的な基準の存在が求められる。そのために Li イオン電池が車両搭載用途として十分な安全性が確保されているかどうかを判断するための基準や規格が存在する。公平に判断できるよう一定の基準が設けられているが，現状では国際的なものから国ごとに独自なものがいくつか存在している。

　大きく分類するとアメリカでの電池安全性を考慮した SAE J2464，中国での電池安全性を考慮した GB/T 31485-2015，欧州や日本，韓国での車両の安全を考慮した UN R100，電池輸送時の安全を考慮した国際基準の UN38.3 などが存在する。

　続いて基準や規格の必要性を解説する。

　標準化活動とは ISO（International Organization for Standardization）や IEC（International Electrotechnical Commission）によると規格を作成して発行し，そこに書かれた内容を実施する事である。

　規格とは「与えられた情況において最適な秩序を達成することを目的に，共通的に繰り返して使用するために，活動またはその結果に関する規則，指針または特性を規定する文書であって，合意によって確立し，一般に認められている団体によって承認されているもの」である。近年は地域規格，国家規格，業界（団体）規格といった全ての水準の規格が国際規格との整合性を求められている。

　また技術基準と規格の整合性の観点を図 1 にまとめた。

　車両の認証基準として相互認証制度を含んだ 58 協定が存在し，例えば日本で認証試験に合格した車両をヨーロッパに輸出する際に，新たに認証を取る必要が無いという事を意味している。アメリカは自己認証制度を採用しており，58 協定には参加できなかった経緯があるため，58 協定と並行して補足的なメカニズムとしてアメリカにより 98 協定が策定された。ここで作成された基準は GTR（global technical regulation）とよばれ，各国はこれに基づいて国内法を整備する必要がある。

　また国際規格としては ISO や IEC があるが，WTO/TBT 協定により，各国の規格は輸入障壁としないために，これらへの整合が必要とされる。

　Li イオン電池の安全性に関する規格や基準の概要を年代に沿って解説する。

　1990 年代初頭に Li イオン電池の使用が始まったが，扱い方を間違えると危険であることから，

第16章　自動車メーカーから見る安全性評価技術

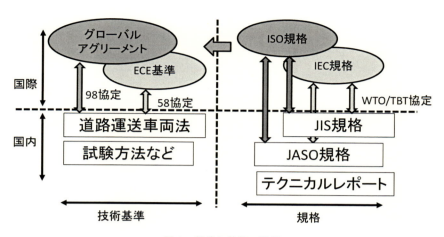

図1　規格と基準の関係

車載用電池の予見可能な誤使用も含めた安全性試験方法，SAE J 2464 や民生用二次電池の安全性試験方法 IEC62133 などが発行された。

　さらに輸送時の安全性確保のため，UN38.3 が発行され，これに合格していない電池は基本的には輸送ができない。これらの規格や基準は技術の進歩と共に見直しが行われ改定される経緯を辿っていると言える。2006 年になると中国で QC/T-743-2006 が発行された。2015 年 5 月に QC/T 741（スーパーキャパシタ），QC/T742（EV 用鉛電池），QC/T743（電動自動車用リチウムイオン電池）および QC/T744（電動自動車用ニッケル水素電池）を統合し，これらの全ての蓄電デバイスを包含する GB/T31484（サイクル寿命），GB/T31485（安全性試験），GB/T34186（性能評価方）が発行された。分類上は技術規格で一見法的拘束力は無いように見えるが，上位法規で引用されており実質上，車両認証基準となっている。内容はかなりの部分が SAE J2464 を参考に作成されているようである。2006 年から 2007 年にかけて民生用電池では発火事故が相次ぎ，これに答えるべく JIS C 7817 が発行，2008 年に改定され「電気用品安全法令」に引用される。2010 年代に入ると，車両搭載 Li イオン電池の本格普及が予見されるようになり，相次いで車両搭載 Li イオン電池に関連する安全規格 ISO 12405-3 や IEC62660-3 が発行された。

　2012 年には電動車両の保安基準として UN R100 が改定され，電池の安全性に関する要件が追加され，2016 年から発効された。

　ここで用語の説明をする。図 2 は車両搭載電池システムの概要である。

　RESS は充放電が可能な蓄電システムの総称で，Li イオン電池以外のものも含む。国連では RESS もしくは REESS という省略語が既に用いられる。セル，モジュール，パックの定義は規格ごとに多少異なるがおおよそ類似している。続いて各規格について概要を解説する。

## 4.1　SAE J2464

　SAE J2464 規格の構成は図 3 に示すとおりである。

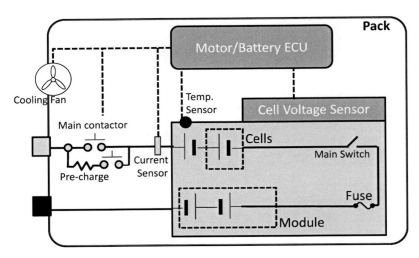

図2　電池システム概念図

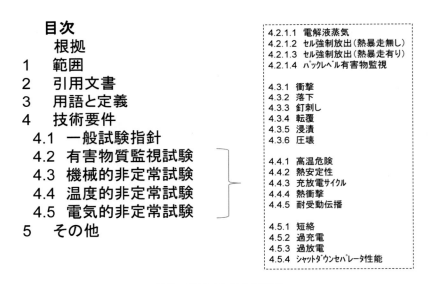

図3　SAE J 2464の構成

　この規格はバックヤードビルダーや学生等の専門知識が少ない人がLiイオン電池を扱っても危険が及ばないように考えて作成されている規格である。
　しかしこの規格において要求されている釘差し試験，圧壊試験，過充電試験や過放電試験は，Liイオン電池を搭載した車両では想定できない事象である．自動車会社が製造するLiイオン電池搭載車両はUN R100に準拠し，Liイオン電池は車体構造で守られる．このため事故時においても電池パックが変形するような入力はなく，釘差し試験，圧壊試験は法規内衝突では想定できない事象である．また過充電試験や過放電試験においても電池保護システムが機能していれば同

第16章　自動車メーカーから見る安全性評価技術

様に起こり得ない事象である。このように SAE J2464 規格は現在の車両における事象とは乖離が存在する。次に SAE J2464 の技術要件について各項目の概略を解説する。

#### 4.1.1　一般試験指針

試験に当たっては試験機関が試験計画を作成し，RESS メーカー及び試験の出資者がこの計画を見直すことができることになっており，電池の状態，噴出物の有害性，引火性，試験結果，測定すべき項目などが記載されている。

各種試験・測定結果の危険レベルとその状態も表2のように，影響無しから爆発までの8段階のレベルで表現されている。

SAE J2464 はあくまで規格であり，試験手順に従って試験を行いその結果を記述するものであり合否判定といった概念はない。

4.1.1 に沿った試験の結果，セルやパックから噴出物があった場合，その危険性も評価が必要となる。

#### 4.1.2　有害物監視

概要は表3に示すとおりである。

#### 4.1.3　機械的試験

概要は表4に示すとおりである。

表2　危険レベルとその状態

| 危険レベル | 記述 | 状態 |
|---|---|---|
| 0 | No effect | 影響無し，機能失陥無し |
| 1 | Passive protection activated | 影響無し，保護機能の復帰で機能回復 |
| 2 | Defect/Damage | 危険性なし，電池には復帰不能なダメージ |
| 3 | Minor leakage/Venting | 50%以下の電解液の放出 |
| 4 | Major leakage/Venting | 50%以上の電解液の放出 |
| 5 | Rupture | セルの中身は飛び出るが，周囲へのダメージ無し |
| 6 | Fire or Flame | 1秒以上の炎の継続 |
| 7 | Explosion | 内容物の急激な飛散 |

表3　有害物監視項目

| | セクション | セル | | モジュール/パック | |
|---|---|---|---|---|---|
| | | 推奨数 | オプション | 推奨数 | オプション |
| 4.2 | 有害性監視 | | | | |
| 4.2.1.1 | 電解液蒸気　電解液蒸気の分析 | 2 | − | − | − |
| 4.2.1.2 | セルからの強制放出<br>熱安定性，過充電，過放電 | 6 | − | − | − |
| 4.2.1.3 | 熱暴走下でのセルからの強制放出 | 2 | − | − | − |
| 4.2.1.4 | パックレベルでの有害物監視<br>パック材料が燃焼によって有害ガスが放出するか確認 | − | − | 1 | − |
| | 合計 | 10 | | 1 | − |

表4　機械的試験

| セクション | | セル | | モジュール/パック | |
|---|---|---|---|---|---|
| | | 推奨数 | オプション | 推奨数 | オプション |
| 4.3 | 機械的試験 | | | | |
| 4.3.1 | ショック<br>25 G×15 ms，3軸×3回 | — | 2 | 2 | — |
| 4.3.2 | 落下<br>2 mの高さから落下 | — | — | 1 | — |
| 4.3.3 | 釘差し試験<br>セル：φ3金属釘で貫通<br>パック：φ20金属釘3セル貫通 or100 mm | 2 | | | 2 |
| 4.3.4 | ロールオーバー<br>360°回転 | — | — | 2 | — |
| 4.3.5 | 浸漬<br>5%NaClに2時間浸漬 | | | 2 | |
| 4.3.6 | クラッシュ<br>85%⇒50% or自重の1000倍 | 2 | | | 1 |
| | 合計 | 4 | 2 | 7 | 3 |

　ショック25 G×15 msは通常の車両に搭載されていれば，停止している車両に50 km/h以上のスピードで正面からの衝突の衝撃に相当するGである．このGを3軸で3回入力する試験である．2 mの高さから落とす落下試験は，製造時あるいはメンテナス時に誤って，電池パックを落とすことを想定している．

　釘差し試験はセルとパックで要求される．前出のとおり車両においてLiイオン電池は車体構造で守られており，通常は事故時も変形しない位置に搭載しているため想定できない事象ではあるが規格としては存在している．この試験においても，もし噴出物があった場合，その成分も分析する必要がある．

　ロールオーバー試験は一部の車両搭載Liイオン電池のパックが水冷を採用しているため，冷却水漏れ等の事象を確認するのには有効である．この場合は前出の結果レベルの他に絶縁抵抗測定もするべきである．その他に塩水浸漬試験やクラッシュ試験が要求されている．クラッシュ試験における試験治具は半径75 mmの断面をもつ半円柱状の突起が30 mm間隔で3列配置した形状となっている．

### 4.1.4　熱的非定常試験

　4.1.4の熱的非定常試験について解説する．概要は表5に示すとおりである．

　890℃で10分保持する試験は，火災を想定した試験である．この試験では試験時に発生したガスの分析も同時に必要となる．

　熱安定性試験はセルを300℃まで加熱する試験である．ここでも発生したガスの分析が必要となる．熱保護機能を無効化しての充放電サイクルは休止なしでSOC0～100%で20サイクル実施する内容となっている．サーマルショックは車両の環境温度を考慮して−40～70℃の範囲で5サイクル実施する内容となっている．

# 第16章　自動車メーカーから見る安全性評価技術

熱連鎖耐性に関する試験の概要を解説する。

STEP1：電池パックを示す DUT（device under the test）を SOC100% まで充電
　　　　（冷媒液を使用する場合，液は循環せず DUT 内に残してよい。）
STEP2：パックを 55℃ 又は最大作動温度のうち高い方で安定化するまで加熱
STEP3：1つのセルを5分未満で 400℃ まで，或いはこのセルが熱暴走状態になるまで均一に加熱
STEP4：1セルに熱暴走を発生させた後，ヒーターを切り DUT を1時間観察

上記のSTEP1から4をパック内の様々な熱環境/関係を代表する，別の位置にあるセルに対して繰り返す（図4参照）。その位置は，モジュール又はパックの幾何学上の角，1端辺の中間点，1面の中央部，モジュール又はパック内部の異なる2つの側面の中心から対向面までの1/4の距離にある点である。

本試験は熱暴走が連鎖していくかどうかを検証するのが目的である。具体的な加熱方法までは明記されていないため加熱方法は任意である。しかし現在の車両に搭載される Li イオン電池は様々な技術を取り入れ，内部短絡が生じても容易に熱暴走に入らないような設計をすでに実現し

表5　熱的非定常試験

|  | セクション | セル | | モジュール/パック | |
|---|---|---|---|---|---|
|  |  | 推奨数 | オプション | 推奨数 | オプション |
| 4.4 | 熱的非定常試験 |  |  |  |  |
| 4.4.1 | 高温下での危険性<br>90秒で890℃に加熱，10分間保持 | − | − | 1 | − |
| 4.4.2 | 熱安定性<br>5℃/分以上で300℃まで加熱 | 2 (4) | − | − | − |
| 4.4.3 | 熱保護機能を無効しての充放電サイクル<br>休止なしの0-100%，20サイクル | − | − | 2 | − |
| 4.4.4 | サーマルショック<br>−40～70℃　5サイクル | − | 2 | 2 | − |
| 4.4.5 | 熱連鎖耐性<br>図4を参照 | − | − | 1 | − |
|  | 合計 | 2 (4) | 2 | 6 |  |

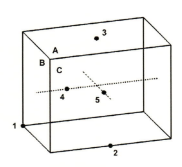

図4　熱連鎖耐性試験トリガー位置

ているため，内部短絡の結果セルが熱暴走に入り，400℃まで加熱されるという想定はやはり実情と乖離がある。

またセルを加熱するためにはヒーターが必要であるが，現在の車両に搭載されるLiイオン電池のパックにはそのような隙間は無いのも実情である。

### 4.1.5 電気的非定常試験

4.1.5の電気的非定常試験について解説する。概要は表6に示すとおりである。

外部短絡試験は5mΩ以下の抵抗で短絡させて実施する。この試験はセルとパックに要求されている。過充電試験は定格容量の2倍まで充電して，何が起こるか検証する試験である。2倍の容量を充電する根拠については図5に示すとおりである。

STEP1：セルを直列に繋ぐ。
STEP2：このうち一つの電池だけが健全で残り全てが自己放電不良で電圧がセルまで放電されたと仮定，或いは全てSOC0%のセルの中に，一つだけ満充電の電池が混入したと仮定する。

表6 電気的非定常試験

| セクション | | セル | | モジュール/パック | |
|---|---|---|---|---|---|
| 4.5 | 電気的非定常試験 | 推奨数 | オプション | 推奨数 | オプション |
| 4.5.1 | 外部短絡<br>5mΩ以下で短絡 | 2 | − | 2 | − |
| 4.5.2 | 過充電試験<br>SOC200%まで | 4 | − | 1 | − |
| 4.5.3 | 過放電試験<br>−100%（2Cmaxで30分） | 2 | − | 1 | − |
| 4.5.4 | セパレータシャットダウン耐性<br>シャットダウン温度以上で1Cで30分充電 | 2 | − | | |
| | 合計 | 10 | − | 4 | − |

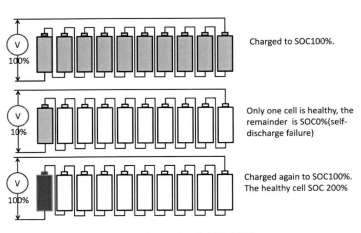

図5 過充電試験の条件設定根拠

第16章　自動車メーカーから見る安全性評価技術

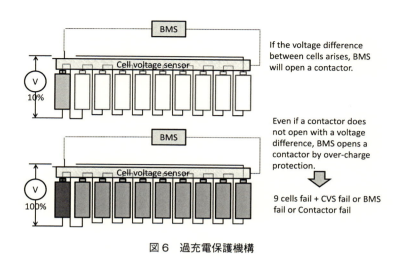

図6　過充電保護機構

STEP3：この状態でパックをSOC100%まで充電するとこの電池はSOC200%まで充電される。

このような想定から過充電時の容量は2倍と設定している。しかし現在の車両における搭載電池の制御では，全てのセルの電圧監視を行うことが常識となっている。具体的に言うとセルの電圧差が開いた時点で，電池マネージメントシステム（BMS）がメインコンタクタを切断する，或いはシステムを起動しない，コンタクタ融着により回路を遮断できない場合も，充電停止指示を出し，過充電に至る前に充電を停止する仕組みがすでに存在する。概要を図6に示す。この試験においても実情と乖離がある。その他，過放電試験は－100%（2 Cmaxで30分）まで実施し，セパレータシャットダウン耐性試験はシャットダウン温度以上の環境下において1Cで30分充電を実施する内容となっている。上記のようにSAE J 2464-2009には現在の車載技術とは幾つかの乖離が有るためか，2016年に改定作業が開始された。

## 4.2　GB/T 31485-2015

これは中国のLiイオン電池の安全性試験規格で。単独で法的拘束力は無い。しかし，この規格は新エネ車参入規則やCCC，中国における車両の認証制度に引用されており実質世界で唯一のLiイオン電池関する認証試験方法である。

ここにも車両搭載Liイオン電池にとって実情と乖離した試験方法が幾つか存在している。

### 4.2.1　GB/T 31485-2015 セル安全試験

GB/T 31485-2015のセルで要求されている安全試験について解説する。概要は表7に示すとおりである。SAE J2464-2009よりさらに厳しく，短絡，落下，圧縮，釘差しはSAE J2464と同じ様な内容となっているが，GB/T 31485-2015には合否判定が存在する。

### 4.2.2　GB/T 31485-2015 電池モジュール安全試験

GB/T 31485-2015電池モジュールで要求されている安全試験について解説する。概要は表8

表7 単セル試験項目一覧

| 6.2<br>セル安全性試験 | 試験条件 | 合否基準 | 試験数 |
|---|---|---|---|
| 6.2.2<br>過放電試験 | SOC＝－50％まで放電<br>1hの経過観察 | 爆発, 発火, 液漏れ NG | 2 |
| 6.2.3<br>過充電試験 | 1Cで充電し, 耐電圧の1.5倍またはSOC＝200％まで, 1hの経過観察 | 爆発, 発火 NG | 2 |
| 6.2.4<br>短絡試験 | 5mΩ以下の抵抗で10分間短絡<br>1hの経過観察 | 爆発, 発火 NG | 2 |
| 6.2.5<br>落下試験 | 1.5mの高さから各面1回落とす<br>1hの経過観察 | 爆発, 発火, 液漏れ NG | 2 |
| 6.2.6<br>加熱 | 5℃/分で130℃まで加熱。30分保持後, 加熱停止。1hの経過観察 | 爆発, 発火 NG | 2 |
| 6.2.7<br>圧壊 | 端子電圧ゼロまたは30％変形または200kN<br>1hの経過観察 | 爆発, 発火 NG | 2 |
| 6.2.8<br>釘差し試験 | Φ5～8mm, 25±5mm/secで貫通<br>1hの経過観察 | 爆発, 発火 NG | 2 |
| 6.2.9<br>海水浸漬 | 3.5％NaClに2時間浸漬 | 爆発, 発火 NG | 2 |
| 6.2.10<br>サーマルサイクル | －40-85℃　5サイクル<br>1hの経過観察 | 爆発, 発火, 液漏れ NG | 2 |
| 6.2.11<br>低気圧 | 室温で11.6kPaにて6時間保持<br>1hの経過観察 | 爆発, 発火, 液漏れ NG | 2 |
| 合計 | | | 20 |

に示すとおりである。条件はセル試験とほぼ同等である。圧縮試験は初期の70％の厚さまで，圧縮すること必要である。この様な状況は日本，ヨーロッパやアメリカで製造される車では事故が起こっても想定できない状況だが，いづれにしても中国でLiイオン電池を搭載した車両を市場に投入する際はこの規格に合格することが必要となる。

### 4.2.3 UN R100 Part2

2010年代に入って電動車両の本格普及が予見されたことより発行済のR100に電池の安全性に関する試験項目が追加された。自動車産業が盛んな欧州と日本や韓国で調整しながら取り決められている。試験形態としては車両試験または部品（電池パック）試験の選択が可能であり，選択可能な試験項目は衝撃試験，圧壊試験，耐火性試験である。圧壊に関して概要を図7に示す。試験の項目は今まで紹介してきた規格と類似した項目があるが，目的は車両の安全性の確認であり，搭載電池は車両システムで守られていることが前提である。

### 4.3 UN38.3

UN38.3の解説をする。この規格は電池の輸送時の安全を考慮した国際規則である。電池は内部にエネルギーを貯蔵できること，電解液などの構成材料に腐食性物質や可燃性物質を含むため，輸送時についても安全に対する配慮が必要となる。国連では国際間の危険物輸送時の安全性

第16章　自動車メーカーから見る安全性評価技術

表8　電池モジュールの安全試験項目一覧

| 6.3<br>モジュール電池試験 | 試験条件 | 合否基準 | 試験数 |
|---|---|---|---|
| 6.3.2<br>過放電試験 | SOC＝−50％まで放電。1hの経過観察 | 爆発，発火，液漏れ NG | 1 |
| 6.3.3<br>過充電試験 | 1Cで充電，定格電圧の1.5倍あるいは1時間充電（SOC200％）。1hの経過観察 | 爆発，発火 NG | 1 |
| 6.3.4<br>短絡試験 | 5mΩ以下の抵抗で10分間短絡<br>1hの経過観察 | 爆発，発火 NG | 1 |
| 6.3.5<br>落下 | 正負極端子を下にして，1.2mから落下<br>1hの経過観察。 | 爆発，発火，液漏れ NG | 1 |
| 6.3.6<br>加熱 | 5℃/min で130℃まで加熱。30分間保持後，加熱停止。1hの経過観察 | 爆発，発火 NG | 1 |
| 6.3.7<br>圧壊 | 5±1mm/secで圧縮，変形量30％または自重の1000倍。10分間保持。1hの経過観察 | 爆発，発火 NG | 1 |
| 6.3.8<br>釘差し試験 | Φ6～10mm，25±5mm/secで少なくとも3セル貫通。1hの経過観察 | 爆発，発火 NG | 1 |
| 6.3.9<br>海水浸漬 | 3.5％NaCl水溶液に2時間浸漬 | 爆発，発火 NG | 1 |
| 6.3.10<br>サーマルサイクル | −40−85℃　5サイクル<br>1hの経過観察 | 爆発，発火，液漏れ NG | 1 |
| 6.3.11<br>低気圧 | 室温で11.6 kPa，6h保持 | 爆発，発火，液漏れ NG | 1 |
| 合計 | | | 10 |

| 試験形態 | 要件（REESS搭載要件） |
|---|---|
| 車両 | 車両の後端から300mm以内（右図②）にREESSを設置しないこと。<br>（※車両試験条件に後突が含まれないため） |
| 部品 | 車両の前端から420mm以内（右図①）、後端から300mm以内（右図②）にREESSを設置しないこと。<br>（※部品試験の入力条件は、車体骨格の保護を受ける位置を想定した条件であるため） |

図7　REESS 搭載要求

を確保するため，危険物輸送専門家委員会を設置し，危険物の国際間輸送基準を作成している。危険物はその危険性の種類によって9つのクラスに分類されている。その分類を図8に示す。鉛電池，アルカリ電池はクラス8，腐食性物質に分類されるが，これらの電池は広く普及し，通常に取り扱われれば安全であることより，定められた要件を満足すれば輸送規制から免除される。しかしリチウム一次電池，リチウムイオン電池はクラス9に分類され，リチウム電池を輸送するためには，安全性を確認する試験 UN38.3 に合格しないと輸送ができない。

　UN38.3 は輸送時の様々状況を想定して作成されておりその試験項目を表9に示す。試験項目はT1からT8まで存在する。T1の高度シミュレーションは航空機の輸送で減圧されることを想

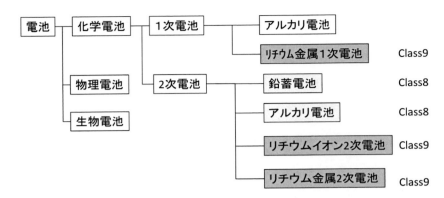

図8 輸送規制の危険物分類

表9 UN38.3試験項目

| No. | テスト項目 | 試験条件 | 合否判定基準 |
|---|---|---|---|
| T1 | 高度シミュレーション | 20℃±5℃,11.6 kPa以下,6時間以上 | 漏液,弁作動,破裂,開裂,発火無き事試験後の開路電圧が試験前の電圧の90%以上である事 |
| T2 | 熱ショック | 72℃×6 h,−40℃×6 h(大型電池はmin12 h)10サイクル実施後,24 h保管 | |
| T3 | 振動 | 7 Hz〜200 Hz〜7 Hz 15 min,X,Y,Z方向各サイクル時間 3hr,X,Y,Z方向各合計12回<br>総質量≦12 kg:8G,総質量>12 kg:2G | |
| T4 | 衝撃 | ピーク加速度:150 G(単・組電池)/50 G(大型単・組電池)<br>150 G パルス6 msec,X,Y,Z各正,負方向(合計18回)<br>50 G パルス11 msec,X,Y,Z各正,負方向(合計18回) | |
| T5 | 外部短絡 | 55℃,0.1Ω未満の外部抵抗にて短絡 | 外部温度が170℃以下,6時間以内に破裂,開裂,発火無き事 |
| T6 | 衝突/圧壊 | 〈衝突〉直径20 mmを超える円筒形単電池に適用<br>　　　15.8 mmの棒を置き,9.1 kgの重りを61±2.5 cmの高さから落下<br>〈圧壊〉角形,袋型,コイン/ボタン形単電池,直径20 mm以下の円筒形電池に適用<br>　　　2枚の平板間に挟み圧壊.圧縮速度1.5 cm/秒<br>終止条件(以下の3条件いずれかに達するまで)<br>(a)加圧力が13 kN±0.78 kN,(b)電圧降下100 mV以上,(c)最初の厚みの50%以下に潰される | 外部温度が170℃を超えず,試験後6時間以内に破裂,発火無き事 |
| T7 | 過充電 | 2 Imaxにて,<18 Vの場合,2 Vmaxまたは22 Vのうち小さい方,>18 Vの場合,1.2 Vmaxで24 hr充電保護機能付きは検査不要 | 試験後7日間に破裂,発火無き事 |
| T8 | 強制放電 | 単電池の試験<br>電池を12 Vの直流電源に直列に接続し,製造者が定めた最大放電電流に等しい初期電流により強制放電する | 試験後7日間に破裂,発火無き事 |

第16章　自動車メーカーから見る安全性評価技術

表10　UN38.3の試験項目と対象電池

| 試験名 | 標準試験 | | | 免除規定適用後試験 全ての試験に組電池が合格している場合 | |
|---|---|---|---|---|---|
| | セル（単電池） | 組電池 | | 組電池アセンブリ 6200 Wh 以下 | 組電池アセンブリ 6200 Wh 以上 |
| | | 小型組電池（12 kg 以下） | 大型組電池（12 kg 超） | | |
| T1 高度シミュレーション | ● | ● | ● | − | − |
| T2 熱ショック | ● | ● | ● | − | − |
| T3 振動 | ● | ● | ● | ● | − |
| T4 ショック | ● | ● | ● | ● | − |
| T5 外部短絡 | ● | ● | ● | ● | − |
| T6 衝撃/圧壊 | ● | − | − | − | − |
| T7 過充電 | − | ●※1 | ●※1 | ●※1 | − |
| T8 強制放電 | ● | − | − | − | − |

※1　組電池アセンブリに過充電保護機能があれば免除

定している。T2の熱ショックは炎天下の駐機場に荷物が放置された後に航空機で上空まで行った場合を想定している。振動や衝撃試験は電池の質量や容量によって試験条件が異なってくる。振動試験は12 kg 未満とそれ以上で条件が異なり，12 kg 未満では8G，12 kg 以上では2Gとなる。この振動試験は国連危険物輸送勧告第18版以降緩和され，重量に応じた加速度となる。

衝撃試験も電池の大きさにより，試験条件が異なる。T6の衝突または圧壊は電池の形状によって試験方法が異なってくる。

表10にUN38.3の試験項目と対象となる電池の分類を示す。

12 kgを超える電池が振動とショックの条件が異なる。組み電池を構成する電池セルはこの試験に合格していることが前提となる。この試験に合格しているセルで構成された6200 wh以下の組み電池はT1，T2，T6，T8試験が免除される。6200 wh以上の組み電池では試験をする不要となるが，構成するセルやモジュールでの試験は必要である。

## 5　車両搭載電池の安全性における今後の展望

電動車両は黎明期を過ぎ，発展期から成長期にさしかかろうとしている。電池性能と安全性は現在においてはトレードオフの関係であることは否めないが，今後も性能向上は必須であり，安全性と高性能をより高次元でバランスする電池の開発が望まれる。安全性を電極材料だけに依存するのではなく，高エネルギー密度な電極材料を用いながらも，セパレータへのセラミックスコーティングや電解液の添加剤など，他の電池部材で安全性を確保する設計思想で車両搭載電池を実現するべきである[5]。

更に先にはポリマー電池・全固体電池など安全性の高いセル大型化で車両用電池を実現することが期待される。

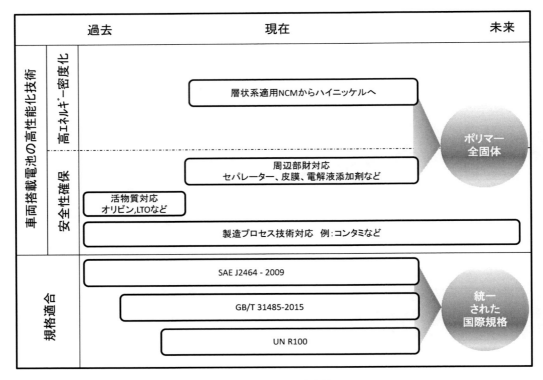

図9 期待される方向性

　その安全性の基準になるべき規格は現状では複数存在するが，将来的には車両搭載状態における安全性確保に本当に必要な規格や試験条件に統一されることが望ましい。作成された目的が異なることから，要求される試験項目は類似しているにも関わらず方法が異なってしまう。それぞれ別の試験をやる必要があるが，これでは電池パックの開発は複雑化，期間は長期化してしまうため，開発コストを上げる一因にもなっている。また試験内容も実際の車両搭載状態で想定される事象と乖離がある。安全を確保するために規格は必須だが，将来的には車両搭載状態における安全性確保に本当に必要な規格や試験条件に統一されるべきと考える。望まれる今後の方向性を図9に示して括りとする。

文　　献

1) 荒川正泰，"Annual Report No. 20", p.1, NTT Facilities Research Institute（2009）
2) Charles S. LaSota, 31st_International_Battery_Seminar, p.360, PowerSources（2014）

3) A. Yamada *et al., Journal of The Electrochemical Society,* **148** (3), 224 (2001)
4) Norio Takami *et al., Journal of The Electrochemical Society,* **156** (2), 128 (2009)
5) 東レリサーチセンター,"二次電池用セパレータ", p.42, 東レリサーチセンター (2013)

# 第17章 次世代自動車におけるリチウムイオン二次電池の使い方と評価

中村光雄*

## 1 はじめに

　近年，地球環境保護のため，環境にやさしい次世代自動車の開発が活発である。わが国においては，表1に示すように，2030年に向け非常に高い普及目標が設定されている。また世界的にも図1に示すように，電動車両を中心とした普及シナリオが提案されている。

　次世代自動車の中でも，所謂，電動車両（電気自動車，ハイブリッド自動車などのモータを動力源として使用している車両）の普及が期待されているが，電気自動車や，プラグインハイブリッド自動車など，外部からの充電を必要とする自動車については，その普及促進のため，一充

表1　乗用車車種別普及目標（次世代自動車戦略2010）

|  | 2020年 | 2030年 |
|---|---|---|
| 従来車 | 50〜80% | 30〜50% |
| 次世代自動車 | 20〜50% | 50〜70% |
| 　ハイブリッド自動車 | 20〜30% | 30〜40% |
| 　電気自動車<br>　プラグイン・ハイブリッド自動車 | 15〜20% | 20〜30% |
| 　燃料電池自動車 | 〜1% | 〜3% |
| 　クリーンディーゼル自動車 | 〜5% | 5〜10% |

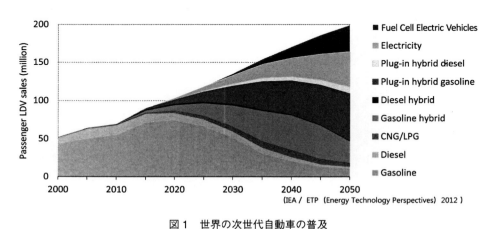

図1　世界の次世代自動車の普及

---

　*　Mitsuo Nakamura　㈱SUBARU　技術研究所　シニアスタッフ

電当たりの航続距離の伸長や充電時間の短縮など，商品力の向上が必要である。

商品力向上のための技術課題はいろいろあるが，電気エネルギストレージシステム（以下，REESS：Rechargeable Energy Storage System）の開発は最も重要な課題である。

本章では，電動車両のREESSについて，自動車側から見たリチウムイオン二次電池（LIB）の使い方とエネルギマネージメントおよびREESSの評価について解説する。

## 2　電動車両と蓄電デバイス

一般的に電動車両を総称して，xEVと呼ぶ。xEVは次のように分類される。

　　FCEV ：燃料電池自動車
　　BEV　 ：電気自動車
　　REEV ：レンジエクステンダー電気自動車
　　PHEV ：プラグインハイブリッド自動車
　　SHEV ：ストロングハイブリッド自動車
　　MHEV：マイルドハイブリッド自動車
　　μHEV ：マイクロハイブリッド自動車

xEVのREESSには車両特性に応じて，種々の蓄電デバイスが使われている。表2にxEVと代表的な車名，主に使用されている蓄電デバイスの種類を示す。

## 3　電動車両向け蓄電システムの出力/容量比

図2は現在市販されている電動車両のREESSについて，容量（kWh）と出力（kW）を調査し，グラフにプロットしたものである。ここで，容量はREESSの容量（公称値）を示し，出力はREESSが実際に充放電する出力値を示す（蓄電デバイス自体の性能ではない。また，一部推定値を含む）。

表2　xEVと蓄電デバイス

| xEV | 代表車名 | 蓄電デバイス |
|---|---|---|
| FCEV | MIRAI | LIB NiMH EDLC |
| BEV | リーフ | LIB |
| REEV | i3 | LIB |
| PHEV | アウトランダー | LIB NiMH |
| SHEV | プリウス | LIB NiMH |
| MHEV | XV | LIB NiMH |
| μHEV | i-ELOOP | LIB EDLC PB |

LIB：リチウムイオン電池，NiMH：ニッケル水素電池
EDLC：電気二重層キャパシタ，PB：鉛電池

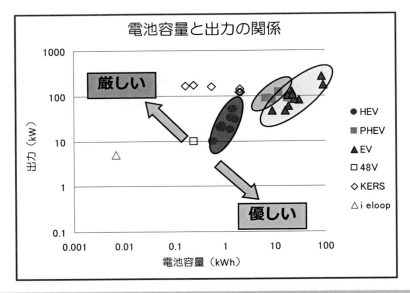

図2　電池容量（公称値）と出力の関係

　図2からは，電動車両の種類により，出力／容量比（以下，P/E比）が異なることがわかる。また，使い方としては，ハイブリッド自動車（HEV）＞プラグインハイブリッド自動車（PHEV）＞電気自動車（BEV），の順に電池に対して厳しい使い方をしていることがわかる。さらに図3では，容量を公称値から実使用容量（実際に充放電を行う容量⇒「4　車種ごとに異なる使い方とマネージメント」で解説）に置き換えた。図3から，実使用容量が公称容量の20～30％程度のHEVが，蓄電デバイスにとって，より厳しい使い方となっていることがわかる。このことから，実際のREESSでは，REESSとしての寿命，安全性を確保するため，REESS全体の容量を大きくすることで，セル（単電池）の負荷を少なくしていると考えられる。

　次に，30 kWh以下の領域のP/E比を図4に示す。EVの場合，P/E比は3～7に分布している。PHEVではP/E比7～18に分布しており，使い方としてはPHEVの方が厳しいことがわかる。

　図5は5 kWh以下をさらに拡大したものであるが，HEVのREESSでは，P/E比70～180となり，相当厳しい使い方となっている。また，P/E比180以上のアプリケーションも特殊な使い方として存在するが，蓄電デバイスとしてはLIC（リチウムイオンキャパシタ）やEDLC（電気二重層キャパシタ）が使われている。

第17章　次世代自動車におけるリチウムイオン二次電池の使い方と評価

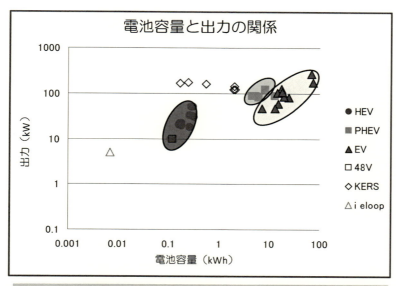

図3　電池容量（実使用容量）と出力の関係

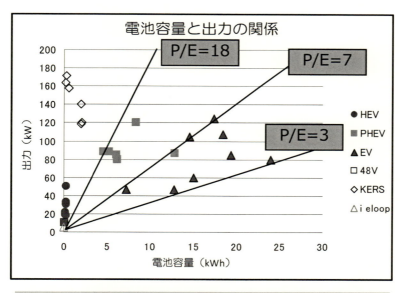

図4　30 kWh 以下の領域の P/E 比

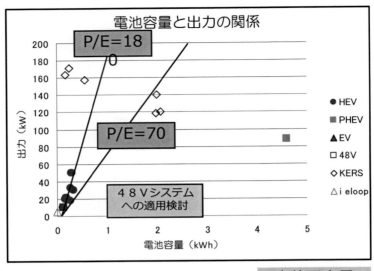

図5　5 kWh 以下の領域の P/E 比

## 4　車種ごとに異なる使い方とマネージメント

ここでは，電気自動車（BEV），ハイブリッド自動車（HEV），プラグインハイブリッド自動車（PHEV）の3車種について，具体的な充放電の状況と REESS のエネルギマネージメントの解説をする。

### 4.1　BEV（電気自動車）
#### 4.1.1　充放電パターン

図6に BEV における REESS の充放電の代表的なパターンを示した。図の横軸は時間，縦軸は SOC（REESS の充電状態）を示している。(a)〜(g)は，それぞれ以下の状態を示している。

- (a)　普通充電
- (b)　満充電で放置
- (c)　放電（回生も含む）
- (d)　急速充電
- (e)　放電（回生も含む）
- (f)　放置
- (g)　放電（回生も含む）

時間軸としては，図6はほぼ1日（24時間）の代表的な充放電の状態を示している。

BEV の特徴として，①広い使用範囲（実使用容量），②高 SOC での放置時間が長い，③大電

第17章　次世代自動車におけるリチウムイオン二次電池の使い方と評価

流充電（急速充電）などが挙げられる。これらの特徴的な使い方に対応するため，次に述べるREESSのマネージメントが重要となる。

**4.1.2　REESSのエネルギマネージメント（BEV）**

通常，十数kWh～数十kWhの容量を持つREESSのエネルギを無駄なく，安全に使い切るためには，高度なエネルギマネージメントが必要である。図7は軽自動車ベースのEVに用いられたエネルギマネージメントの考え方を示したものである。

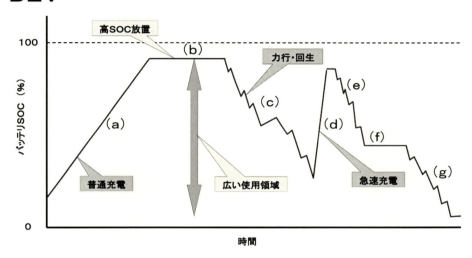

図6　BEVにおけるREESSの充放電パターン

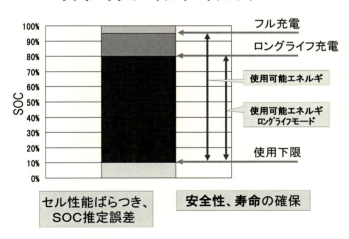

図7　BEVにおけるREESSのエネルギマネージメント

REESSの満充電時をSOC100％とし，指定の下限電圧まで放電した時のSOCを0％とする。REESS動作時は，このSOCを常に推定し，その推定値を基にエネルギマネージメントを行う。まず，セル性能のバラツキやSOC推定誤差により，REESSが過充電や過放電になることを防止するため，使用下限SOCとフル充電SOC（使用上限SOC）を設定する。この上限と下限の間のエネルギを使用可能エネルギと呼ぶ。BEVの場合，使用可能エネルギは70～85％程度である。

　一般的なLIBの特性として，高SOCで放置されると，劣化が促進されることが挙げられる。BEVの使い方の特長として，高SOCでの放置時間が長いということが挙げられるが，この対応として，ロングライフ充電という手法を採用した。これは通常の充電時はSOC80％程度で充電を終了し，劣化が促進されない電圧にとどめるという考え方に基づいている。また，フル充電まで充電したいときには，ロングライフ充電を解除するスイッチを設けてあり，手動で操作するようにした。

　他の使い方の特長として，広い使用範囲と大電流充電が挙げられるが，具体的には，低SOCでも十分な出力（放電）ができ，高SOCでも十分な入力（充電）ができることを示す。通常は，図8に示すREESSのパワー特性から要求出力，要求入力を満足するSOC範囲を求め，SOC上下限値に反映させるが，BEVでは多くの場合，要求値によりSOC範囲が制限されることはない。これは，BEVでは要求出力に対して，十分な容量の電池が搭載されているためである。

　近年，BEVに対する航続距離の要求が高まっている。電池のエネルギ密度を向上させること

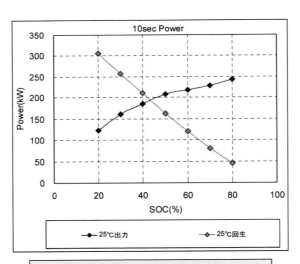

図8　バッテリパックのパワー特性

第17章　次世代自動車におけるリチウムイオン二次電池の使い方と評価

はもちろんであるが，エネルギマネージメントにより，いかにエネルギを効率良く使うかが重要となることが予想される。

## 4.2　HEV（ハイブリッド自動車）
### 4.2.1　充放電パターン

図9にHEVにおける，REESSの代表的な充放電パターンを示した。特徴としては，中間SOC±10%という，比較的狭い範囲で充放電が行われること，および数秒から数十秒という短いサイクルで充放電が切り替わるということが挙げられる。またP/E比は70以上のハイレート充放電となる。

### 4.2.2　REESSのエネルギマネージメント（HEV）

図10にHEV用REESSのエネルギマネージメントの基本的な考え方を示した。一般的にHEV用REESSでは，1～2kWh程度の容量を持つが，実際に使用するのは全体の20%程度のエネルギである。この領域を通常使用領域と呼び，SOCで示すと40%～60%程度の範囲となる。

次に，BEVと同様に，セル性能のバラツキやSOC推定誤差による過充電，過放電を防止するため，上限および下限SOCを仮設定する。さらに，図11に示すREESSのパワー特性より，実際の使用上限SOCと使用下限SOCを設定する。例えば，車両の要求出力が30kWとすると，図11よりSOCが25%以上の領域で出力可能であることが示されるため，実際の下限SOCは25%と設定することになる。入力側についても，同様な考え方で上限SOCを設定する。この上限SOCと下限SOCの間を使用可能領域と呼ぶ。基本的にこの領域内で運転されるが，実際の車両では種々の条件により，上下限を超えて使用されることがある。その場合，REESSの出力を制限することにより，安全性を確保している。

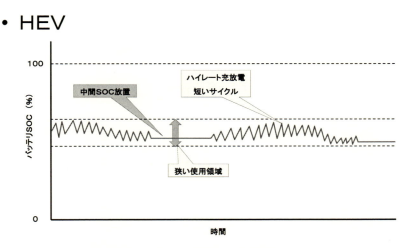

図9　HEVにおけるREESSの充放電パターン

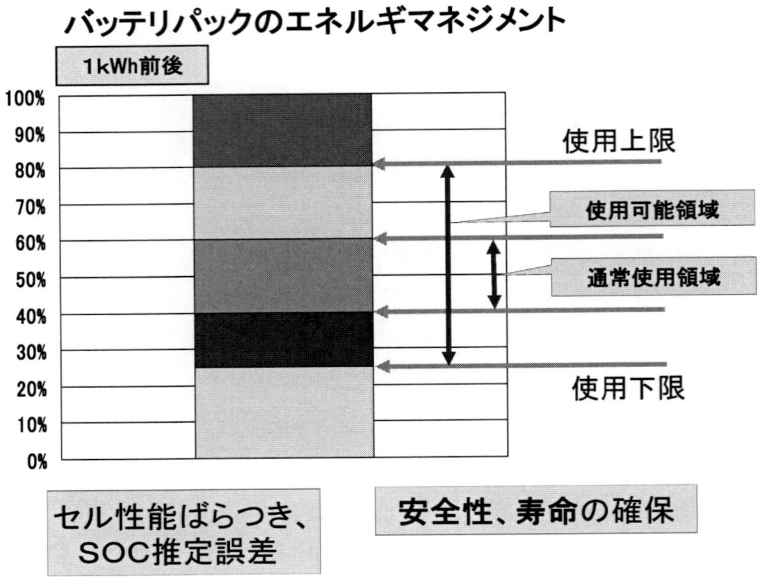

図10 HEVにおけるREESSのエネルギマネージメント

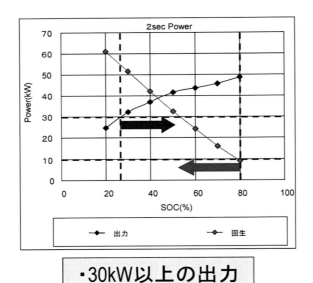

図11 バッテリパックのパワー特性

第17章　次世代自動車におけるリチウムイオン二次電池の使い方と評価

• PHEV

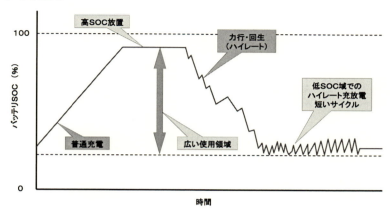

図12　PHEV における REESS の充放電パターン

## 4.3　PHEV（プラグインハイブリッド自動車）
### 4.3.1　充放電パターン
　図12に PHEV における，REESS の代表的な充放電パターンを示した。BEV と HEV の両者を合わせたパターンとなっており，それぞれの特徴を併せ持っている。REESS の容量は 10 kWh 程度のものが多く，急速充電には対応していない車両がほとんどであるが，近年は搭載容量が増加する傾向がみられ，急速充電に対応した車両が多くなることが予想される。
　PHEV 用 REESS の使い方として注意すべき点は，HEV モードで使用される領域が SOC の低い（30％付近）領域であるにも関わらず，大きい出力を得る必要があることである。このため，P/E 比としては，BEV より大きい値となることから，セルにとっては厳しい使い方となる。

### 4.3.2　REESS のエネルギマネージメント（PHEV）
　図13に PHEV 用 REESS のエネルギマネージメントの基本的な考え方を示した。図に示した通り，BEV 用と HEV 用 REESS のマネージメント特性を併せ持つことになる。一般的に PHEV 用 REESS では BEV に対して P/E 比が大きくなるため，HEV 用と同じく REESS の冷却の必要性が高まる。

## 5　電池劣化の車両への影響

　これまで，xEV 向け REESS の使い方とエネルギマネージメントについて述べてきたが，LIB は使っていても，保存（放置）しておくだけでも劣化するという特性を持っている。できるだけ劣化を促進することなく，効率的かつ安全にエネルギを使うことがエネルギマネージメントの目的ではあるが，LIB の特性上，劣化は避けられないものと認識する必要がある。
　ここでは，LIB の劣化が車両特性にどのように影響するかについて示す。

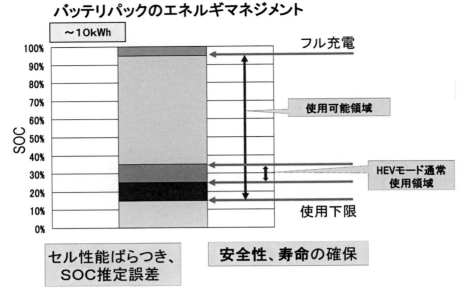

図13　PHEVにおけるREESSのエネルギマネージメント

表3　LIBの劣化が車両に与える影響

|  | 容量減少 | 内部抵抗増加 |
|---|---|---|
| BEV | 航続距離が減少 | 大きな影響なし |
| HEV | 大きな影響なし | アシストパワーが低下 |
| PHEV | EVモードの走行距離が減少 | アシストパワーが低下 |

　LIBの劣化には容量減少と内部抵抗増加という二つの状態がある。この二つの状態（劣化）は同時に進行するが，ある一定期間に進行する度合いは，LIBの材料系，車両の使用環境などにより異なる。

　代表的なxEVについて，LIBの劣化が車両特性にどう影響するかを表3に示す。

　この表からわかるように，PHEVでは，容量減少と内部抵抗増加の両方が車両特性に影響する。このことから，PHEV向けREESSはxEVの中で最も設計が難しいと考えられると共に，より精度の高いエネルギマネージメントが求められる。

## 6　自動車用蓄電デバイスの評価

　車載用LIBの評価試験はIEC，ISO，SAEなどで標準化が進められている。また，2016年7月以降に新規認可される電気自動車等は国連規則「UN ECE-R100 Series2 PartⅡ」に適合することが義務付けられた。これらの状況を表4に示す。

第17章 次世代自動車におけるリチウムイオン二次電池の使い方と評価

表4 自動車用リチウムイオン電池の基準化・標準化

|  | 標準 | | 基準 |
|---|---|---|---|
| 性能試験 | ISO12405-1 | IEC62660-1 |  |
| 信頼性試験 | ISO12405-2 | IEC62660-2 |  |
| 誤用試験 |  |  |  |
| 安全要件 | SAE J2929 |  | UN ECE-R100-2 Part Ⅱ |
|  | ISO12405-3 |  |  |
| 寸法 | IEC/ISO PAS16898 |  |  |

PAS：公開仕様書（Publicly Available Specification）
☐：対象はシステム，またはパック
☐：対象はセル

　IEC62660シリーズはセルレベルの試験標準であり，ISO12405シリーズはREESSまたはモジュールレベルの試験標準である。通常，セルレベルの評価試験は，電池メーカにより実施される場合が多い。また，REESSまたはモジュールレベルの評価試験は，車両メーカと電池メーカが協力して実施する場合が多い。さらに，新たに導入されたUN ECE-R100 Series2 Part Ⅱの試験においては，車両レベルまたはREESSでの試験が求められるため，車両メーカと専門の設備を有した試験機関が協力して実施することが想定される。

### 6.1 REESSの試験標準

　車載用のREESSまたはモジュールの試験標準である，ISO12405について概要を述べる。ISO12405は-1，-2，-3に分かれており，-1がHEV，FCVなどの高出力アプリケーション向けREESSまたはモジュールの試験方法を，-2がBEV，PHEVなど高エネルギアプリケーション向けREESSまたはモジュールの試験方法を示している。また-3はREESSの安全性能に関して，試験方法と要求事項（評価基準）が示されている。表5から表7にそれぞれの試験項目を示す。

#### 6.1.1 ISO12405-1

　表5に試験項目を示す。ISO12405-1ではHEVを想定し，クランキングパワー試験が設定されている。これは，特に低温時のエンジン始動性を評価するための試験である。また，エネルギ効率試験が設定されている。これは，ハイパワーアプリケーションにおいては，燃料消費量とエネルギ効率が深く関係するためである。また，誤用試験として，短絡保護，過充電保護，過放電保護が設定されている。これらはREESSの保護機能が正常に動作することを確認するための試験である。

#### 6.1.2 ISO12405-2

　ISO12405-2では，EV，PHEVを想定した，急速充電時のエネルギ効率試験が設定されている。

表5　ISO12405-1　試験項目

| ・性能試験 | ・信頼性試験 |
|---|---|
| －容量特性（温度，電流） | －温湿度サイクル |
| －出力特性（内部抵抗） | －温度衝撃 |
| －放置劣化（車両放置） | －振動 |
| －放置劣化（パック保存） | －機械的衝撃 |
| －クランキングパワー | ・誤用試験 |
| －エネルギ効率 | －短絡保護 |
| －サイクル寿命 | －過充電保護 |
|  | －過放電保護 |

表6　ISO12405-2　試験項目

| ・性能試験 | ・信頼性試験 |
|---|---|
| －容量特性（温度，電流） | －温湿度サイクル |
| －出力特性（内部抵抗） | －温度衝撃 |
| －エネルギ効率＠急速充電 | －振動 |
| －放置劣化（車両放置） | －機械的衝撃 |
| －放置劣化（パック保存） | ・誤用試験 |
| －サイクル寿命 | －短絡保護 |
|  | －過充電保護 |
|  | －過放電保護 |

これは，急速充電時のエネルギ効率が車両としてのエネルギ効率に深く関与するためである。表6に試験項目を示す。

### 6.1.3　ISO12405-3

ISO12405-3では，REESSの安全性に関して，試験方法と評価基準が示されている。通常のISOでは試験方法のみ示されているが，ここでは評価基準が明確に示されている。試験項目は，機械的試験，環境試験，電気的試験が示されているほか，車両事故を想定した試験（所謂，いじわる試験）およびシステム機能試験として過充電保護，過放電保護，温度制御／冷却欠如の各試験が設定されている。表7に試験項目を示す。

## 6.2　REESSの安全性基準

先に示した通り，2016年7月以降に新規認可される電気自動車等は，国連規則「UN ECE-R100 Series2 PartⅡ」に適合する（認証試験に合格する）ことが義務付けられた。試験項目を表8に示すが，ISO12405-3がREESSまたはモジュールレベルの試験であるのに対し，「UN ECE-R100 Series2 PartⅡ」では，車両レベルまたはREESSでの試験が求められている。これは，REESSの大容量化が進んでいる状況で，車両としての安全性能を確保するためである。

実際の試験に当たっては，車両メーカの申請に応じ，専門の評価設備を有する試験機関と認証を行う認証機関が試験，評価，認証を実施する手順となる。

第17章　次世代自動車におけるリチウムイオン二次電池の使い方と評価

表7　ISO12405-3　試験項目

| | |
|---|---|
| ・機械的試験<br>　－振動<br>　－機械的衝撃<br>・環境試験<br>　－温湿度サイクル<br>　－温度衝撃<br>・電気的試験<br>　－短絡 | ・車両事故想定試験<br>　－衝突試験（慣性）<br>　－衝突試験（圧潰）<br>　－浸水<br>　－火あぶり<br>・システム機能試験<br>　－過充電保護<br>　－過放電保護<br>　－温度制御・冷却欠如 |

表8　UN ECE-R100-2 PartⅡ試験項目

| | |
|---|---|
| ・振動<br>・熱衝撃・熱サイクル<br>・衝撃<br>・圧壊<br>・耐火性 | ・外部短絡保護<br>・過充電保護<br>・過放電保護<br>・過昇温保護<br>・排出ガス |

図14　安全試験評価（衝突試験）

図15　安全試験評価（水濠試験）

## 6.3　その他の評価試験

　その他の評価試験として，車両メーカ独自に設定した評価試験が実施される．衝突試験や水濠試験が代表的であるが，これらは車両に搭載した状態で実施されることが多い．

　LIBは危険物に指定されているため，輸送時には，「国連危険物勧告試験基準38.3節」に適合することが求められる．試験目的でREESSを輸送する場合や試験車両に搭載して輸送する場合にも適用されるため，車載用LIBにおいては必須な評価試験となっている．評価項目を表9に示す．

表9　国連危険物勧告試験基準38.3節

| T.1：高度模擬試験 | T.2：熱試験 |
|---|---|
| T.3：振動 | T.4：衝撃 |
| T.5：外部短絡 | T.6：衝突 |
| T.7：過充電 | T.8：強制放電 |

## 7　終わりに

　車載用LIBの性能は，世界的な研究開発により，飛躍的に向上している．一方，LIBが原因と考えられる車両火災も発生している．このような状況で，LIBの性能を引き出し，かつ安全に使用するためには，車両性能とLIB性能を十分把握した上で，国際標準に基づいた評価試験を実施し，車載用途に適したLIBを選定することが望ましい．その上で，高度で高精度なエネルギマネージメントを行うことが重要である．

# 第18章　安全性評価の認証

梶原隆志*

## 1　はじめに

　環境規制の強化に伴い，エコカーの普及が進む中，電気自動車等に搭載されるバッテリーの安全性評価の重要性が世界規模で高まっている。2013年には，国連欧州経済委員会において，「バッテリー式電気自動車に関わる協定規則」が改正され，2016年7月以降に新規認可される電気自動車等に搭載されるバッテリーおいては，国連協定規則「UN ECE-R100.02 Part II」への適合が義務づけられることになった。認可を得るためには各国の認可当局が認定した第三者認証機関による立会いの試験を実施することが必要となっている。
　本章では，安全性評価の重要性から国際的な安全認証の枠組みについて概説する。

## 2　安全性評価の重要性

　車載用バッテリーとしては，エネルギー密度の優位性からリチウムイオン電池の普及が進んでいるが，リチウムイオン電池は短絡などにより極めて短時間に放電加熱した後，熱暴走に至りワーストケースでは爆発の可能性もある。製造メーカーの努力により電池単体（セル）としての信頼性は日々向上しているが，熱暴走に達した場合の危険性はやはり懸念される。組電池（モジュール，パック）として自動車に搭載される際にはバッテリーマネジメントシステム（BMS）等でセルの電圧や温度等を監視し，異常を検知した際にはパック内のリレーをカットする等の保護機能を備えている。
　セル単位では信頼性向上が求められるとともに，モジュール・パック単位においては異常発生時に安全側に制御または収束させられるかを検証する安全性評価の重要性が高まっている。
　半導体部品等デバイス単位において信頼性向上を目的とした耐久性試験や加速試験等の信頼性試験があるなかで，近年は複数部品が組み立てられたコンポーネントやシステム単位での安全性評価のニーズが増加している。これは市場のグローバル化により，欧米のリスクアセスメントや安全設計の考え方が国内メーカーにも普及してきたことが背景にあると考えられる。

---

*　Takashi Kajihara　エスペック㈱　テストコンサルティング本部　試験1部
　　東日本試験所

## 3 国連協定規則

自動車は各国の交通環境や事故・環境問題の発生状況に応じた各国独自の基準作りが行われてきた。基準や認証方法が国ごとに異なるため，各国の基準に合わせた設計・製造を行うのは自動車メーカーにとってコストや開発納期の負担が大きく，各国基準にすべて対応することは困難である。

そこで自動車技術基準の国際調和を目的とした自動車基準調和世界フォーラム（WP29）が発足し，自動車の安全性向上・環境保護・低燃費推進などの基準を検討，立案されるようになった。

自動車基準調和世界フォーラム（WP29）の上位団体に位置する欧州経済委員会（U.N.Economic Commision for Europe）は，1958年に締結された「国連の車両・装置等の型式認定相互認証協定（1958年協定）」により，加盟国間で統一基準の制定と相互認証を行う仕組みが策定された。日本は1998年に「1958年協定」に参加している。

国連協定規則（UN ECE）の統一基準（regulation：R）はこれまで130項目以上制定されており，日本はそのうち40項目程度を採用しているが，随時採用項目は更新されている。採用したregulationについては1958年協定国と相互認証が可能である。車載用リチウムイオン電池については，R100「バッテリー式電気自動車」において規定されている。

なお，アメリカや中国は「1998年協定」という別の枠組みに参加しているが，これは基準調和のみで相互認証制度は含まれていないが，現在，1958年協定と認証の相互承認に関する話し合いが行われており，世界統一基準（GTR規制）についての議論が進められている。その際，現在の基準（試験条件など）が見直される可能性があるため，状況を注視していく必要がある。

表1 「国連の車両・装置等の型式認定相互認証協定（1958年協定）」加盟国一覧

| | | | | | | | |
|---|---|---|---|---|---|---|---|
| E1 | ドイツ | E14 | スイス | E28 | ベラルーシ | E47 | 南アフリカ |
| E2 | フランス | E16 | ノルウェー | E29 | エストニア | E48 | ニュージーランド |
| E3 | イタリア | E17 | フィンランド | E31 | ボスニア・ヘルツゴビナ | E49 | キプロス |
| E4 | オランダ | E18 | デンマーク | E32 | ラトビア | E50 | マルタ |
| E5 | スウェーデン | E19 | ルーマニア | E34 | ブルガリア | E51 | 韓国 |
| E6 | ベルギー | E20 | ポーランド | E36 | リトアニア | E52 | マレーシア |
| E7 | ハンガリー | E21 | ポルトガル | E37 | トルコ | E53 | タイ |
| E8 | チェコ | E22 | ロシア | E39 | アゼルバイジャン | E56 | モンテネグロ |
| E9 | スペイン | E23 | ギリシャ | E40 | アケドニア旧ユーゴスラビア | E58 | チュニジア |
| E10 | セルビア | E24 | アイルランド | E42 | 欧州連合（EU） | | |
| E11 | イギリス | E25 | クロアティア | E43 | 日本 | | |
| E12 | オーストリア | E26 | スロベニア | E45 | オーストラリア | | |
| E13 | ルクセンブルク | E27 | スロバキア | E46 | ウクライナ | | |

第18章 安全性評価の認証

## 4 UN ECE R100.02 PartⅡについて

UN ECEの中で，バッテリー式電気自動車に関わる協定規則としてUN ECE-R100.02が規定されているがUN ECE-R100.02は2部に分けられており，また車両全体または部品としての認可申請プロセスを選択できるようになっている。いずれにしても搭載されるバッテリーに対してはPartⅡへの適合が必要となる。適合要件は電力で作動し，恒久的に送電線に接続されていない駆動用モーターを1つ以上装備した区分M及びNの道路車両の充電式エネルギー貯蔵システム（REESS）に係る安全要件となる。ただし主な用途がエンジンの始動，照明又はその他の車両補助システムに電力を供給することであるREESSに適用しない。

PartⅡで規定される評価試験は9項目あり，認証試験実施の際は第三者認証機関であるテクニカルサービスによる立会い審査が必要となる。

## 5 UN ECE R100.02 PartⅡの安全性試験

以下に必要な9項目の試験概略について説明する。

### 5.1 Vibration（振動）[附則8A]

車両の通常走行中に蓄電池システムが受ける可能性のある振動環境下における安全性能の検証となる。

振動方向は実車取付状態に対して垂直方向とし図1の条件を対数掃引する。

試験は標準サイクル（規定された充放電）を実施後，周囲温度条件下で1時間の観察期間をもって終了となる。

### 5.2 Thermal shock and cycling（熱衝撃およびサイクル試験）[附則8B]

急な温度変化に対する電池の耐性の検証となる。

温度条件は高温60℃±2℃と低温-40℃±2℃において各6時間以上晒す温度急変のサイクル

 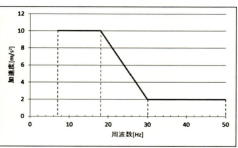

図1 Vibration試験装置と試験条件

 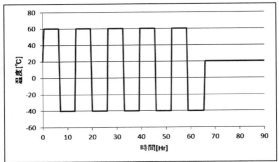

図2　Thermal shock and cycling 試験装置と試験条件

を最低5サイクル実施する。この時の温度移行時間は30分以内となっている。サイクル終了後20℃±10℃にて24時間置く。

温度急変には図2のような冷熱衝撃装置のような試験装置を用いると良いが，温度移行時間が30分以内となる能力を持つ必要がある。

試験は標準サイクルを実施後，周囲温度条件下で1時間の観察期間をもって終了となる。

### 5.3　Mechanical shock（メカニカルショック）[附則8C]

車両衝突時に生じる可能性のある慣性荷重下におけるREESSの安全性能を検証する。

認可申請者は，テクニカルサービスとの協議により正または負方向または両方のいずれかで実施することを決める。REESS又はREESSサブシステムを車両に取り付けるために装備された取り付け台によってのみ，試験対象装置を試験装置に接続する。

設置後図3に示すような試験パルスを加える。

衝撃後20℃±10℃にて1時間の観察をもって終了となる。

### 5.4　Mechanical integrity（メカニカルインテグリティー）[附則8D]

車両衝突の状況で生じる可能性のある接触荷重下におけるREESSの安全性能の検証となる。

図4にある破砕板により破砕力100 kN～105 kNで100 ms～10 s間荷重を印加する。荷重方向は水平方向とし，実車両搭載状況においてREESSの移動方向に対して垂直な方向とする。破砕板の押し出しスピードは規定されていないが，破砕力到達までの時間は3分未満と定められているため，事前にどれぐらいの変位でどのような荷重が加わるかの確認実験やシミュレーションは必要である。

荷重印加後20℃±10℃にて1時間の観察をもって終了となる。

第18章 安全性評価の認証

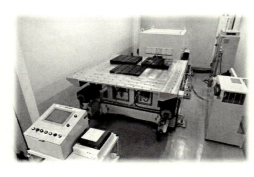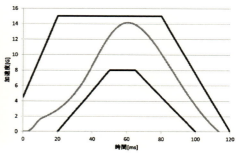

図3 Mechanical shock 試験装置と試験条件（M1 及び N1 車両横方向）

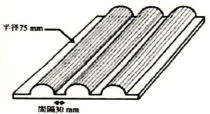

図4 Mechanical integrity 試験装置及び破砕板

### 5.5 Fire resistance（耐火性）［附則 8E］

車両（その車両自体又は近くの車両）の燃料漏れなど車外からの火炎への曝露に対するREESSの耐性の検証となる。このような状況においては，運転者と乗員が避難するのに十分な時間が残されているべきものであるとされている。

試験は Phase A から Phase D の4段階で構成されるが，燃料の温度が20℃の場合は Phase B から Phase C の3段階で構成される。

### 5.6 External short circuit protection（外部短絡保護）［附則 8F］

短絡保護性能の検証となる。この性能には短絡電流により REESS がさらなる関連重大事象を引き起こすのを防ぐために短絡電流を遮断又は制限することが求められている。短絡抵抗は 5 mΩ を超えないものとし，試験中は REESS の保護機能が動作する状態にて試験を実施する。試験は REESS の保護機能の作動が確認される，またはケーシング上で測定した温度が安定して（温度勾配の変動が1時間で4℃未満となって）から少なくとも1時間は短絡条件を継続する。その後標準サイクル実施後に周囲温度条件にて1時間の観察をもって終了となる。

車載用リチウムイオン電池の高安全・評価技術

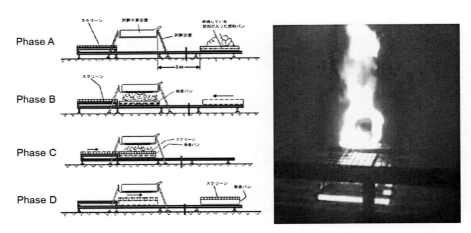

Phase A（予熱）：3m離れた場所で60s間予熱
Phase B（炎への直接曝露）：70s間炎へ曝露する
Phase C（炎への間接曝露）：図1にあるスクリーンを燃焼パンと試験対象装置の間に入れて60s間曝露する。
（テクニカルサービスとの協議によりPhase Bを60s継続でも代用可能）
Phase D（試験の終了）：燃焼パンから試験対象装置を離す。表面温度が周囲温度まで低下するまたは最低3時間まで観察する。

図5　Fire resistance試験シーケンス及び試験状況

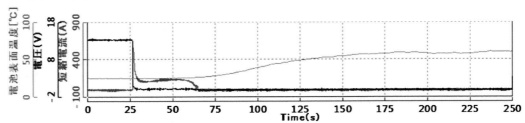

図6　External short circuit protectionの実施状況と短絡時のデータ

## 5.7　Overcharge protection（過充電保護）[附則8G]

過充電保護性能の検証となる。

試験装置の充電制御限界を無効にした状態で少なくともC/3またはメーカー既定の最大電流

第18章　安全性評価の認証

を超えない充電電流で充電する。試験は試験対象装置が（自動的に）充電を中断や制限するまで，又は定格容量の2倍までの充電となるまで継続する。

その後標準サイクル実施後に周囲温度条件にて1時間の観察をもって終了となる。

## 5.8　Over-discharge protection（過放電保護）［附則8H］

過放電保護性能の検証となる。この性能には，実施された場合，メーカーが規定した低すぎるSOCによってREESSが重大事象になるのを防ぐために，放電電流を遮断又は制限することが求められている。

試験装置の充電制御限界を無効にした状態で少なくともC/3またはメーカー既定の最大電流を超えない放電電流で放電する。試験は試験対象装置が（自動的に）放電を中断又は制限するまで放電を継続とし自動中断機能が作動しない場合は公称電圧の25%になるまで放電する。

その後標準充電実施後に周囲温度条件にて1時間の観察をもって終了となる。

## 5.9　Over-temperature protection（過昇温保護）［附則8I］

冷却機能が故障した場合においても作動中の内部加熱に対するREESSの保護措置がとられているかの検証となる。温度の上昇は通常作動範囲内で温度を上げることのできる定電流によって充電，放電する。対流式オーブン又は気候室にて既定の条件によって定めた温度まで上昇させ試験終了までこの温度と同等またはそれ以上の温度で保持する。試験は以下のひとつが観察された時点で終了となる。

① 試験対象装置の保護装置が働き，充電または放電を阻害，制限されたとき。
② 試験対象装置の温度が安定したとき（2時間で4℃未満の変動）
③ 合格基準を満たさないとき

下表に9項目試験条件をまとめたものを示す。

試験の中には終了後に標準放電と標準充電を実施（標準サイクル）する要求があるが，外部短絡保護，過充電保護，過放電保護，過昇温保護の保護確認試験では保護機能の働きにより，通常の運用では解除できない場合は，通電できないことを確認するのみとなることもある。その際に，どのような状態で通電ができないかの説明は必要である。そういったことから，全試験項目において，保護機能が働く可能性があるものに関しては，どういった仕組みで安全が保たれているか，または保護が働いたことを示す状況説明は必要となる。

表2に9項目をまとめたものを示す。

## 6　認可取得までのプロセス

UN ECE規則における認可取得については，最終的には各国の認可当局から認可証が発行され，製品（REESS）に認可マーク（Eマーク）を貼り付けることができる。認可取得までの経

## 表2 安全性試験9項目のまとめ

| 試験項目 | 目的 | 試験概要 | 合格基準 |
|---|---|---|---|
| 6.2 Vibration<br>振動 | 車両の通常走行中に蓄電池システムが受ける可能性のある振動環境下における安全性能を検証する。 | 車両走行中の垂直方向の振動を再現する。2～10 m/s2 の振動を1回15分，計12回（3時間）繰り返す。 | 試験中に，電解液漏れ，破裂，火炎，爆発，の徴候がないこと。<br>高電圧 REESS の場合，破裂の徴候がないこと，各端子－ケース間で絶縁抵抗100 Ω/V 以上あること。 |
| 6.3 Thermal shock and cycling<br>熱衝撃及びサイクル試験 | 急な温度変化に対する電池の耐性を検証する。 | 60±2℃で6時間，続いて－40℃±2℃で6時間，電池を置く。試験の極限温度間は30分以内。これを5サイクル実施する。その後，20±10℃の周囲温度に24時間置く。 | |
| 6.4.1.2 Mechanical shock<br>メカニカルショック | 車両衝突時に生じる可能性のある慣性荷重下における REESS の安全性能を検証する。 | 100～120 ms のパルスを電池に加える。加速度は縦方向が最大28 g，横方向が最大15 g。試験環境の周囲温度条件において1時間観察して終了する。 | |
| 6.4.2.2 Mechanical integrity<br>メカニカルインテグリティー | 車両衝突の状況で生じる可能性のある接触荷重下における REESS の安全性能を検証する。 | 100～105 kN の力を100 ms～10 s の期間，指定の凹凸を持たせた破砕板で押しつぶす。試験環境の周囲温度条件において1時間観察して終了する。 | 試験中に，電解液漏れ，破裂，火炎，爆発，の徴候がないこと。高電圧 REESS の場合，各端子－ケース間で絶縁抵抗100 Ω/V 以上あること。 |
| 6.5 Fire resistance<br>耐火性 | 車両（その車両自体又は近くの車両）の燃料漏れなど車外からの火炎への曝露に対する REESS の耐性を検証する。このような状況においては，運転者と乗員が避難するのに十分な時間が残されているべきものである。 | ガソリンを燃やして，電池を直火で70秒間炙り，次に指定の穴の開いた耐火レンガをとして間接的に60秒間あぶる。（場合によっては直火130秒でも可）完了後3時間観察して終了する。 | 試験中に爆発の徴候がないこと。 |
| 6.6 External short circuit protection<br>外部短絡保護 | 短絡保護性能を検証する。この機能は，実行された場合，短絡電流により REESS がさらなる関連重大事象を引き起こすのを防ぐため，短絡電流を遮断又は制限するべきものである。 | 電池を5 mΩ より低い回路抵抗で短絡して大電流を流す。短絡電流を中断，制限する仕組みを作動させる。 | 試験中に，電解液漏れ，破裂，火炎，爆発，の徴候がないこと。高電圧 REESS の場合，破裂の徴候がないこと，各端子－ケース間で絶縁抵抗100 Ω/V 以上あること。 |
| 6.7 Overcharge protection<br>過充電保護 | 過充電保護性能を検証する。 | 最低 C/3 の電流，かつメーカーが規定した通常作動範囲内の最大電流を超えない電流で充電する。電池が自動的に充電を中断，または制限するまで充電を継続する。自動中断しない場合（中断機能を備えないを含む）は定格充電容量の2倍まで充電する。 | |
| 6.8 Over-discharge protection<br>過放電保護 | 過放電保護性能を検証することである。この機能は，実施された場合，メーカーが規定した低すぎる SOC によって REESS が重大事象になるのを防ぐために，放電電流を遮断又は制限するものとする。 | 最低 C/3 の電流，かつメーカーが規定した通常作動範囲内の最大電流を超えない電流で放電する。電池が自動的に放電を中断，または制限するまで放電を継続する。自動中断しない場合（中断機能を備えないを含む）は公称電圧の25%になるまで放電する。 | |
| 6.9 Over-temperature protection<br>過昇温保護 | 冷却機能が故障した場合においても（該当する場合），作動中の内部過熱に対する REESS の保護措置の性能を検証する。内部過昇温によって REESS が不安全な状態になるのを防ぐために特定の保護措置が必要ない場合には，この安全な作動を証明しなければならない。 | 電池の温度をできるだけ急速に上げる定常電流を使用し，試験対象装置を継続的に充放電する。保護装置に対する作動温度まで温度を上げる。保護装置を備えない場合は，最高作動温度まで温度を上げる。保護回路が働く，または電池の温度変化が一定（2時間で4℃未満の勾配）になる場合は，試験終了。 | |

※メカニカルショックおよびメカニカルインテグリティは，部品（REESS）ではなく，車両での衝突試験（R12, R94, R95参照）を選択することも可能である。
※メカニカルインテグリティは，車両区分M1およびN1の車両に搭載される場合のみ適用される。
　車両区分M1：座席数が8席以下（運転席除く）の人員輸送用の車両
　車両区分N1：最大重量が3.5トン以下の物品輸送用の車両
※耐火性はREESSのケーシング下面が地上1.5mを超える場合は要求されない。

第 18 章　安全性評価の認証

緯を図 7 に示す。

　認証機関（テクニカルサービス）は，複数国の認可当局から認定を受けている場合や，認証機関同士でテクニカルサービスの連携が可能な場合もある。日本では国内唯一の認証機関は㈱自動車技術総合機構である。認可申請者は UN ECE 規則の枠組みの範囲において，認可当局や認証機関を選択することも可能である。

　第 3 者認定試験所は，テクニカルサービスの事前審査において認可された試験所として 9 項目の試験を実施できる施設である。

　各評価試験において，事前の打ち合わせやプレ試験は非常に重要な工程となる。事前打ち合わ

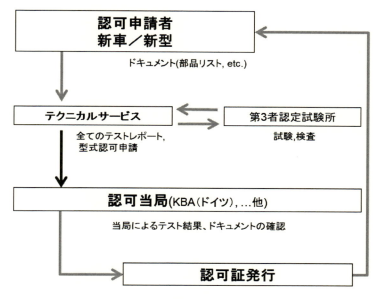

図 7　認可取得までのプロセス例

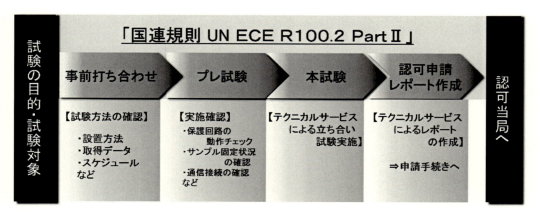

図 8　認可申請までのプロセス

せでは REESS の設置方法や，取得データの提示方法，試験スケジュールなど予め各種の証明（説明）について検討しておく必要がある。特に，圧壊する場所や短絡箇所など各試験項目において『ワーストケース』を想定した試験条件での実施が要求されるため，事前にテクニカルサービスと協議をしておかなければならない。また，プレ試験においては，事前打ち合わせで想定されていることが，間違いなく行われているかの確認や，本試験においてスムーズな進行ができるようにするためのリハーサルも兼ねているため正確に評価試験を実施するためには不可欠な工程と言える。

## 7　おわりに

　安全性評価のニーズの高まりと国際的な認証制度の枠組みの中で，今後ますます評価基準の統一化が進んでいくと考えられる。一方で，自動車メーカーやバッテリーメーカーの技術開発努力により，さまざまな形態や機能を有したバッテリーシステムが日々登場している。種々様々のバッテリーシステムに対して，評価基準の範囲内で REESS の定義や試験方法を決定する必要があるが，これについてはテクニカルサービスと第三者試験機関を交えた事前の協議やプレ試験による準備が肝心である。

# 第19章　安全性評価の受託

奥山　新*

## 1　はじめに

　前章では，バッテリー式電気自動車に関わる国連協定規則 UN. ECE-R100.02 PartⅡの認証制度や各試験項目について概説したが，カーメーカーやバッテリーメーカーは認証試験を実施するまでの開発期間において，プレ試験や，より厳しい条件での試験を実施してバッテリーの安全性を評価している。

　当社は UN. ECE-R100.02 PartⅡ試験の一括受託だけでなく，その他の海外規格試験やメーカーからの個別要求の試験にも対応している。本章では，様々な試験要求に応えるために当社が実験，検証した試験事例を紹介する。

　また，試験後のバッテリーは危険な状態となる場合があるため，作業者が近づくことができる状態にするために失活処理を施すケースがある。安全性評価の受託実績が増えるとともに，試験後の失活処理のノウハウも蓄積しているので紹介する。

## 2　外部短絡試験における温度依存性の検証

　ハイブリッド車やプラグインハイブリッド車の普及拡大に加えて，今後，電気自動車の普及も期待されている。自動車用電池は過酷な使用環境も考慮し安全性を確保しなければならない。本項では自動車用電池の様々な試験要求に応えるべく，自動車用二次電池の安全性試験における技術課題として，使用環境を模擬した安全性試験の必要性を検討したので報告する。

### 2.1　自動車用二次電池の安全性試験における新たな技術課題

　公的規格試験や認証試験として規格化された試験への技術的対応の他，自動車用二次電池の安全性試験では実使用環境を考慮した様々な試験が行われている。例えば釘刺し試験は，自動車の進行方向と電池の重力方向を踏まえ横方向の釘刺し試験が広く行われるようになってきた。また水没を想定した安全性試験など，自動車の遭遇する様々な環境による試験もある。さらに大型化した電池の課題として，セル単体で試験を行う場合とモジュール・パックの形態で行う場合では放熱特性に違いがあり，モジュール・パック形態を想定した対策が必要になっている。また冬季

---

\*　Arata Okuyama　エスペック㈱　テストコンサルティング本部　試験1部
　　東日本試験所

の想定では気温-40℃で試験が行われるが、この温度において安全性試験を行った場合の安全性試験の例はまだ少ない。ここでは環境温度を制御した状態での安全性試験の検討結果と技術課題について述べる。

### 2.2 環境温度を考慮した安全性試験の現状

現在の自動車用電池試験規格では、安全性試験は単一ストレスで実施する場合が多く、またその試験装置の構造等の理由から、例えば-30～-40℃のような極低温下での安全性試験は困難であった。具体的にある環境温度で安全性試験を実施しようとした場合、一旦、電池を恒温槽などに入れ、温度を変化させた後、別の試験機まで電池を移動させ、安全性試験を実施するため試験実施時には試験周囲温度と電池の自己発熱により電池温度が変わり、試験の再現性が十分得られなかった。そこで、この課題に対して、電池温度を制御しながら各種安全性試験を実施可能な試験装置を製作し、環境温度による安全性試験結果への影響を調べることとした。

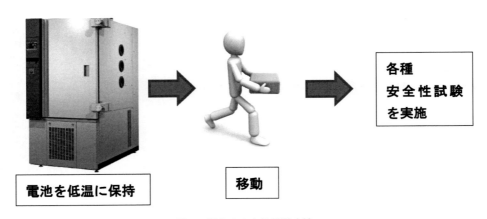

図1 従来の安全性試験方法

### 2.3 環境温度を制御した外部短絡試験の事例

リチウムイオン二次電池の安全性試験は、外部短絡、過充電、過放電、過熱、圧壊、落下衝撃、釘刺し試験などが行われるが、ここでは短絡電流の温度依存性に着目し、外部短絡試験の温度依存性を調べた。供試品にはリチウムイオン組電池（3.3 V×4（計13.2 V）12 Ah）を用いて、外部短絡試験を行った。試験は恒温器内で実施し-40℃、0℃、25℃、55℃の温度環境で行った。評価項目は電池表面温度及び電池の短絡電流測定を行った。

### 2.4 試験結果と考察

各温度における短絡時のガス発生の様子を図2に示す。短絡してからガスが発生するまでの時間は-40℃、0℃、25℃の順に早く、55℃ではガスは発生しなかった。特に-40℃でのガス発生

# 第19章　安全性評価の受託

−40℃：ガス発生大量発生

0℃：ガス発生

25℃：ガス発生は少量

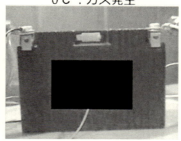
55℃：ガス発生無し

図2　各温度における短絡時のガス発生の様子

量は，0℃，25℃に比べると顕著であった。電池の表面温度および短絡電流挙動を図3に示す。

　電池表面温度の上昇は環境温度が低温ほど大きく，また短絡電流は低温ほど0mAに終息するまでの時間が長い結果となった。これらのことから，本試験において外部短絡を行う時の電池温度は低温であるほど，電池の温度上昇，ガス発生が増加することが確認された。一般的に短絡による保護回路には温度に相関して抵抗値が変わり電流遮断する保護素子が用いられている。0℃，25℃，55℃の場合には，短絡直後に計測された電流値は最大ピーク電流を示し電流が低下していることから，短絡の瞬間に保護素子の温度が遮断動作温度にまで達し，電流が低下したと推察される。一方，−40℃の場合には，短絡直後に計測された電流は他の温度に比べて小さく，その後も電流が増加していることから，保護素子による電流遮断は働いていないか他の温度とは動作の仕方が異なったことが推察される。低温になるほど電池の内部抵抗が大きくなり電流が抑制されることから，電流値とそれによるジュール熱の発生および周囲温度（電池温度）との関係によって，低温になるほど保護素子が即時に働かない結果，電流が終息するまでに時間がかかり，発熱の増加，ガス発生の挙動が顕著になったと考えられる。また−40℃，0℃，25℃では電流増加のピークが2度起きていることも保護素子の挙動との関連性やジュール熱による内部抵抗の低下が考えられる。本試験で確認されたように電池の表面温度は電池内部の温度より時間的に遅れるため，電池の発熱挙動を確認するためには，計測方法はさらに検討が必要である。自動車用電池では，電池が大型化し，電池の内部温度を正確に測定あるいは推定する技術が必要である。

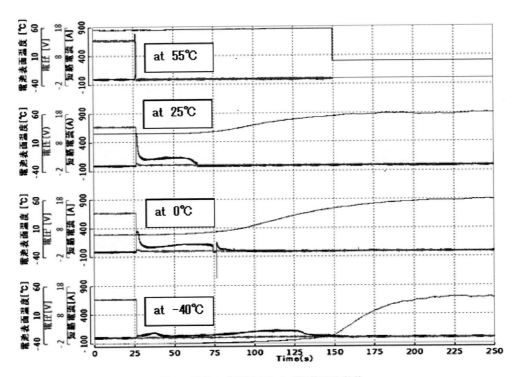

図3 電池の表面温度および短絡電流挙動

装置本体【エスペック製】　　電池接続用専用端子

主な仕様

短絡抵抗：1mΩ～
短絡電流：～16KA
温度：－40～＋80℃

図4 外部短絡試験装置（ECE R100 パックサイズ対応）
（当社「バッテリー安全認証センター」設置）

## 2.5 その他

　米国，欧州，中国の環境規制への対応も広がり，自動車の電動化は今後も進むと考えられている。車載リチウムイオン二次電池の安全性試験では，自動車の使用環境を再現させて行う必要性が高いと考えている。また，リチウムイオン電池の評価のみならず，周辺のシステムを含めた機能評価試験にも展開されると思われる。当社では車載大型電池の安全性試験に対して環境温度を制御した試験の実現と，実際に試験を行った時の電池の挙動を調査していく予定である。

第 19 章　安全性評価の受託

図5　環境温度を制御しながら釘刺し試験を行う装置
　　【エスペック製】
　　（当社「バッテリー安全認証センター」設置）

## 3　圧壊試験における圧壊方法の検証

　今や世界の自動車販売を牽引するようになった中国は，ECE-R100.02 PARTⅡのような国際規格ではなく，国内独自の推奨規格 GB/T31476.3 等を採用しており，カーメーカーは対応を迫られている。
　GB/T31476.3 の中でも条件的に厳しいと言われる圧壊試験について，ECE R100.02 PARTⅡとの治具や条件面の違いが試験結果にどう影響するかを実験的に検証したので紹介する。

### 3.1　試験条件・治具の違いの検証事例

　ECE-R100.02 PARTⅡと GB/T31476.3 の規格条件を図 6，表 1 に示す。
　比較実験として，図 7 のような条件にて実験を行った。

| | ECE R100.2 PARTⅡ | GB/T 31476.3 |
|---|---|---|
| 対象 | パック | パック |
| 試験条件 | 周囲温度：20℃±10℃<br>SOC：50%以上<br>保護装置は作動可能状態とする<br>破砕力：100kN～105kN<br>荷重方向：水平方向．<br>（REESSの移動方向に対して垂直とする）<br>保持時間：100ms～10s<br>破砕力到達：3分未満<br>治具：右図にある破砕板を用いる<br>試験後観察時間：1h 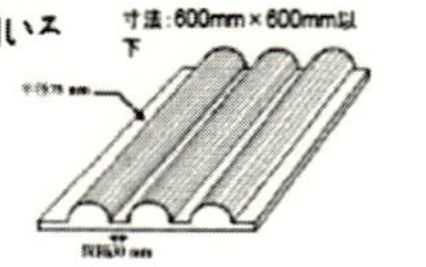　寸法：600mm×600mm以下 | 温度：25±5℃<br>SOC：100%<br>治具：R75の半丸棒<br>圧壊方向：x方向，y方向<br>荷重開放条件：変形量30% or 圧力200kNの早い方<br>保持時間：10min<br>試験後観察時間：1h 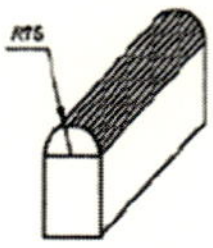 |

図6　ECE-R100.02 PARTⅡと GB/T31476.3 の規格条件

233

# 車載用リチウムイオン電池の高安全・評価技術

表1 比較実験で用いた圧壊条件

| | ECE R100.2 PART II | GB/T31476.3 |
|---|---|---|
| 停止条件 | 100 kN～105 kN*1 | 変形量30%または200 kN |
| 治具 | | |
| 水平方向（x方向） | — | ○ |
| 水平方向（y方向） | ○ | ○ |

※規格上，圧壊速度は任意であるが，今回の実験ではすべて1.5 mm/s で統一する。

※上図*1 について
停止条件にある破砕力：105kN に達しない場合は破砕力到達：3分未満の条件を採用する。（変位量：270 mm で止める。1.5mm/s×180 s＝270 mm）
※観察のポイントとして，模擬電池ケースの変形状態を確認し，荷重の偏りなど 装置側の問題がないか確認する。

【比較実験の条件】
・試験用サンプル
　車載用バッテリーパックを模擬したスチールケース
　外形 W900×D600×H150 t＝1.0 mm（パックモデル）
　SUS304 の1枚板を折り曲げ，4隅を溶接。

 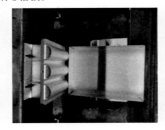 

圧壊用サンプル外観　　　　設置状況 上部　　　　　　側面

図7　圧壊比較実験（ECE-R100.02 PART II）

## 3.2 試験結果と考察

試験結果として，外観上および測定データ上の違いを示す（表2，図8）。

本試験ではそれぞれ目標の破砕力には届かなかったが，破砕板の違いによって荷重プロファイルが異なることがわかる。実際はケースの中は空洞ではなく中身の入ったものであるので，ここまで大きな変位を伴うことは少ない。しかしながら破砕板の違いにより変形の形態が異なることが試験の結果から確認することができる。車載用バッテリーパックにおいて，ケースの中はリチウ

## 第19章　安全性評価の受託

表2　試験結果（外観）

| | ECE R100.2 PART II | GB/T31476.3 |
|---|---|---|
| 試験開始直後 | | |
| 試験途中 | | |
| 最終上部 | | |
| 側面 | | |

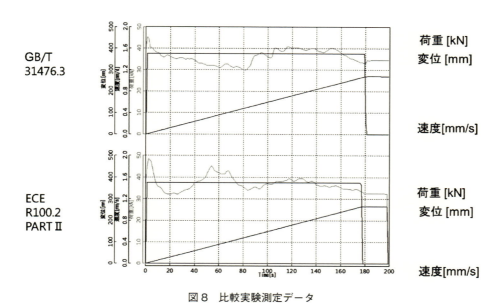

図8　比較実験測定データ

ムイオン電池だけでなく，コントロールユニットやハーネスなど所狭しと配置されている。これはケースがどのような形で変形するかはコントロールユニットの破損やハーネスでの短絡に大きく影響することを意味し，破砕板の形状，荷重の印加位置によって試験結果は大きく異なる。車載用バッテリーパックの圧壊試験は安全確認のみならず，構造設計においても有用なデータを得ることが期待できる試験と言える。

## 4 失活処理のノウハウ

安全性試験後の電池は，正常でない状態であるため試験後にそのまま返却（輸送）できないケースが多い。電池のエネルギーを抜く失活処理の要望が多いが，当社での実績や経験から採用している方法を紹介する。

### 4.1 試験後の失活処理が必要なケース

安全性評価は高SOC状態で実施するケースが多いが，試験後の電池はエネルギーを持った状態を保持しながら不安定な状態となっている場合は非常に危険である。

電圧検出が可能な場合は電気的な放電処理を行うことができるが，形状変化や端子部の破壊により放電不可の場合はその他の方法で失活処理する必要があり，当社では後述するように複数の失活方法を有している。ただし，失活処理自体が危険を伴う処理であるため，各方法のリスクを考慮した上で，できるだけ安全な方法から順に選択することが重要である。

### 4.2 失活方法事例
#### 4.2.1 エネルギー放出系
・放電（全セル）
　用途／目的：全電圧検出可能な場合に適用。
　方法：充放電装置や電子負荷に接続して放電する。
　利点：比較的安全な方法であり，バッテリーの原形を崩さずに処理できる。
　欠点：電圧未検出の場合には適用できない。
・放電（セル個別）
　用途／目的：電圧検出可能なセルがある場合に適用。
　　　　　　（一部，電圧未検出セルがあり，全セルまとめての放電ができない場合）
　方法：電圧検出セル毎に，セル抵抗放電器に接続して放電する。
　利点：比較的安全な方法であり，バッテリーの原形を崩さずに処理できる。
　欠点：電圧未検出の場合には適用できない。
・塩水没
　用途／目的：電圧検出が可能だが，電気的に放電できない場合に適用。

方法：NaCl 溶液（5%以下程度の濃度）に浸漬させる。
利点：比較的安全な方法であり，バッテリーの原形を崩さずに処理できる。
　　　（ただし，腐食あり）
欠点：電圧未検出の場合には適用できない。
　　　水没～乾燥～廃水まで，処理完了まで時間がかかる。

### 4.2.2　破壊系
・火炙り
用途／目的：電圧未検出の場合，電池温度を強制加熱して失活させる場合に適用。
方法：小型電池の場合はアルコールランプ，大型電池の場合はその他燃料（ガソリン等）により火炙りする。
利点：電圧未検出でも失活可能。
欠点：モジュールやパック等の複数セルが含まれる場合，幾つかのセルが生き残る可能性がある。

・釘刺し
用途／目的：電圧未検出の場合，強制的なセルの内部短絡による失活させる場合に適用。
利点：電圧未検出でも失活可能。比較的，短時間で処理できる。
欠点：モジュールやパック等の複数セルが含まれる場合，全てに釘を刺しきれず幾つかのセルが生き残る可能性がある。

・圧壊
用途／目的：電圧未検出の場合，機械的損傷により内部短絡や外部短絡の状態にして失活させる場合に適用。
利点：電圧未検出でも失活可能。比較的，短時間で処理できる。
欠点：モジュールやパック等の複数セルが含まれる場合，固定方法が適切でなければセルが解体してしまい部分的にセルが生き残る可能性がある。

### 4.3　失活方法の選択例
　当社では，試験後の電池状態やサンプルの構造と，各失活方法の利点・欠点等を総合的に考慮した上で失活方法を選択している。エネルギー放出系の失活から行い，安全が見られないときには破壊系までの実施を行うことが多い。

選択肢①　放電
　　　　　↓（不可の場合）
選択肢②　塩水没
　　　　　↓（不可の場合，または処理時間や場所の確保が困難な場合）
選択肢③　破壊による方法（火炙り，釘刺し，圧壊）

しかしながら試験後に解析を実施するような場合はエネルギー放出系のみを実施することもあ

る。また，エネルギー放出が危険な状況の場合は破壊系の失活を先行して実施する場合もあり一例として，過充電試験を実施した後のサンプルに対して行った圧壊による失活事例とイメージを紹介する。

圧壊による失活中，図9のように発火し，完全失活に至った。

当社としては，図10のように，過充電後の電池は負極表面上にリチウム金属が析出（デンドライト）するため，このままの状態で動かして外的な荷重ストレスを加えた場合は内部短絡に至る危険性も考えられることから，人が近づいて電池に触れることは困難と考えている。しかしながら，逆にこの性質を利用して圧壊時に容易に内部短絡することができれば確実にリチウムイオン電池を破壊・燃焼することが可能である。ただしこの処理をするためにはリチウムイオン電池

図9　失活事例：過充電試験後の圧壊による失活

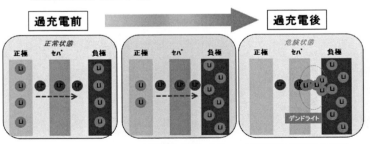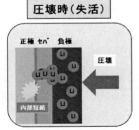

図10　過充電時のイメージ

第 19 章　安全性評価の受託

の爆発や燃焼に耐えうる圧壊装置と，実施できる部屋が必要となる。

## 5　おわりに

　今後ますます電動車両がグローバルに増加すると予測される中で，搭載されるバッテリーは各種各国の安全性評価基準をクリアすることがより一層求められる。また，航続距離の向上を目的に更なるエネルギー密度の向上も求められており新たなリスクに対する安全性評価も必要となる。これら増加する試験量を効率良く実施していくためには，本章で紹介した試験事例・研究を基に試験方法の標準化や加速試験方法の開発，前章で紹介したプレ試験〜認証・認可試験まで効率的に実施できる体制が必要と考える。

# 第20章　安全性評価の受託試験機能

楠見之博*

## 1　はじめに

リチウムイオン電池（LIB）は，スマートフォンなどの携帯機器用小型電池に加え，EV，PHEV，HEVなどの車載用として，より高出力・大容量でより安全な電池の研究開発が進められている。自動車業界では2018年以降の環境規制（加州ZEV規制，欧州$CO_2$規制，中国NEV規制など）への対応策としてPHEV，EVを中心とした電動車両が再び脚光を浴びており，車載用LIBではEV走行距離300 km超を実現するために次世代型（高容量／高電圧型）LIBの開発・実用化が急がれている。国内でも2016年7月には動力用バッテリーを対象とした国連協定規則UN-ECE-R100.02 PartⅡへの適合が義務化され，型式認可取得のための認証試験が本格化し始めている。

本章では，電池メーカ，自動車メーカ，電池部材サプライヤからの多様な試験要求に対応している受託試験機関での二次電池安全性評価の取り組みについて紹介する。

## 2　受託試験機関の目的，必要性

二次電池の安全性試験には，想定使用条件での安全性を確認する信頼性試験と，濫用時の安全性を評価する濫用試験（限界性試験）に大別され，それぞれ表1に示すように種々の電気的試験，

表1　二次電池の主な安全性試験

|  | 電気的試験 | 機械的試験 | 環境試験 |
|---|---|---|---|
| 濫用試験<br>（限界性試験） | 過充電試験<br>大電流充電試験<br>内部短絡試験<br>（強制内部短絡試験）<br>外部短絡試験 | 振動試験<br>衝撃試験<br>衝突試験（落下試験）<br>貫通試験（釘刺し試験）<br>圧壊試験<br>水中投下試験 | 熱衝撃試験<br>低圧暴露試験<br>暴露試験<br>加熱試験<br>結露試験<br>類焼試験 |
| 信頼性試験 |  | 衝撃試験<br>振動試験 | 温度サイクル試験<br>減圧試験<br>結露試験 |
| 機能安全性<br>試験 | 外部短絡保護試験，過充電電圧保護試験，過放電保護試験，<br>過大電流保護試験，充電時過熱保護試験 | | |

---

* Yukihiro Kusumi　㈱コベルコ科研　技術本部　高砂事業所　電池技術室　室長

第 20 章　安全性評価の受託試験機能

機械的試験，環境試験がある。電池システム（単電池，モジュールまたは電池パックと保護装置，保護回路および監視・制御回路 BMU の組み込んだバッテリーシステム）については，安全対策機能を確認する機能安全性試験がある。また用途に合わせ種々の規格試験が，信頼性試験・限界性試験・機能安全性試験からの試験項目を組み合せて定められている。

　二次電池の単電池（セル）の試作から，単電池を組電池化しモジュール／パックまでの商品化過程の概要と，各段階で実施される主な安全性評価を図 1 に示す。新規部材の採用など開発段階のセルは充放電特性など特性評価にて所望の特性を確認後，性能限界や安全性事象，特に熱暴走状態の確認を目的に限界性試験が実施され，電池の設計・開発にフィードバックされる。開発の最終段階で安全性能の高いセルが選定され，用途に応じた規格試験に適合していることを確認の上で，モジュール・パックへの開発へと進む。セル同様に電池システムとして，性能確認・安全性事象の確認，および規格への適合性確認のための安全性試験が実施されている。

　各メーカでは上述の各種評価試験を行っているが，それら全てを自社で賄うことは，評価項目・評価量の多さに加え人材や設備など開発資源の制約もあり，大きな負担となっている。さらに開発にスピードが求められ，時間的（納期的）な要求も高くなってきている。そのため自社で対応できない試験を受託する試験機関や，自社で対応可能な試験についても評価期間の短縮に寄与する試験機関，試験結果だけでなく専門性の高い知見・考察を提供する試験機関が必要となり，車載用リチウムイオン電池においても規格に則った性能・品質確認支援，認証取得支援または研究開発支援を行う民間会社や公的な試験機関が存在する。

　受託試験機関では，特に安全面で各メーカが安全を確保しきれないところを試験機関としての

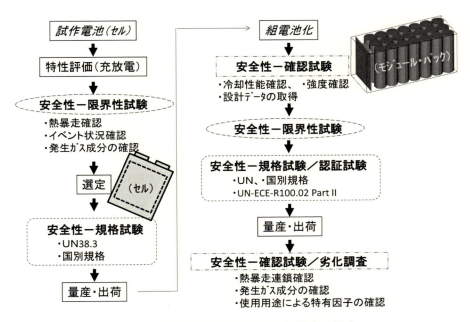

図 1　二次電池の商品化過程と安全性評価の概略

専門性を活かし，安全に配慮した設備整備を行い，作業員の安全を確保しながら目的とする試験を実施することができる。車載用リチウムイオン電池では高エネルギー密度故に単電池（数十Ah級）の限界性試験においても破裂，発火時には激しい現象となることがある。また車載用電池パックは容量で数十kWh，重量で数百kgを有するものもあり，試験場は万一の危険事象発生にも耐えられる対爆構造と排煙性能が求められ，大掛かりな安全対策設備が必要となっている。

規格試験／認証試験においては，受託試験機関は第三者機関として透明性を確保し，公正・中立な専門機関として試験評価を執り行うことができる。ISO/IEC 17025の要求事項に基づいて試験所を運用し，施設・設備・試験要員の品質を維持している試験機関もある。

## 3 受託試験機関の状況

国内に安全性試験を受託している民間試験会社は数社存在するが，それぞれ得意とする分野，特徴がある。火薬系の試験会社は，消防法危険物の確認試験などで使用される密閉試験場や屋外試験場にて火薬爆破試験などの経験を活用して，試験環境温度は十分に制御できないがモジュール電池やパック電池の大型電池の安全性評価を行っている。充放電試験機や環境試験機の試験装置メーカは，試験装置開発の実績を活かし，自社製試験装置を活用し受託試験を行っているところもある。また規格試験／認証試験を主として受託している外資系の試験会社もある。

また総合試験研究会社で材料分析や物理解析，CAE（Computer-Aided Engineering），電池の試作・特性評価などの受託に加え，電池の安全性試験を実施している試験会社もある。

2016年7月以降に型式認可される電池自動車等は国連協定規則UN-ECE-R100.02 PartⅡへの適合が義務づけられた。今後，増加が見込まれる型式認可取得のための認証試験に対応すべく，UN-ECE-R100.02 PartⅡへの適合性確認試験を，一拠点で試験できる試験会社も数社ある。その中には外国法人の認証機関と提携し，認可サービスまで提供する試験機関もある。

民間試験会社以外で大型電池の評価試験を受託する機関として，一般財団法人日本自動車研究所（JARI）がある。JARIでは防爆火炎試験ドーム（内径18 m）ほかの試験場にて車載用電池パックの限界性試験，認証試験にも対応している。また公的な試験機関では，独立行政法人製品評価技術基盤機構の蓄電池評価センタ（NLAB）が2016年夏以降で試験サービスを開始している。NLABの大型蓄電池システム試験評価施設には，コンテナサイズ（MWhクラス）の蓄電池の安全性評価試験が恒温環境下で実施できる世界最大規模の多目的大型実験棟がある。NLABは原則として他の試験機関で評価実施が困難な試験評価に対応している。JARI，NLABとも直接または民間受託試験機関を経由して活用することができる。

第20章　安全性評価の受託試験機能

## 4　受託試験の概要

電池関連業界別に，ここ数年の受託試験活用事案の傾向を以下に記す。

電池材料素材・部材メーカでは，開発した材料を用いた大型単電池の試作と，試作した大型電池の性能評価および安全性評価が課題の一つとなっている。安全性評価における危険事象（発火，破裂など）の程度は電池容量によって異なる場合があり，車載時に近い電池容量（数～数十Ah）の単電池を用いて評価することが望ましい。大型電池の試作設備，評価設備はともに物理的にまた費用面でも大掛かりになり初期投資が嵩む。電池試作と安全性試験を一括して受託している試験会社などの開発支援を活用することで，評価期間の短縮と設備投資の圧縮が可能である。

電池メーカでは，基本的に単電池および電池モジュールの安全性評価体制は自社内で確立されている。従って自社の試験設備で実施できない状況への対応が課題となる。例えば，自社内の設備処理能力を超えた評価物量となる場合である。典型的な規格試験である国連勧告試験 UN 38.3（航空機輸送に必須の適合性確認試験）などで，その全部又は一部の試験項目を外部機関へ委託されている。このケースでは受託試験機関には短納期・低コストに向けた柔軟な対応が求められる。別の例として，自社の試験設備で実施できない評価が必要となる場合がある。開発段階の活用例として，新部材の採用など試作電池で危険事象（発火，破裂など）発現時に発生するガス成分の分析（人体に有害物質の有無を確認する）などがある。安全性試験時の発生ガス分析は複数の受託試験機関で可能となっているが，半定量成分分析や発熱計測との併用による安全性発熱メカニズム解析まで対応可能な受託試験機関も存在する（5.2節参照）。

自動車メーカおよび車載用電池パックメーカでは，現行LIB材料の改良による高容量化に加え，次世代型LIBや革新電池を含め幅広く開発が進められている。車載用二次電池の安全性評価においては，実用使用環境下，あるいはそれ以上に厳しい試験条件下において多種多様な限界性試験ニーズがあるなかで，評価試験の効率化が課題となっている。受託試験機関では試験設備増設などにより評価期間の短縮を図り，顧客の開発スケジュールに沿った対応をしている。それ以外にも，計測・解析技術の高度化，例えばCAEと実測試験の複合解析により安全性評価結果の付加価値を高める試みもある（5.3節参照）。

車載用電池パックの認証試験について，UN-ECE-R100.02 PartⅡの適合性確認試験への受託試験機関の対応状況を3章で簡単に記している。それ以外では，中国法規GB/T 31485-2015（電池セル，モジュールに適用），GB/T 31467.3-2015（電池パック，電池システムに適用）への事前の適合性確認のための試験ニーズが増えている。特にR100.02より試験荷重が増えた圧壊試験，R100.02には無い試験項目である穿刺（釘刺し）試験，および特注の試験設備が必要となる電池パックの塩水噴霧試験や横転試験などに対し，試験機能力の増強・増設が受託試験機関に期待されている。

## 5 安全性評価試験の実施例

車載用リチウムイオン電池の安全性評価の実施例として，安全性試験時の発生ガス分析による電池内部反応解析と，リチウムイオン電池の安全性試験シミュレーション技術を紹介する。

### 5.1 安全性評価試験設備

車載用電池パック対象の安全性評価施設は，万が一の爆発，燃焼に備えて耐爆性を有する鉄筋コンクリート構造の実験棟が一般的である。内壁の一部を耐火ボードや鋼板で覆って耐火性能を高めた実験棟もある。EV電池パックの機能安全性試験や，PHEVまでの電池パックの限界性試験については，鋼板製の実験棟においても試験実績がある。

エネルギー密度の高いリチウムイオン電池は，異常時に発熱，漏液，発煙，破裂，発火などに至る場合がある。このため，異常事象を評価する為には，換気設備と試験中および保管中の電池の状態を外部から確認できるモニタリング装置を備えたチャンバ等の専用の実験棟が必要となる。数十Ahの大型電池の評価を行うため，主に単セルの評価を行う小型実験棟（キュービックチャンバ）と電池モジュール・パックの評価を行う大型実験棟（ドームチャンバ）を所有し，各種安全性評価試験を行っている試験機関もある[1,2]。図2に示す大型実験棟では，既存の可搬式試験機（例としてモジュール・パック用圧壊試験機を図3に示す）を用いた試験だけでなく，床面のレール定盤にフレームとジャッキを組み合せ設置することで汎用性の高い試験機構成が可能となっており，試験体の形状や姿勢に対しより柔軟な試験ができるようになっている。

小型電池評価設備(キュービックチャンバ)
＊特開2011-85415

No.1　No.2
大型電池評価設備
（ドームチャンバ）　特公5276089

図2　大型電池試験用実験棟

第20章　安全性評価の受託試験機能

1500kN水平圧壊試験機(上方写真)

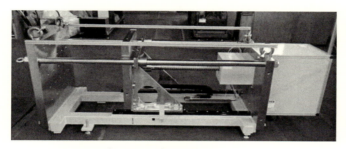
200kN水平圧壊試験機
(UN-ECE-R100.02 Part 2 対応)

図3　圧壊試験機

## 5.2　安全性試験時の発生ガス分析
### 5.2.1　発生ガスの回収および分析手法

　安全性試験時に発生するガスを回収分析することによって，発生ガスの総量や組成，発生変化の挙動がわかり，電池内部で生じている反応の把握に役立つ[1,2]。このガス分析は，例えばガス発生量などはパック設計に活したり，発生ガス種および発生量は，どのような反応が起こっているかなど電池材料開発の一助となる。

　図4に安全性試験時の発生ガス回収実施例を示す。小型試験容器中に試験体である電池を設置し，釘刺し試験などの安全性試験に供する。試験容器はあらかじめArなどの不活性ガス雰囲気とすることで，イベント発生時にも燃焼することなく発生したガスを全量回収して分析に供することが出来る。表2にガス分析の装置，分析成分例を示す。

### 5.2.2　過充電試験時のリアルタイム発生ガス分析

　リチウムイオン電池の危険要因の一つに上限電圧を超えた充電状態となる過充電がある。過充電状態では電池内部の分解に伴う発熱により，破裂・発火にいたる場合がある。安全性向上のためには，過充電域の発熱メカニズムを明確にすることが重要である。過充電域の電極，電解液，発生ガスを調査し，充電状態（SOC）と発熱要因を考察した報告がなされている[3]。本項では電解液の分解挙動を調査するため，過充電試験中の発生ガスをリアルタイムでサンプリングし，発

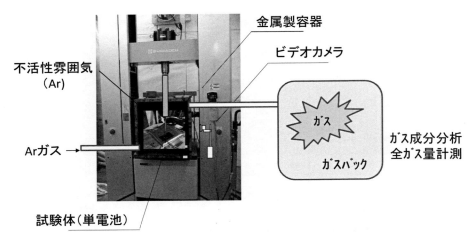

内部短絡試験（釘刺し試験）設備（※特開2011－3513）

図4 発生ガス回収技術

表2 発生ガス回収分析

| 分析項目 | 分析内容 |
|---|---|
| 無機ガス定量分析 ＊GC-TCD法 | $H_2$, CO, $CO_2$, $O_2$, $N_2$ |
| 有機ガス定量分析 ＊GC-FID法 | 低級炭化水素/C1～C4：7成分 （メタン，エタン，プロパン，n-ブタン，i-ブタン，エチレン，プロピレン） |
| 有機ガス定量分析 ＊GC-MS法 | オプション分析：GC-MS 定性・半定量（C5～CnHn 等） |
| イオンクロマトグラフ | HF |
| | SOx |
| | NOx |
| | アンモニウム |
| ICP-AES | 全P |

生ガスの成分分析を行った事例を紹介する。

リアルタイム発生ガス分析用に正極に $LiNi_{1/3}Mn_{1/3}Co_{1/3}O_2$（NMC）を，負極にグラファイトを，電解液に（1M $LiPF_6$/EC：DEC＝1：1 vol.％）を用いた設計容量5 Ahの角型リチウムイオン電池を試作した。試作セルは図5に示すようなリアルタイムでの温度計測，ガス分析が可能な専用容器内に設置した。過充電試験は，5 A（1C）の定電流条件にて破裂・発火に至るまで行った。過充電試験中の電池温度の経時変化から，①SOC120～150％，②同150～190％，③同190％以上で発熱温度の傾きが変化しており，この3つの領域でそれぞれ異なる反応に伴う発熱が支配的になっていると想定した。試作セルには予めガス採取用の配管を接続し，これをガスクロマトグラフィ質量分析法（GC-MS）と接続することで，過充電試験中の発生ガスのリアルタイム分析を実施した。リアルタイム発生ガス分析結果を図6に示す。SOC150％付近より電解液

第 20 章　安全性評価の受託試験機能

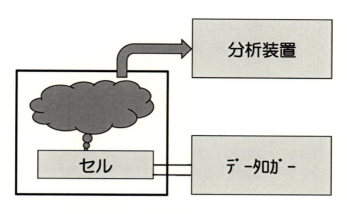

測定系の模式図

測定電池：5Ah角形リチウムイオン電池
　正極種：$LiNi_{1/3}Mn_{1/3}Co_{1/3}O_2$（NMC）
　負極種：グラファイト
　電解液種：$1M-LiPF_6$ ／ EC+DEC（1:1, v/v）

図5　過充電領域のリアルタイム発生ガス分析

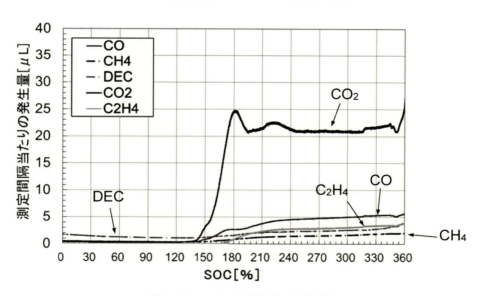

図6　リアルタイム発生ガス分析結果

の分解生成物であるCOや$CO_2$を主成分とするガスを検知しており，電解液の分解が開始していることが示唆された．詳細は省略するが，領域①は交流インピーダンス測定より正極の抵抗増加に伴うジュール発熱の増加が，領域②は上記より電解液の分解反応熱が，領域③は解体サンプ

リングされた電極材の示差走査熱量測定 (DSC) の評価より電極の熱分解反応による発熱が，それぞれの充電状態 (SOC) での発熱要因に寄与していると考えられた。

### 5.3 リチウムイオン電池の安全性試験シミュレーション

シミュレーション技術により，電池の安全性に関する現象を把握し，設計と評価の効率化を図る取り組みもある。二次電池の釘刺し短絡試験や過充電試験など安全性評価分野において，短絡時の電流・発熱・熱分解挙動を数値解析で評価可能なシミュレーション技術が開発され，シミュレーションと実測試験を合せたと複合評価が可能となりつつある。安全性試験シミュレーションの初期段階では，化学反応の熱測定と反応式のモデル化，単一セルを対象とした加熱試験，内部短絡・釘刺し試験シミュレーションなどが行われている[4]。釘刺し刺し過程の熱暴走シミュレーションでは，実験では把握の難しい短絡時の電池内部の現象が可視化できるようになっている。モジュールを対象とした安全性シミュレーション技術の開発も進んでいる。例えば過充電延焼シミュレーションでは発生ガスを考慮したモデルが用いられ，熱暴走状態のセルから熱伝導により隣接するセルへの延焼だけでなくベントから吹き出す高温ガスよる延焼も再現できるようになっている[5]。モジュール・パックの安全性評価では，コスト面や再現性の面からもシミュレーションの活用が広がるものと期待される。

さらに充放電シミュレーションによる反応解析や，劣化シミュレーションによる寿命予測などの取り組みもなされており，材料設計・選択から，電池設計・評価に至る幅広い段階でのシミュレーション技術の活用が，実証試験，計測・分析と連携して実施されている。

## 6 おわりに

受託試験機関では，車載用 LIB の開発支援のための評価・解析技術の開発や，認証取得支援に向けた評価設備の拡充を実施し，種々の安全性評価試験に対する自動車業界および電池関連業界の顧客のご要望に対応してきている。今後，革新型電池を含む二次電池の高容量化や高出力化の開発が進み，安全性の向上に向けた取り組みがますます増えるものと考えられる。試験機関としては，評価試験の効率化に継続して取り組むとともに，試験・計測技術の高度化と CAE との複合評価の推進により，開発支援機能の高付加価値化に貢献できるよう努めていく。

### 文　　献

1) 今北毅, コベルコ科研技術ノート「こべるにくす」, Vol.18 No.36, p.10 (2009)
2) 栗栖憲仁, コベルコ科研技術ノート「こべるにくす」, Vol.23 No.41, p.7 (2014)

第 20 章　安全性評価の受託試験機能

3)　林　良樹ほか，第 57 回電池討論会要旨集，1C24（2016）
4)　山上達也，コベルコ科研技術ノート「こべるにくす」，Vol.18 No.36, p.13（2009）
5)　岡部洋輔ほか，第 57 回電池討論会要旨集，1C25（2016）

## 【第Ⅵ編　次世代電池技術】

# 第21章　全固体電池

辰巳砂昌弘[*1]，林　晃敏[*2]

## 1　はじめに

　高エネルギー密度を有するリチウムイオン電池は，小型携帯機器の電源だけでなく，電気自動車やプラグインハイブリッド自動車の駆動電源としての用途も拡大している。電池が大型化するのに伴って，電池の安全性の確保がより一層大きな課題となっている。従来用いられてきた有機電解液を難燃性の無機固体電解質に置き換えることによって，電池の安全性を本質的に改善できることから，近年，全固体電池の開発が注目されている。また流動性のない固体電解質を用いることで，単セル内に負極/電解質/正極の三層を直列にスタックすることによって高電圧化が可能であるだけでなく，安全装置を含めた電池のパッケージングの簡素化など，省スペース化を図れることも，搭載スペースが限られている車載用途の蓄電池としては魅力的である。さらに，電極および電解質薄膜を積層して得られる薄膜型全固体電池は，数万サイクルの充放電を繰り返しても容量劣化がほとんどみられないことから，全固体電池が本質的にサイクル寿命に優れることが広く認識されている[1]。全固体電池の大型化に向けては，微粒子状活物質を高充填した電極層を用いるバルク型全固体電池の開発が必要である。この電池を実現するためには，高いリチウムイオン伝導性を示す固体電解質の開発と，電極と電解質間の広い接触面積を実現するための界面接合アプローチの開発が重要となる。筆者らはこれまでに，硫化物系を中心に導電率と成形性を両立したガラス系固体電解質の開発と，電極活物質との界面構築に取り組んできた[2]。

　本稿では，これまでに報告されている無機固体電解質の特性について概説し，さらに界面構築手法の一つである液相法を用いた活物質粒子への電解質コーティングや，全固体電池への高電位正極および高容量負極の適用について述べる。

## 2　無機固体電解質の特性

　無機固体電解質はこれまで，硫化物系および酸化物系材料を中心に研究開発がなされてきた。表1には，これまでに報告されている代表的なリチウムイオン伝導性無機固体電解質の室温導電率を示す[3〜12]。硫化物系電解質においては，$Li_{10}GeP_2S_{12}$結晶[4]や$Li_{9.54}Si_{1.74}P_{1.44}S_{11.7}Cl_{0.3}$結晶[3]に

---

*1　Masahiro Tatsumisago　大阪府立大学　大学院工学研究科　応用化学分野　教授
　　；工学博士
*2　Akitoshi Hayashi　大阪府立大学　大学院工学研究科　応用化学分野　教授；博士（工学）

第21章　全固体電池

表1　リチウムイオン伝導性固体電解質の室温導電率

| 組成 | 室温導電率（S cm$^{-1}$） | 文献 |
|---|---|---|
| $Li_{9.54}Si_{1.74}P_{1.44}S_{11.7}Cl_{0.3}$(c) | $2.5 \times 10^{-2}$ | 3) |
| $Li_{10}GeP_2S_{12}$(c) | $1.2 \times 10^{-2}$ | 4) |
| $Li_6PS_5Cl$(c) | $1.3 \times 10^{-3}$ | 5) |
| $70Li_2S \cdot 30P_2S_5(Li_7P_3S_{11})$ (gc) | $1.7 \times 10^{-2}$ | 6) |
| $75Li_2S \cdot 25P_2S_5$(g) | $1 \times 10^{-4}$ | 7) |
| $La_{0.51}Li_{0.34}TiO_{2.94}$(c) | $1.4 \times 10^{-3}$ | 8) |
| $Li_{1.3}Al_{0.3}Ti_{1.7}(PO_4)_3$(c) | $7 \times 10^{-4}$ | 9) |
| $Li_7La_3Zr_2O_{12}$(c) | $3 \times 10^{-4}$ | 10) |
| $90Li_3BO_3 \cdot 10Li_2SO_4$(gc) | $1 \times 10^{-5}$ | 11) |
| $Li_{2.9}PO_{3.3}N_{0.46}$(LiPON, g) | $3.3 \times 10^{-6}$ | 12) |

※表中の（c）は結晶，（gc）はガラスセラミックス，（g）はガラスであることを示す。

おいて，有機電解液と同等の$10^{-2}$ S cm$^{-1}$以上の導電率が得られている。電解液ではリチウムカチオンの対アニオンも伝導するため，リチウムイオンの伝導度は半分以下に減少する。一方，固体電解質はリチウムイオンのみが伝導に寄与するシングルイオン伝導体であるため，リチウムイオン伝導度はすでに電解液を超えている状況にある。またガラスの結晶化によって，高温相などの準安定結晶を析出させることができる。例えば$70Li_2S \cdot 30P_2S_5$（mol%）ガラスを結晶化させると，高温相である$Li_7P_3S_{11}$結晶が析出し，結晶化時の熱処理温度を最適化することによって，室温で$10^{-2}$ S cm$^{-1}$の導電率を示すガラスセラミックス（結晶化ガラス）が得られる[6]。$Li_7P_3S_{11}$結晶は通常の固相反応法では得ることが困難であり，今後，組成の異なるガラスの結晶化条件を検討することによって，より一層高いイオン伝導性を示す新規な準安定結晶の得られる可能性がある。また，一般的にガラス電解質の導電率はリチウムイオン濃度の増加に伴って増加し，$Li_2S$-$P_2S_5$二成分系においては，$75Li_2S \cdot 25P_2S_5$（mol%）組成で$10^{-4}$ S cm$^{-1}$オーダーの導電率を示す[7]。ガラスの特長としては，リチウムイオン濃度を高めさえすれば，組成変動によらず比較的高い導電率が得られること，上述したように準安定結晶の前駆物質として重要であることなどが挙げられる。

硫化物電解質は高い導電率，優れた成形性，広い電位窓を有しているが，最大のウィークポイントは大気安定性に乏しいことである。一般的に，リチウムイオンを高濃度に含む硫化物の多くは，大気にさらすと加水分解されるため，低露点下に制御したグローブボックス内での取り扱いが必須となる。この課題に対しては，大気安定性に優れる電解質組成の探索が進められている。例えば$Li_2S$-$P_2S_5$二成分系においては，$75Li_2S \cdot 25P_2S_5$組成のガラスが比較的大気安定性が高く[13]，さらに$Li_2O$[14]や$Li_3N$[15]を部分置換・添加することによって，より優れた大気安定性と$10^{-3}$ S cm$^{-1}$以上の高い導電率を両立したガラス電解質が開発されている。

一方，酸化物系電解質は化学安定性に優れるという特長を有しているが，硫化物系電解質ほど

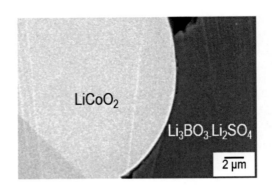

図1 90Li$_3$BO$_3$・10Li$_2$SO$_4$ガラス電解質粒子とLiCoO$_2$活物質粒子との混合物を室温でプレスして得られた成形体の断面のSEM像

の高い導電率を示す材料が見いだされていないのが現状である。表1に示すように，比較的導電率の高い酸化物系電解質としては，ペロブスカイト型 La$_{0.51}$Li$_{0.34}$TiO$_{2.94}$[8]，ナシコン型 Li$_{1.3}$Al$_{0.3}$Ti$_{1.7}$(PO$_4$)$_3$[9]，ガーネット型 Li$_7$La$_3$Zr$_2$O$_{12}$[10]などの結晶材料を挙げることができ，これらは室温で $10^{-4}$〜$10^{-3}$ S cm$^{-1}$ の導電率を示す。酸化物結晶材料についての共通の課題として，高温（通常1000℃以上）での焼結プロセスなしでは緻密化せず，粒子間の界面接合が困難である。よって，十分に焼結させないと粒界抵抗の寄与により，実際には導電率が低下する。また電極との固体界面形成を目的として，電極活物質との共焼結を行うと，界面での副反応による抵抗層の生成が懸念される。高温焼結なしで界面接合可能な可塑性を有する酸化物材料として，90Li$_3$BO$_3$・10Li$_2$SO$_4$（mol%）ガラスがある[11]。図1には，このガラス粒子と電極活物質であるLiCoO$_2$粒子との混合物を室温でプレスして得られた成形体の断面の走査型電子顕微鏡（SEM）像を示す。ガラスがLiCoO$_2$と密着した界面を形成していることがわかる。硫化物ガラスについては，プレス成形によって粒界が大きく減少する"常温加圧焼結"の進行することが明らかになっているが[16]，酸化物でこのような機械的性質を示す材料はほとんど見つかっていない。低融性酸化物から構成される酸化物材料について，より一層優れた成形性と高い導電率を示す材料の開発が期待される。また，90Li$_3$BO$_3$・10Li$_2$SO$_4$ガラスを290℃で結晶化させるとLi$_3$BO$_3$高温相に類似のパターンが観測され，導電率は増大して室温で $10^{-5}$ S cm$^{-1}$ の値を示す[11]。また，酸化物ガラスの導電率は，高いものでも室温では $10^{-6}$ S cm$^{-1}$ 程度である。代表例としては，リン酸リチウムの一部を窒化した，通称LiPON[12]が挙げられる。薄膜化することによって，みかけの抵抗を小さくできることから，実際に薄膜電池の固体電解質として用いられている。

## 3 全固体電池の作動特性

全固体電池を作動させるためには，電極活物質へのリチウムイオンおよび電子の供給のための

# 第21章 全固体電池

伝導パスの形成が必要である。液体電解質を用いる場合には，活物質と導電剤であるカーボン，バインダから構成される電極複合体に電解液を滴下・浸透させることにより，電解液が活物質表面を濡らすことでイオン伝導パスが形成される。固体電解質を用いる場合には，電極-電解質間の接触が固体界面となるため，広い接触面積を形成するための界面形成が必要となる。活物質粒子と固体電解質粒子を乳鉢混合するだけでも両者の界面は構築できるが，電極層内における粒子同士の接触が不均一となり，充放電作動時に反応分布の生じやすいことが明らかになっている[17]。また，活物質の利用率を高めるためには過剰の電解質の添加が必要となり，電極層中の活物質比率が減少するため，電池のエネルギー密度の観点からは望ましくない。電極層中の活物質比率を高めつつ，電極-電解質間の広い接触面積を得るための手法として，活物質粒子上への電解質コーティングが有用である。これまでに，気相法[18]や液相法[19,20]を用いて，硫化物系の固体電解質（solid electrolyte, SE）コーティングに取り組んできた。ここでは汎用的手法として期待される，液相法を用いた硫化物SEのコーティングについて述べる。

図2に，表面に電解質をコーティングした活物質粒子を用いたバルク型全固体電池の模式図を示す。正極活物質および負極活物質をそれぞれ，黒色と青色の球で表しており，黄色の部分は固体電解質を表している。電極層へ電極活物質を高充填した状態においても，電解質コーティング膜が電極層内のイオン経路として，電解質セパレータ層と集電体の間をつなぐことが期待できる。実際に図の右側には，液相法によって硫化物固体電解質（SE）を表面コートしたLiNi$_{1/3}$Mn$_{1/3}$Co$_{1/3}$O$_2$（NMC）正極活物質のみを用いた正極層断面のSEM像を示している。室温でのプレス成形によって緻密な電極層が得られており，また複雑な粒子形態をもつNMC粒子の隙間にも電解質が入り込み，SE-NMC間の広い接触界面が形成されている。ここでのSEには，アルジロダイト型結晶Li$_6$PS$_5$Brを用いている。メカノケミカル法で作製したLi$_6$PS$_5$X

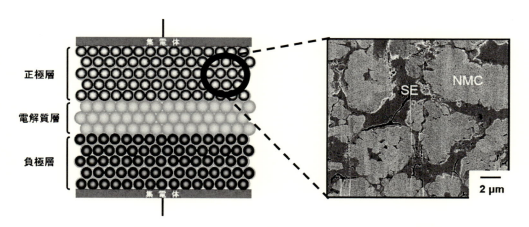

図2 表面に電解質をコーティングした活物質粒子を用いたバルク型全固体電池の模式図
右側には，液相法によって硫化物固体電解質（SE）を表面コートしたLiNi$_{1/3}$Mn$_{1/3}$Co$_{1/3}$O$_2$（NMC）正極活物質のみを用いた正極層断面のSEM像を示す

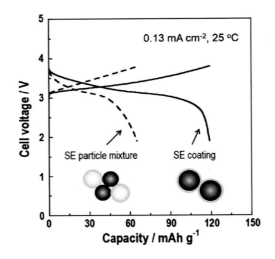

図3 液相法によってSEを表面コートしたNMC正極活物質のみを正極に用いた全固体電池（In/NMC）の初期充放電曲線
比較としてSE微粒子を添加した正極を用いた電池のデータも示している

（X＝Cl, Br）はエタノールに溶解し，その後，熱処理により再析出させると，$10^{-5}-10^{-4}$ S cm$^{-1}$ の比較的高い導電率を示す[20]。この電解質の前駆溶液をNMC粒子と混合し，粒子表面に液体−固体界面を形成した後に溶媒を留去することによって，NMC粒子表面にLi$_6$PS$_5$Br固体電解質薄膜を形成した。正極中の活物質とSEの割合は90：10（wt%）であり，活物質比率の高い電極層となっている。図3に，この正極層を用いた全固体電池（In/NMC）の初期充放電曲線を示す。比較として，NMC粒子と液相法で作製したSE粒子を混合して得られた電極複合体（混合割合は上記と同じ）を正極に用いた電池のデータも示している。縦軸には，対極兼参照極として用いているLi-In合金と正極間の電圧を示しており，Li-In合金とLiの電位差である0.62 Vを加えることによって，Li基準の電位に換算できる。どちらの電池もLi基準で約4 Vに充放電プラトーが観測されている。SEコートNMC粒子を用いて作製した電池は，SE粒子を添加した電池よりも大きな可逆容量を示し，その放電容量はNMC重量あたり約120 mAh g$^{-1}$であった。よって，液相コーティングを利用することによって，活物質比率の高い電極層を用いた場合においても，高容量を示す全固体電池を構築できることがわかる。

また車載用途にむけては，体積エネルギー密度の高い全固体電池が必要となる。そのためには，電極層内における活物質比率を高めるだけでなく，本質的に高電位を示す正極活物質や究極の負極活物質である金属リチウムの適用が期待される。LiNi$_{0.5}$Mn$_{1.5}$O$_4$（LNM）は4.7 V vs. Liの高電位を発生する正極活物質であることが知られている。これを正極に用いた全固体電池（In/LNM）の充放電曲線を図4に示す。LNM活物質表面をLi$_3$PO$_4$薄膜でコーティングすることに

よって，全固体電池が4.7 V vs. Liで充放電が可能である[21]。一方，挿入図に示すように，未コートのLNMを用いた電池では充放電が困難であった。$Li_3PO_4$薄膜をバッファ層としてコーティングすることによって，電池の抵抗が大きく低減したことが，電池作動の要因と考えられる。この電池においては，LNM活物質とSE粒子，導電助剤であるナノカーボンからなる複合体を正極に用いている。電池を高エネルギー密度化するためには，コーティング手法を含めた様々な複合化技術を駆使して，活物質の利用率および充填割合を増大していくことが求められる。

また金属リチウム負極を用いた全固体電池を構築するためには，負極－電解質間の固体界面設計が特に重要となる[22,23]。筆者らは，硫化物固体電解質とリチウム金属電極の間にAu薄膜を挿入することによって，リチウムの利用率が25%以上で，5サイクルの間，安定した溶解・析出が可能であることを見いだした[23]。一方，Au薄膜を挿入していない場合では，サイクルに伴って大幅に利用率が減少し，5サイクル後の利用率は約3%となった。図5には溶解・析出後のリチウム金属表面付近の断面SEM像を示す。Auを挿入した界面(a)では，挿入していない場合(b)と比較して，リチウム金属の析出形態がより均一となっていた。これがリチウム溶解・析出特性が向上した要因であると考えられる。電極－電解質間の界面を制御することによって，より一層大きな利用率とサイクル可逆性の達成が期待できる。

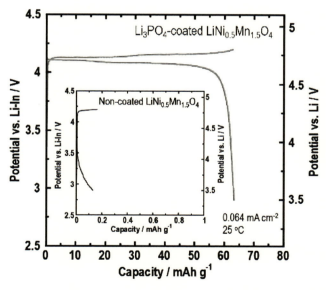

図4　$LiNi_{0.5}Mn_{1.5}O_4$（LNM）活物質を正極に用いた全固体電池（In/LNM）の充放電曲線

 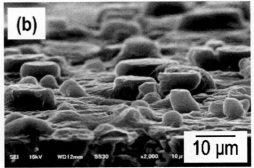

図5 溶解・析出後のリチウム金属表面付近の断面SEM像
(a) Au薄膜を挿入した界面，(b) Au薄膜を挿入していない界面

## 4 おわりに

　硫化物固体電解質の開発状況と，それを用いたバルク型全固体リチウム電池の構築について，筆者らの取り組みについて述べた。活物質粒子への電解質コーティングは，電極層における活物質密度を増大できることから，全固体電池の高エネルギー密度化に貢献できる技術である。また高電位正極や金属リチウム負極を適用するためには，活物質の利用率と可逆性を高める固体界面の構築が重要になると考えられる。全固体電池の性能向上のためには，電解質や活物質などの電池材料の革新はもちろん，固体界面の設計と形成手法の開発が必要であり，今後の研究の発展を期待する。

文　　献

1) S.D. Jones et al., *Solid State Ionics*, **86-88**, 1291 (1996)
2) A. Hayashi et al., *Front. Energy Res.*, **4**, 25 (2016)
3) Y. Kato et al., *Nat. Energy*, **1**, 16030 (2016)
4) N. Kamaya et al., *Nat. Mater.*, **10**, 682 (2011)
5) S. Boulineau et al., *Solid State Ionics*, **221**, 1 (2012)
6) Y. Seino et al., *Energy Environ. Sci.*, **7**, 627 (2014)
7) F. Mizuno et al., *Solid State Ionics*, **177**, 2721 (2006)
8) M. Ito et al., *Solid State Ionics*, **70-71**, 203 (1994)
9) H. Aono et al., *J. Electrochem. Soc.*, **137**, 1023 (1990)
10) R. Murugan et al., *Angew. Chem. Int. Ed.*, **46**, 7778 (2007)

## 第21章　全固体電池

11) M. Tatsumisago *et al.*, *J. Power Sources*, **270**, 603 (2014)
12) X. Yu *et al.*, *J. Electrochem. Soc.*, **144**, 524 (1997)
13) H. Muramatsu *et al.*, *Solid State Ionics*, **182**, 116 (2011)
14) T. Ohtomo *et al.*, *Electrochemistry*, **81**, 428 (2013)
15) A. Fukushima *et al.*, *Solid State Ionics*, **304**, 85 (2017)
16) A. Sakuda *et al.*, *Sci. Rep.*, **3**, 2261 (2013)
17) M. Otoyama *et al.*, *Chem. Lett.*, **45**, 810 (2016)
18) A. Sakuda *et al.*, *J. Power Sources*, **196**, 6735 (2011)
19) S. Teragawa *et al.*, *J. Mater. Chem. A*, **2**, 5095 (2014)
20) S. Yubuchi *et al.*, *J. Power Sources*, **293**, 941 (2015)
21) S. Yubuchi *et al.*, *Solid State Ionics*, **285**, 79 (2016)
22) M. Nagao *et al.*, *Electrochem. Commun.*, **22**, 177 (2012)
23) A. Kato *et al.*, *J. Power Sources*, **309**, 27 (2016)

# 第22章　車載用次世代電池としての全固体電池の展望

井手仁彦*

## 1　はじめに

　車載用二次電池技術は戦後のモータリゼーションの進展に伴い，鉛蓄電池技術を軸として着実に成長してきた歴史がある。技術的に成熟した信頼性の高い鉛蓄電池は，近年でも国内外で車載用補助電源や電動バイクなどに多く使用されており，廃バッテリーからの鉛リサイクル事業なども含めて成熟した二次電池市場を形成している。

　車載用二次電池技術の大きな転換点は，民生用途向けとして1990年代に相次いで実用化されたニッケル水素電池およびリチウムイオン電池の登場にある。当時，携帯電話やノートパソコンなどを用いたユビキタス社会の実現に向けて，高性能かつ小型・軽量の高容量二次電池技術の構築に社会からの強い期待が寄せられ，両者の電池技術は電池技術の歴史のなかでも著しい技術成長を成し遂げていた。

　そのような背景のもと，1997年に採択された京都議定書に象徴されるように，地球温暖化などの環境問題に対して国際的な関心が強まってきた。二酸化炭素などの温室効果ガスの排出削減目標が国ごとに定められ，自動車にはハイブリッド自動車（HEV）や電気自動車（EV）の実用化が強く求められた。現在，国内外でHEVとしての地位を固めているニッケル水素電池を搭載したHEVは，1995年のプロトタイプ発売を経て，1997年に初代モデルが登場している。HEVでは，エンジンへの速やかなアシスト機能や，ブレーキングの際にはエネルギー回生を速やかに行う必要があるために，二次電池に対しては高い入出力特性が求められる。採用された二次電池は，民生用途での開発競争のなかから，安定した入出力特性に加えて，安全性やコストといった観点からニッケル水素電池が採択され，今日でも広く使用されている。三井金属では，ニッケル水素電池の負極材料に使用される水素吸蔵合金開発をその萌芽期から継続して実施しており，安定した水素吸蔵特性や耐食性などの材料機能面だけではなく，リサイクル技術[1]や車載用二次電池材料として重要な異物管理などの製造管理技術も長い量産実績を通じて構築している。

　同時期に開発が進められていたEVでは，スタンドや家庭での一回充電あたりの走行距離を保証するために，電池には高いエネルギー密度を求められる。この観点により，ニッケル水素電池はその候補から外れ，民生用途市場における高容量競争で分が認められていたリチウムイオン電池が検討の中心になっていった。HEVと異なりEVに搭載する電池は著しく大型となるため，

---

\*　Hitohiko Ide　三井金属鉱業㈱　機能材料事業本部　機能材料研究所
　　　　　　　　　　電池材料プロジェクトチーム　活物質グループ　リーダ

## 第 22 章　車載用次世代電池としての全固体電池の展望

電池の小型化を可能にする体積エネルギー密度に優れた材料の開発や，安全性・信頼性の観点から電池構造やモジュール構造，そしてバッテリマネジメントシステム（BMS）など数多くの技術開発が今日も精力的に続けられている。

国内外では様々な車載用リチウム二次電池がこれまでに実用化されてきた。本格的な導入期に入った 2010 年代では，民生用途で長く実績が積み上げられたリチウムイオン電池の設計をもとに，安全性や信頼性などのバランスに重点が置かれた車両が投入され，国内のみならず海外でも着実にその製造販売台数が伸びてきている。これは，環境意識の強いユーザに受け入れられたことや，政策による様々な規制や優遇策，EV がもつ特有の加速性能，そして国内においては車両火災といった重大事故が発生していないといった点が挙げられている。しかしながら，今後のさらなる市場拡大に向けては，一回充電当たりの走行距離がガソリン車の領域に届いていない点や充電時間が長い点が技術課題として明確になってきた。これらの技術課題の克服に向けては，ニッケルコバルトマンガン系正極材料におけるニッケル組成比率の引上げやニッケルコバルトアルミ系正極材料の採用，黒鉛負極へのシリコン系材料の添加といった活物質材料の高容量化技術の採用が検討され，車載電池全体の設計を含めた見直しも展開されていくと予想される。

車載用二次電池の高エネルギー密度化として，避けられない技術課題は安全性の確保である。民生用途においては，車載用途に先駆け，上述した高容量活物質材料の採用や従来よりも充電電圧を引き上げることで高容量化する取り組みが進んできている。充放電容量を決める正極酸化物材料中のリチウム量は通常の充放電条件ではその全てを充放電に使用していない材料が多い。これは正極活物質の結晶構造安定性の理由や膨張収縮による粒子崩壊を回避する観点などから導かれた電池設計であり，自動車用途ではより安全を考慮した充放電条件が設定されていることが多い[2]。個々の電池に対する細やかな制御は近年の BMS 技術の発展による貢献も大きい。近年の活物質材料の改良や電解液技術の発展により，民生用途では高充電圧を行っても安定作動できる材料が登場しており，スマートフォンなどの高機能化に寄与している。そのような状況下において，海外製スマートフォンで発火事故が相次ぐなど，リチウムイオン電池の高容量化ならびに高充電圧化技術の採用に対して安全性を疑問視する意見が挙がっている。

本稿では，現行リチウムイオン電池技術の延長線上の車載用途として，2020 年代に登場が予想される次世代電池を対象に，高エネルギー密度電池と安全性の観点から将来展望について記述する。

## 2　ポストリチウムイオン電池

リチウムイオン二次電池（LIB）の様々な技術限界を克服したポスト LIB と称される電池系は，高容量正極材料であるリチウム過剰型正極や高電位正極，高容量負極材料であるシリコン系材料といった高性能活物質材料を採用した先進 LIB 系，電解液が固体材料に置き換わる全固体電池，ナトリウムイオン電池といった非リチウムイオン電池，金属空気電池が挙げられる。先進 LIB

以外は 2030 年以降の将来電池技術としての見方が大勢ではあるが，近年材料開発におけるブレークスルーが各電池系で認められており，一部は 2020 年代に登場する可能性があるとの声がある。

　LIB 技術の延長で高容量化するには正極および負極に高容量材料を適用することがまず考えられる。様々な高容量正極材料が探索されてきた中で魅力的な材料といわれているのはリチウム過剰系正極が挙げられる。しかしながら，高容量を発現する結晶構造メカニズムとして，高電圧充電時における構造からの酸素脱離が不可避とされ，長期間の耐久信頼性が必要な車載用途には向かないとされてきた。近年，東京電機大学では，この本質的な技術課題を克服する材料を提唱されており，安価原料の実用化も含めて車載用途に適した高容量正極材料の開発を進められている[3]。高容量負極材料であるシリコン系材料は，SiO と Si 合金系の 2 種類に大別され，SiO を既存のグラファイト負極に添加することで，年々電池全体の高容量化に寄与し発展してきている[4]。さらなる高容量化に向けては，SiO 特有の充放電効率の低さを克服する技術課題と，シリコン系そのものの技術課題である膨張収縮を如何に克服して Si 合金材料を展開できるかにある。また，長期耐久性の観点では電解液によるシリコン負極材料の腐食課題もあり，炭素や固体電解質材料を表面に被覆するなどの材料開発や，反応相手である電解液についても新しい開発が試みられている。東京大学が開発している高濃度電解液では高い電圧領域での耐性が向上することで高電位正極の安定作動が証明されたほか，電池内部材の腐食を抑止できているなど，これまでの電解液で技術課題とされてきたデメリットを克服する取り組みがなされている[5]。

## 3　全固体電池

　先述したとおり車載電池を高エネルギー化していく技術トレンドに対して最も懸念される点は，発火異常発生時における安全性の確保である。従来の LIB に対して可燃性の有機溶媒を使用していない全固体電池は，発火時の爆発的な燃焼を回避するなどの安全リスクを低減する技術として重要視されている。また，非水溶媒電解液に比べて高い電位窓を有している固体電解質材料も開発されており，安全性のみならず高電圧領域における信頼性の観点から，次世代車載用電池として有望とされている。

　全固体電池は，おもに PEO 系に代表されるポリマー系，酸化物系，そして硫化物系が挙げられる。また，全固体電池に採用される電池形態の可能性としては，「薄膜型」と現在の車載 LIB 電池と同様の形態である粉末形状の活物質と固体電解質から構成される「バルク型」が挙げられる（図 1）。IC カード内蔵電池用途などには酸化物系固体電解質を中心とした薄膜型全固体電池の開発が進んでいる。高容量化が求められる車載用途電池としては，電池体積当たりのエネルギー密度の観点から，後者の「バルク型」全固体電池が開発対象となる。

　「バルク型」全固体電池特有の技術課題は，固体電解質と活物質の界面の構築である。しかし，「薄膜型」全固体電池で実証されてきたように，固体-固体界面でのポテンシャルは従来の非水溶

## 第22章 車載用次世代電池としての全固体電池の展望

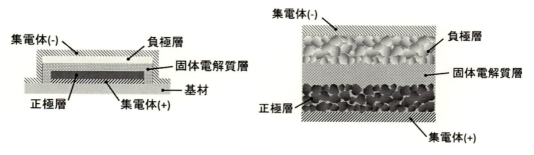

図1　全固体電池の形態例

媒－固体界面よりも高いと示唆されている。様々な固体電解質のうち，粉末形状である活物質とのコンタクトが取りやすく電極形成が容易である理由から，高い成形性を有する点で硫化物系固体電解質が有望とされている。また，車載用途に求められる低温特性や入出力特性，電池体積あたりのエネルギー密度といった要求事項を理由に，リチウムイオン伝導性に優れている点も含めて，硫化物系固体電解質を用いた「バルク型」全固体電池の開発に高い注目が集まっている。

### 4　三井金属における硫化物系全固体電池材料の開発

車載用電池材料事業を担ってきた立場から，車載向硫化物系全固体電池における材料開発の課題を次の視点で整理した。①LIB水準の電池性能を引き出せるリチウムイオン伝導性確保，②正極層および負極層，セパレータ層のいずれでも使用できる固体電解質，③車載用途に適した低コスト製造プロセスの適用，④準ドライルーム環境下で電池製造可能な固体電解質，⑤お客様が選択する活物質に適した組成および粒子サイズ設計，⑥硫化物系固体電解質に適した正極および負極活物質の材料設計，⑦異物や不純物などの品質管理，⑧破壊的車両事故を想定した硫化水素発生抑止技術の構築などが挙げられる。

以上の観点から，硫化物系固体電解質と全固体電池に適した正極および負極活物質までの主要3部材を対象として材料開発に取り組んでおり，あしもとの開発状況と今後の展望について記述する。

### 5　硫化物系固体電解質

全固体電池向けに開発が進められている代表的な硫化物系固体電解質材料を表1に示す[6〜10]。$PS_4^{3-}$四面体を1ユニットとして骨格を形成しているLi-P-S系を基本組成としたものが多い。このLi-P-S系の派生組成である$Li_{10}GeP_2S_{12}$や$Li_{9.54}Si_{1.74}P_{1.44}S_{11.7}Cl_{0.3}$などに代表される結晶質材

表1 代表的な硫化物系固体電解質材料候補

| 化学組成 | 構造 | リチウムイオン伝導率 $\sigma/S\cdot cm^{-1}$ |
|---|---|---|
| $0.75Li_2S\text{-}0.25P_2S_5$ | アモルファス | $1.8\times10^{-4}$ |
| $Li_7P_3S_{11}$ | ガラスセラミックス | $5.4\times10^{-3}$ |
| $Li_{10}GeP_2S_{12}$ | 結晶質 | $1.2\times10^{-2}$ |
| $Li_{9.54}Si_{1.74}P_{1.44}S_{11.7}Cl_{0.3}$ | 結晶質 | $2.4\times10^{-2}$ |
| $Li_6PS_5Cl$ | 結晶質 | $1.3\times10^{-3}$ |

料は，室温でのリチウムイオン伝導率が既存の有機電解液と同など以上である $1\times10^{-2}S\cdot cm^{-1}$ 超える値が得られている。東京工業大学やトヨタ自動車が発表した報文では，非水溶媒電池には及ばないと考えられていたことを覆す出力特性が示され，低温特性や単位電極面積あたりの高容量化（活物質層の厚膜化）の可能性も示され，技術的に大きな衝撃を与え，車載用への適用が視野に入ってきたと考えられる[9]。

一方で，リチウムイオン伝導性では上述の材料に及ばないものの，構成元素として卑な元素を含まないために電気化学的に安定な電位領域が広く，従来のグラファイト負極や，高容量化に向けた次世代のシリコン負極材料や金属リチウム負極にも適用可能性がある $Li_6PS_5Cl$ 材料も魅力的な候補として挙げられる[10]。アルジロダイト構造と称されるこの硫化物系固体電解質材料については，結晶構造中のClを同じ17属元素であるIやBrが置換された $Li_6PS_5I$ や $Li_6PS_5Br$ 材料などが独・ジーゲン大学により報告されている。結晶構造中には3次元的なリチウムイオン伝導パスが形成されており，高いリチウムイオン伝導性を発現する可能性が示唆されている[11]。

三井金属では，前段で述べた開発課題の視点から，アルジロダイト型構造を有する $Li_6PS_5Cl$ 材料を対象に，組成の適正化や車載用途材料に適した製造プロセスを活用する観点で材料開発を進めてきた[12]。表1に示した代表的な硫化物系固体電解質材料は，アルジロダイト型の化合物も含めて，溶融急冷法やメカニカルアロイング法により材料合成がなされている。溶融急冷法では，硫化物の熱的安定性が低いことから，硫黄成分の揮発により硫黄欠損が発生しやすいなど，量産技術的には組成制御が難しい。また，メカニカルアロイング法も連続工法や大型化が難しく，車載用途に適した量産設計に対して大きな制約がある。

そこで，一般的な固相反応法をベースに原料を焼成して製造する方法を採用している。上述の通り硫黄欠損を抑制した組成制御や品質安定化のために，硫化水素雰囲気内で焼成する「硫化焼成法」を用いている。有毒ガスを使用した特殊工法であるために，安全管理などの高度な工程管理技術を要するものの，硫黄欠損を抑制した高結晶性の材料を量産性がある製法で製造することができる。図2には，開発品である結晶性アルジロダイト構造を有する $Li_6PS_5Cl$ 材料のSEM像を示す。粒子サイズは適用される活物質粒子に合わせて，サブミクロンから数ミクロンサイズに作り分けが可能である。固体電解質粉末自身の外観は白色を呈しており，硫黄欠損が生成した場合に認められる着色も認められない。組成に対しても目的組成通りの材料が得られることを

第22章　車載用次世代電池としての全固体電池の展望

ICP発光分析法で確認している。

　固体電解質材料として重要な特性であるリチウムイオン伝導性評価は，粉末形態である固体電解質材料をアルゴン雰囲気のグローブボックス中に設置した一軸プレス機でペレット状に成形し，得られたペレット圧粉体に対して測定を実施している。図3にはアルジロダイト型固体電解質開発品のリチウムイオン伝導率の温度依存性を示す。室温領域において$5〜6×10^{-3}$ S・cm$^{-1}$

図2　アルジロダイト型固体電解質開発品材料のSEM像

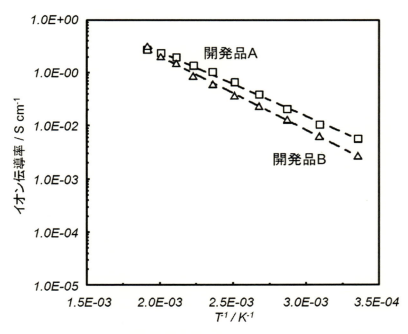

図3　アルジロダイト型固体電解質開発品のリチウムイオン伝導率温度依存性

が得られており,「バルク型」全固体電池として使用される材料として,有望なイオン伝導度を有している。カウンターアニオンが移動する非水溶媒液系とは異なり輸率が1であることも鑑みると,従来のLIBを凌ぐ電池性能が得られる可能性がある。

　図4および図5には開発品であるアルジロダイト型固体電解質材料に対して測定したサイクリックボルタムグラム(CV)による電位窓の測定結果を示す。対極(参照極)にはリチウム金属,

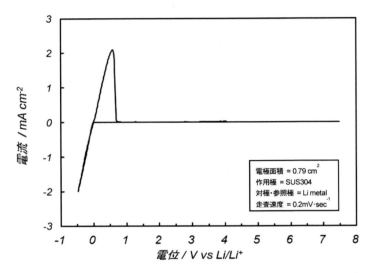

図4　アルジロダイト型固体電解質開発品電極のサイクリックボルタンモグラム
　　　($-0.5$〜$7.5$ V vs. Li/Li$^+$)

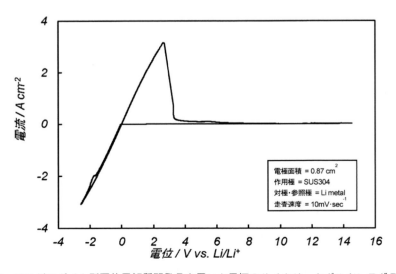

図5　アルジロダイト型固体電解質開発品を用いた電極のサイクリックボルタンモグラム
　　　($-3.0$〜$14.5$ V vs. Li/Li$^+$)

作用極にはSUSを用いている。図4では固体電解質ペレットサイズを直径10.0 mm，厚みを約3 mmとして，－0.5 Vから7.5 Vの範囲を0.2 mV sec$^{-1}$条件で電圧を掃引したところ，0 Vを中心としたリチウムの吸蔵・脱離に起因すると考えられる電流ピークを認める以外，とくに高電位領域での電流ピークは存在しないことが確認できた。この結果は，非水溶媒電池系では高電位領域での分解ガス発生により実用化が困難とされている高電位正極の適用可能性や，充電電圧を引上げて使用する層状正極での技術課題を克服できる可能性を示唆するものである。次に掃引電圧領域を拡げることにより，リチウムイオン伝導性向上による可能性を確認した。図5では，固体電解質ペレットサイズを直径10.5 mm，厚みを300ミクロンに変更し，対極の金属リチウムもプレス機で圧延することで新生面を出して打抜いたものを用いた。電圧掃引範囲は－3 Vから14.5 Vまで広げ，掃引速度を10 mV sec$^{-1}$条件で測定した5サイクル時点の結果を示している。ペレット電極面積1 cm$^2$あたりに数Aの電流ピークの存在を確認でき，圧粉成形による「バルク型」硫化物系全固体電池として，高性能電池が実現できる可能性を示唆する結果であると考えている。温度依存性や固体電解質の組成・粉体物性に対する詳細なデータについては現在調査中である。

## 6 硫化物系全固体電池の電池特性

リチウムイオン伝導性に優れた固体電解質が得られ，圧粉成形による「バルク型」硫化物系全固体電池として，高性能電池が実現できる可能性を示唆する結果が認められたことから，次に基礎的な電池特性の作動確認を行った。図6には充放電試験に使用した圧粉型ペレット電池の構成を示す。孔をあけたポリプロピレン製の絶縁筒本体と，電極となる凸型のSUS電極から構成されている。正極活物質と固体電解質および導電助剤を，60：38：2や80：18：2（wt%）といった比率で各々乾式混合したうえで充填し，加圧することでペレット化させ，次いで固体電解質のみの粉を充填・加圧し，第3層として負極活物質および固体電解質を50：50や64：36（wt%）

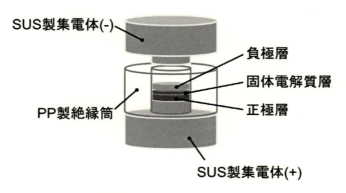

図6　全固体電池評価に用いた圧粉ペレット型電池の構成

といった組成で予め乾式混合した粉末を充填し一軸加圧プレスをかけて電池としている。なお，今回の試験では固体電解質層の厚みが約 400 ミクロンと現在の非水溶媒電池のセパレータ（10〜20 ミクロン）に対して非常に厚めの構成で電池評価を実施している。

　固体電解質材料の性能差を確認する目的として，まず開発品であるアルジロダイト電解質に対する比較サンプルとして公知な固体電解質材料である $Li_2S:P_2S_5=75:25$ アモルファス材料をメカニカルミリング法により作製して準備した（リチウムイオン伝導率：$3.0\times10^{-4}\,S\cdot cm^{-1}$）。また正極活物質には，$ZrO_2$ コート[13]を施した層状化合物である $LiNi_{0.5}Co_{0.2}Mn_{0.3}O_2$（NCM523），負極活物質にはグラファイトを用いた。それらの全固体電池としての初回充放電曲線を比較した結果を図 7 に示す。リチウムイオン伝導性の低い $Li_2S:P_2S_5=75:25$ アモルファス材料を用いた電池に対して，アルジロダイト型固体電解質開発品を用いた電池では充電過程および放電過程何れも抵抗が低減されたことによる傾向が認められ，充放電効率も著しく改善できており，類似の電池設計で測定した非水溶媒液電池（図 8）と同等の充放電容量および充放電プロファイルが得られることが確認できた。

　図 9 には作製した全固体電池のレート特性を示す。充電レートは 0.1 C 相当の電流値で固定し，放電時のみレートを変更して同一電池にて測定を行った。横軸に放電レート，縦軸に 0.2 C 放電時の放電容量を 100 %として各放電レートにおける放電容量の維持率を示す。$Li_2S:P_2S_5=75:25$ アモルファス固体電解質を用いた全固体電池では，放電レートが 2 C を超えるとほとんど放電できなくなるのに対し，アルジロダイト固体電解質開発品を用いた全固体電池では放電レート 10 C においても 64 %の容量が引き出せている。これらのことから，従来の全固体電池の課題と

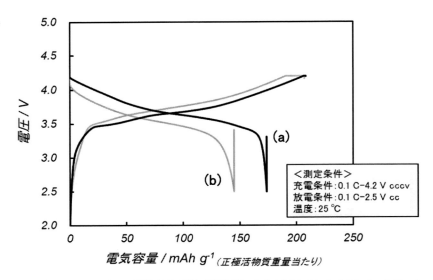

図7　(a) アルジロダイト型固体電解質（開発品）または (b) $75Li_2S\text{-}25P_2S_5$ を用いた電池の充放電曲線

第 22 章　車載用次世代電池としての全固体電池の展望

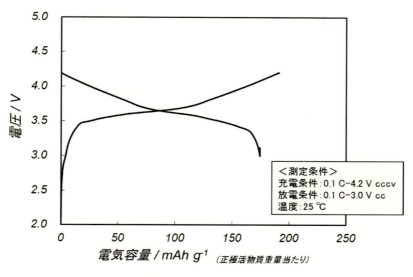

図 8　非水系溶媒を用いた電池の充放電曲線

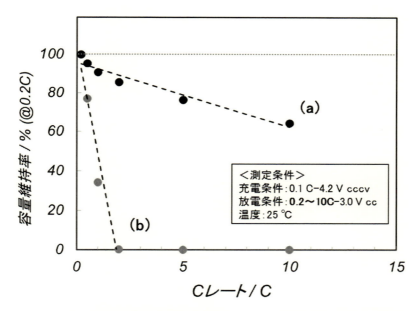

図 9　(a) アルジロダイト固体電解質（開発品）または (b) 75Li$_2$S-25P$_2$S$_5$ を用いた全固体電池の放電レートと容量維持率の関係

されていたレートや出力特性を，解決できる見通しがつきつつある。

　二次電池として重要なサイクル寿命について図 10 に示す。Li$_2$S：P$_2$S$_5$＝75：25 アモルファス固体電解質を用いた全固体電池と比べて，開発品であるアルジロダイト電解質を用いた全固体電池のサイクル特性は良好であり，100 サイクルで 95％以上の容量維持率を示した。以上の結果か

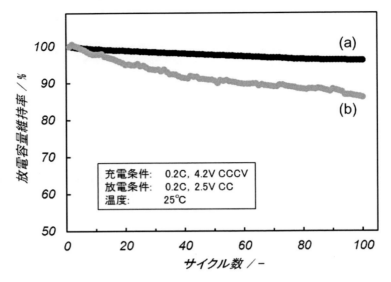

図10 (a)アルジロダイト固体電解質（開発品）または(b) $75Li_2S-25P_2S_5$ を用いた全固体電池のサイクル特性

ら，開発したアルジロダイト電解質材料は電気化学的にも安定であり，一般的な正極および負極材料の適用にも致命的な技術課題がないことを確認した。

## 7 硫化物系全固体電池の展望

全固体電池に期待される要求事項としては材料不燃性による安全性だけではなく，これまでの非水溶媒電池で達成できなかった電池特性を実現することにも存在する。たとえば電解液の低温域での物性変化に起因する低温電池作動や，電解液との副反応に起因した高温耐久性，高電位領域充放電特性などが挙げられる。いずれも車載用途としての二次電池特性として重要視されている特性ばかりであり，各電池構成部材の開発や電池設計，温度管理を含めたシステム設計開発が進んでいる。

ここでは，次世代車載用途電池として重要視されている高エネルギー密度電池の実現について，当社内で技術方向性の検討を行っている内容について記述する。一般的に既存のLIBをそのまま全固体化したところで，高エネルギー密度化できないことは自明のことである。全固体電池技術による高エネルギー密度化の考え方には，2つのアプローチが存在する。ひとつめは図11に示すように，非水溶媒電池では困難な「バイポーラセル構造[14]」が実現できることにある。自動車には電池が搭載されるスペースに限りがあり，体積あたりの電池エネルギー密度が重要視される。走行に必要な容量に対して充足する数の電池を搭載しては，搭乗者数やトランクスペースに制限がかかるほか，車内快適性にも影響が出るためである。ふたつめは高電圧耐性に優れた全

# 第22章　車載用次世代電池としての全固体電池の展望

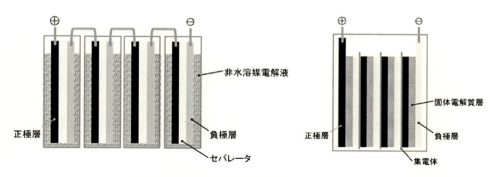

図11　(a)非水溶媒電池の大型電池構造と(b)全固体電池を活用したバイポーラセル構造の比較

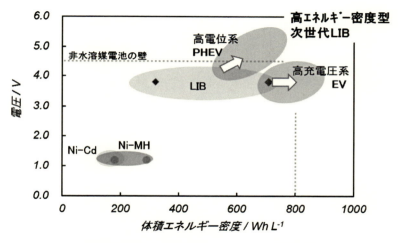

図12　車載用二次電池体積エネルギー密度の技術動向

固体電池の特長を活かした高電位正極[15,16]の採用や，既存の層状正極[17,18]をベースに高充電圧化する方向性である。図12は各種実用化された車載電池の平均放電電圧を縦軸にとり，車載用途電池の体積エネルギー密度を横軸にプロットしたものである。車両設計にも依存するが，1回充電あたりの走行距離をガソリン車並みにするためには，800 Wh L$^{-1}$を超えるエネルギー密度が必要だと言われている。また，プラグインハイブリッド自動車（PHEV）など，HEVに求められる入出力特性にくわえて，EVに求められる容量特性を満足する観点では，単セル電圧が高くセル点数を削減できる高電位正極を用いた電池設計も重要だとされている[19]。

## 8 層状正極を用いた全固体電池の高充電圧電池特性

図13には,正極活物質に$ZrO_2$コートを施した層状化合物である$LiNi_{0.5}Co_{0.2}Mn_{0.3}O_2$(NCM523),負極活物質にはグラファイト,固体電解質には開発品であるアルジロダイト電解質を用いた全固体電池の充放電曲線を示す。評価した電池構成は図6と同様である。正極活物質には全固体電池に適した粉体物性として,単分散に近い活物質を開発しており,本電池評価にはこの粉体物性を有した材料を使用している。図13の試験では同一設計の電池を2個作製し,1つは従来からの充放電条件である充電終止電圧4.2 Vとした条件で,2つめは全固体電池の特長を確認する目的で4.5 Vに設定して充放電を常温で行った。充電容量および放電容量ともに充電電圧を0.3 V引き上げることにより20%程度の容量向上効果が得られており,全固体電池においても充電電圧を引き上げることによる高容量化メリットが引き出せることが確認できたことになる。

この電池設計で懸念される事項は,高電圧領域における電解質耐性が原因で技術課題がある充放電サイクルの耐久性である。図14には充放電サイクル特性(0.2 C)について,同じ正・負極材料構成で作製したラミネート型の非水溶媒電池と比較した結果を示している。非水溶媒電解液には,高電圧耐性を向上させた特殊な開発材料ではなく,一般的な$1 M\ LiPF_6$/EC:DEC(1:1 vol.%)を用いている。非水溶媒電池ではサイクル数を重ねるに従って,ラミネート袋内にガス発生による著しい膨らみが観察され,50サイクル手前で急激な容量劣化が認められた。しかしながら,全固体電池については初期の容量維持傾向を保ち,500サイクルまで急激な劣化なく充放電可能であることを確認した。この結果は,非水溶媒電池での高充電電圧設計で扱われている技術課題に対して,解決の糸口としても意義のある結果と考えている。

次に,全固体電池の特長を活かした非水溶媒電池とは異なる高エネルギー密度化の方向性とし

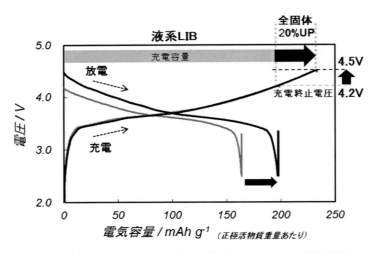

図13 高電圧化による高容量化の一例(Gr/NCM523全固体電池)

第22章　車載用次世代電池としての全固体電池の展望

て，電極の単位面積あたりの容量向上の可否を検討した結果を図15に示す。全固体電池では，活物質層内に電解液を含浸する空間を残す必要がないことから，高い電極密度が実現でき，活物質層の厚膜化も可能である。図14のケースでは，あくまで1例であるもののNCM811およびSi負極を用いた全固体電池をベースに，高充電圧化とともに電極面積容量を8 mAh cm$^{-2}$まで引上げても0.1 Cで充放電可能であることを示している。高電圧耐性については，電解質だけの問題ではなく層状正極材料自身の技術課題もあることから，組成や上述の粉体物性および次項目で述べる活物質への表面改質技術の適正化も重要であると考えている。

図12から図14で検討した結果は，全固体電池技術の適用により，NCM層状正極をベースとした高充電圧化設計の適用，電極面積容量の引上げによる高エネルギー密度電池の実現可能性を示唆するものである。

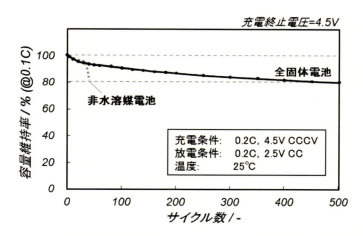

図14　高電圧条件での全固体電池サイクル寿命（非水溶媒系電解質との比較）

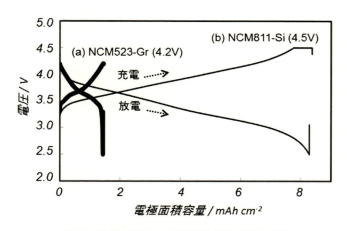

図15　電極面積あたりの容量と電池電圧の関係

## 9 高電位正極 LNMO を用いた全固体電池の高充電圧電池特性

次に PHEV 用途や大型定置用途での採用が期待されていながら,高電位領域での非水溶媒電解液との反応によるガス発生により,実用化が遅れている高電位正極に関する検討についてご紹介する。スピネル構造を有するニッケルマンガン酸リチウム（$LiNi_{0.5}Mn_{1.5}O_4$/LNMO）は,同じ構造を有するマンガン酸リチウム（$LiMn_2O_4$/LMO）が初期モデルの EV 用正極として採用されたように,その構造内に 3 次元的なリチウム拡散パスを持つことから安定した入出力特性を持っている。高電位正極として知られる LNMO はその電圧が 4.7 V 付近に得られるため単セル電圧を引き上げることができ,セル点数削減による接続抵抗の低減や全体コストを低減できる考え方から,長く実用化が期待されている正極材料である。一方でスピネル構造である LMO や LNMO は,焼結工程で酸素欠陥を生じやすく,安定した結晶構造をもつ正極活物質を量産するには,適切な工程管理技術を構築してくことが重要である。当社では,自動車用途向けに LMO を量産している実績があり,次世代高電位正極 LNMO 正極材料についても同様に安定した結晶構造を有する材料が提供できる。

全固体電池では高電位領域で分解反応を引き起こす非水溶媒電解液が存在しないために,安定した充放電が得られるものと期待されていた。しかしながら,高電位正極を用いた硫化物系全固体電池では,酸化物から成る活物質と硫化物固体電解質との界面において著しい界面抵抗が存在することが認められている。この界面に存在する抵抗層のメカニズムについては,空間電荷層形成モデルの存在,硫化物と酸化物との間での反応形成物の存在など,多くの議論が継続されている[20~24]。そのような背景のもと,東京工業大学における検討において,コバルト酸リチウムなどで検討されていたリチウムニオブ酸化物を LNMO 活物質表面に修飾することにより,0.05 C（20 時間充電）で 80 mAh g$^{-1}$ の容量が発現することが見出され,サイクル耐久性にはまだ課題があることが報告された[25]。当社ではこの技術に着目し,全固体電池に適した活物質バルク自体の組成および粉体物性を適正化し,さらに独自技術によるニオブ材料被覆層の組成・結晶性の適正化を試みた。

図 16 には,全固体電池用として開発した LNMO 正極とグラファイト負極を用い,固体電解質には開発品であるアルジロダイト電解質を用いた全固体電池の充放電曲線を示す。評価した電池構成は図 6 と同様である。0.1 C（10 時間充電）レートでも非水溶媒電解液電池と同等の充放電容量が得られることが確認できた。図 17 にはサイクル耐久性を示しているが,0.2 C（5 時間充放電）サイクルを 200 サイクル経た時点での放電容量維持率が約 90％と高電圧耐久性に優れた全固体電池と高電位正極との組合せが可能であることを示唆した。レート特性も 2 C レートで 80％の容量が得られており,引き続き車載用途に必要なその他の温度依存性や量産技術を含めて材料開発を進めている。

第22章　車載用次世代電池としての全固体電池の展望

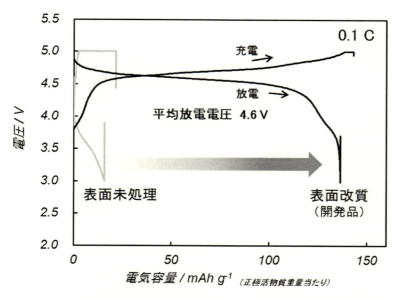

図16　5V級高電位正極（LNMO）を用いた全固体電池の充放電曲線

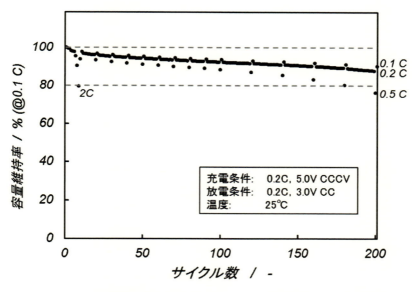

図17　5V級高電位正極（LNMO）を用いた全固体電池のサイクル特性

## 10　全固体電池の特長を活かしたシリコン負極の電池特性

　最後に高容量負極材料であるシリコン合金材料について，全固体電池における技術的な可能性について記述する。非水溶媒電解液電池におけるシリコン合金負極材料の技術課題には，充放電

時に生じるシリコン活物質の著しい膨張収縮に起因した電極構造内での電子伝導パスの消失といった技術課題のほかに，電解液との反応に起因したシリコン活物質表面の酸化腐食の問題も挙げられる．全固体電池では原因物質である酸素含有の電解液が存在しないため，サイクル後期の劣化挙動が改善される可能性がある．また，これまでに述べてきたように，全固体電池のメリットには高電圧領域での安定した電池作動が可能なこともあり，初回サイクルで高い充電電圧を経ることで，正極材料の不可逆容量を利用したリチウムドープ技術が適用できる可能性がある．この2つの観点で予察検証を行った結果を以下に紹介する．

図18には正極活物質にZrO$_2$コートを施した層状化合物であるLiNi$_{0.5}$Co$_{0.2}$Mn$_{0.3}$O$_2$（NCM523），負極活物質には当社が開発しているシリコン-ボロン合金（Si-2at％B），固体電解質には開発品であるアルジロダイト電解質を用いた全固体電池の充放電曲線を示している．この時のシリコン負極活物質の放電容量は，約1000 mAh g$^{-1}$程度となるように正負極容量比を調整している．全固体電池の特長を活かした試みとして，初回のみ4.5 V充電を行い，次サイクルから4.2 V終止条件で充放電を繰り返した電池と，初回から4.2 V終止条件で充放電を繰り返した電池の結果を比較して示している．これは初回のみ深い充電を行うことにより，シリコン負極全体を活性化させることで，次サイクル移行の充放電反応を均質化する狙いと，わずかであるが正極の不可逆容量を用いたリチウムドープを狙った試験である（高電位領域で不可逆性の高い正極添加剤を採用すれば，より高いリチウムドープ効果が期待できる）．

非水溶媒電解液を用いた場合，同様の電池設計では300サイクル付近から急激なセル抵抗の上昇を伴う容量劣化が認められる．サイクル後の電池を解体しシリコン活物質粒子を観察すると，

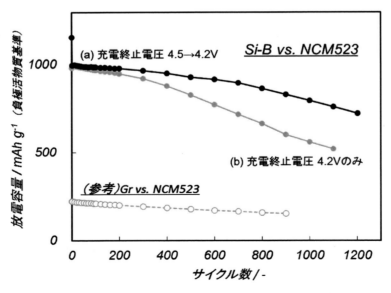

図18　シリコン合金負極を用いた全固体電池のサイクル特性

第22章 車載用次世代電池としての全固体電池の展望

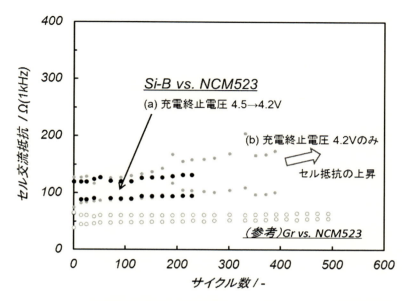

図19 シリコン合金負極を用いた全固体電池の充放電サイクル時のセル抵抗変化

活物質の表面に酸素濃度が高い腐食領域が形成されており，この腐食層の形成がサイクル後期における電極抵抗の増加の原因であると推察される。しかしながら，全固体電池として評価した図18の結果では，1000サイクル超までに急激な容量低下が認められていない。充放電サイクルの充電前および放電前に1kHzの交流抵抗を測定したセル抵抗変動の結果を図19に示す。初回のみ深い充電（4.5 V）を行った電池では，サイクル数増加によるセル抵抗変動が少なく，安定した充放電が進行していることを示唆している。全固体電池の技術特長を活かした電池設計事例の1つとして興味深い結果であると考えている。

当社では，上述した合金組成以外の組成検討の他にも，全固体電池向けのシリコン負極として粒子形状を変更する材料開発や，表面改質を施す試みも行っている。

## 11 おわりに

車載用途市場に対して全固体電池を本格実用化していくには，「バルク型」全固体電池の性能向上が必須である。また，バイポーラセル構造や新しい関連部材の採用，あらたな電極製造技術も構築していく必要がある。各種二次電池やLIBでこれまでに培われてきた電池技術に加え，数多くの新技術を具現化していく必要があり，技術的なハードルは高いと考えている。また，荒天時に破壊的な車両事故が発生した場合においては，硫化水素が発生するリスクを想定する必要があり，如何に技術的な解決手段を構築していくかも重要になる。これまでにHEV，PHEV，EVの量産で培われてきた車両技術をみると，電池本体が破壊的な事態に至る恐れは低いとも考

えられる。車載用途での全固体電池の実現には電池技術のみならず自動車産業や新しい技術の統合が欠かせない。

当社では引き続き固体電解質材料の水分に対する安定性向上開発に注力するとともに，固体電解質・正極活物質・負極活物質の主要3部材の観点で次世代車載用の全固体電池開発の早期実現に向けて開発を続けていく考えである。

## 文　　献

1) 宮之原啓祐，粉体技術と次世代電池開発，p.147，シーエムシー出版 (2011)
2) T. Ohzuku et al., *J. Electrochem. Soc.*, **141**, 2972 (1994)
3) N. Yabuuchi et al., *Nature Communications*, **7**, 13814 (2016)
4) M. Yamada et al., *J. Electrochem. Soc.*, **159**, A1630 (2012)
5) J. Wang et al., *Nature Communications*, **7**, 12032 (2016)
6) A. Hayashi et al., *Electrochem. Commun.*, **5**, 111 (2003)
7) A. Hayashi et al., *J. Non-Cryst. Solids*, **356**, 2670 (2010)
8) N. Kamaya et al., *Nature Materials*, **10**, 682 (2011)
9) Y. Kato et al., *Nature Energy*, **1**, 16030 (2016)
10) S. Boulineau et al., *Solid State Ionics*, **221**, 1 (2012)
11) H-J. Deiseroth et al., *Angew. Chem. Int. Ed.*, **47**, 755 (2008)
12) 宮下徳彦ほか，第54回電池討論会予稿集，3E22 (2013)
13) N. Machida et al., *Solid State Ionics*, **225**, 354 (2012)
14) Y. Kato et al., *Electrochemistry*, **80**, 749 (2012)
15) T. Ohzuku et al., *J. Power Sources*, **81**, 90 (1999)
16) K. Ariyoshi et al., *J. Electrochem. Soc.*, **158**, A281 (2011)
17) T. Ohzuku et al., *Chemistry Letters*, **642** (2001)
18) N. Yabuuchi et al., *J. Power Sources*, **119-121**, 171 (2003)
19) 大村淳ほか，第57回電池討論会予稿集，2G09 (2016)
20) K. Takada et al., *Solid State Ionics*, **158**, 269 (2003)
21) K. Takada et al., *Solid State Ionics*, **179**, 1333 (2008)
22) N Ohta et al., *Electrochem. Commun.*, **9**, 1486 (2007)
23) J. Haruyama et al., *Chemistry of Materials*, **10**.1021/cm5016959 (2014)
24) M. Otoyama et al., *Electrochemistry*, **84**, 812 (2016)
25) 平山雅章ほか，第56回電池討論会予稿集，1F24 (2015)

## 【第Ⅶ編　リサイクル】

## 第23章　リチウムイオン電池のリサイクル技術

所　千晴[*1]，大和田秀二[*2]，薄井正治郎[*3]

### 1　はじめに

リチウムイオン電池（Lithium-ion battery，以下LIB）は，小型で軽量かつ高エネルギー密度であることから，情報化社会において欠かせない携帯電話やノートパソコン等の小型電子機器に多用されている。また近年は，自動車などの動力源やスマートグリッドのための蓄電装置などへも用いられている。今後もLIBの需要と消費は増大すると予測されることから，それらが廃棄された後のリサイクルプロセスの確立は急務である[1,2]。LIBは多くの有用金属から構成されているが，特に正極材にはコバルト酸リチウム（$LiCoO_2$）をはじめとするレアメタルを含んだ金属酸化物が用いられており，それらを安全かつ高効率に回収するためのプロセスが求められている。

レアメタルは，産業界で利用されている非鉄金属のうち天然の存在量が少ないか，あるいは存在量が多くても技術的・経済的な理由で抽出困難であるといった理由から，流通量や使用量が少ないものを指す。すなわち，鉄，アルミ，銅，亜鉛，鉛といったベースメタル以外で，産業界で利用されている金属はレアメタルということになる。わが国では，経済産業省鉱業審議会レアメタル総合対策特別小委員会が31鉱種（ただし，レアアース（希土類）は17鉱種を総括して1鉱種とする）をレアメタルと規定しているが[3]，その中でもコバルト（Co）は，タンタルやタングステン，ネオジム，ジスプロシウムと並んで，経済産業省によりリサイクル重要5鉱種の1つに選定され，ここ数年，そのリサイクルプロセスの検討が特に重点的に進められている[4]。

LIBに限らず，都市鉱山ともよばれる2次資源から金属を再利用するためには，熱や薬剤によりイオン化させず固体のまま分離する固体分離技術と，熱や薬剤，あるいは電気によって溶かし，イオン化してさらに高度に分離濃縮する技術とに大別される。前者は前処理あるいは中間処理と呼ばれ，後者は製錬あるいは精錬と呼ばれることも多い。高精度，省エネルギーかつ低環境負荷な資源循環プロセスは両分離濃縮技術のベストミックスにより達成される。固体分離技術はその名の通り固体を固体のまま分離する技術であり，粒子径，密度，色度，磁気的特性，電気的特性，

---

[*1]　Chiharu Tokoro　早稲田大学　理工学術院　創造理工学部　環境資源工学科　教授
　　；博士（工学）
[*2]　Shuji Owada　早稲田大学　理工学術院　創造理工学部　環境資源工学科　教授
　　；工学博士
[*3]　Shojiro Usui　JX金属㈱　日立事業所　HMC製造部　製造第1課　課長

水に対するぬれ性，各種電磁波に対する応答特性など，あらゆる物理的あるいは物理化学的特性の違いを用いて目的成分を分離濃縮するものであるが，その前に単体分離を促進するために実施される破砕および粉砕もまた，全体の分離特性を左右する重要な技術である[5,6]。使用済み LIB のリサイクルにおいても，最終的には乾式製錬または湿式製錬によって Co 等を回収するが[7,8]，高効率かつ省エネルギー型のリサイクルプロセスを確立するためには，その前段における粉砕および磁選等の物理選別から成る前処理が必要不可欠である[9]。また LIB のリサイクルでは，安全上の配慮からリサイクルプロセスの最前段に加熱プロセスを導入して，後段の粉砕等のプロセスにて爆発等を引き起こす恐れのある有機成分をあらかじめ揮発処理することも多いが，この加熱処理における Co 等の形態は，後の粉砕や物理選別特性に大きく影響を及ぼすことから，それぞれの単位操作の最適条件のみを考慮してプロセスを構築するのではなく，単位操作同士の互いの影響を考慮しながら全体的に最適なプロセスを構築することが必要である。

　本報では，使用済み LIB リサイクルプロセスの中から，取り上げられることが比較的少ない前処理プロセスに注目し，Co 回収に適した条件を検討した例を紹介する。

## 2　加熱プロセスにおける Co 等の形態変化[10,11]

　図1に，種々の温度にて使用済み LIB 中の正極材を 40 分間加熱した際の Co 等の形態変化を XRD（X-ray diffraction analysis）にて検出した結果を示す。これらの実験結果は，使用済み LIB 内の正極材そのものの加熱による変化を精査するため，あらかじめ使用済み LIB を手分解し，取り出した正極材を実験試料としたものである。図には比較のため，$LiCoO_2$ 試薬を 1073 K

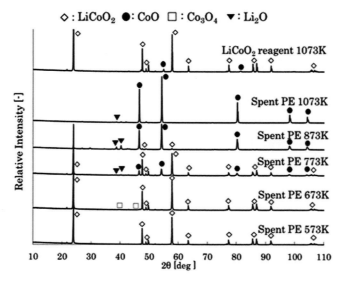

図1　加熱による正極材中の Co 等の形態変化[11]

## 第23章 リチウムイオン電池のリサイクル技術

で40分間加熱して得られた産物のXRDパターンも示した。

使用済み正極材は，573 Kでは元来のLiCoO$_2$のままでほとんど分解が見られないが，673 Kから少しずつ分解し始め，Li成分はLi$_2$Oに，Co成分はCo$_3$O$_4$を経てCoOに変化する。使用済み正極材を1073 Kで加熱すれば，元来のLiCoO$_2$ピークは認められなくなり，全てCoOに分解する。ところが，正極材の構成成分であるLiCoO$_2$試薬は，同様に1073 Kで加熱しても，一部は分解するものの全てがCoOに変化することはない。すなわち，使用済み正極材は，LiCoO$_2$試薬よりも分解が進みやすい状況にあることがわかる。これは，使用済みLIBの正極材はその繰り返し利用によって，元来のLiCoO$_2$からLiに欠損があるLi$_x$CoO$_2$($x<1$) の形態に変化しているためである。LIB中の正極材のLiCoO$_2$が使用によってLi欠損を起こすことは既往の研究でも報告されているが[12]，我々も実際に使用済みLIBから取り出した正極材中のLiとCoの存在割合を分析したところ，Li/Co = 0.94 程度であることを確認している。

次に，正極材をLIBから取り出さず，使用済みLIBをそのまま加熱した際に得られたXRDパターンを図2に示す。図には共存元素の影響を比較するため，使用済みLIBから取り出した正極材Li$_x$CoO$_2$($x<1$) にアルミニウム（Al）粒子やカーボン（C）粒子をモル比1で混合させたものを同様に加熱した結果も示した。

図より，正極材をLIBから取り出した場合には，加熱により得られるCo形態は主にCoOであるが，正極材をLIBから取り出さずにそのまま加熱した場合には，CoOのみならず，Co粒子の生成も確認できる。これは，使用済みLIB内が強い還元状態にあることを示している。LIBにはAl箔やC粒子が共存していることから，それらが還元作用を及ぼしている可能性も考えられるが，Al粒子の混合によって正極材Li$_x$CoO$_2$のCoO，Li$_2$Oへの分解は促進されているもの

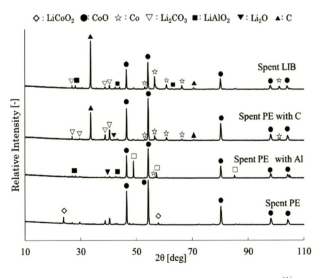

図2 加熱による使用済みLIB中のCo等の形態変化[11]

の，Co粒子の生成までには至っていない。一方，C粒子と混合した場合には正極材$Li_xCoO_2$は全て$CoO$，$Li_2O$，$Li_2CO_3$に分解すると共に，Co粒子のスペクトルも確認されているが，そのピーク強度は，使用済みLIBを加熱したときに比べれば小さい。したがって，使用済みLIBを加熱した際には，Al箔やC粒子の共存による還元作用よりもさらに強い還元状態が達成されることがわかる。これは，閉鎖空間であるLIB内に加熱時に発生する$CO$や$CO_2$，$CH_4$，$C_2H_4$といった還元性の気体によるものではないかと推察される。実際に加熱時に発生した気体を採取してGC（Gas chromatography）にて分析したところ，やはりこれらの還元性気体の発生が確認されている。

本報では詳細を割愛するが，さらに加熱後のCo形態をXAFS（X-ray adsorption fine structure）分析にて確認したところ，その一部は加熱時に電解質$LiPF_6$中に含まれるフッ素（F）と反応し，$CoF_2$や$CoF_3$といったフッ化物を生成しており，これらは高温で加熱するほど生成しやすいことも確認されている[10]。

元来の正極材物質である$Li_xCoO_2$は不溶性物質であるため，後段の湿式処理にてCo成分をイオン化し濃縮するためには，上述のような$CoO$等への分解が不可欠である。また，湿式処理の前段にてまず物理選別にてCo成分を濃縮するためには，生成するCo成分粒子が十分なグレインサイズを有することが必要不可欠であるし，Alを代表としたCo濃縮プロセスにおける忌避成分に対して可能な限り単体分離していることが好ましい。さらには，Co粒子は強磁性体であることから，十分な加熱にてCo粒子を生成させることができれば，これらを磁選にて濃縮できる可能性もある。

物理選別にて良好な分離成績を達成するために，Co成分粒子のグレインサイズを増大させるための1つの試みとして，緩昇温実験を行った例を紹介する。使用済みLIBに対し，昇温速度をこれまでの加熱実験と同様の30 K/minと，それよりも緩やかな2 K/minの2種類に設定し，

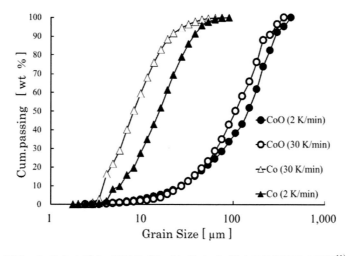

図3　CoOおよびCo粒子のグレインサイズに対する昇温速度の影響[11]

## 第23章　リチウムイオン電池のリサイクル技術

873 K で 10 分間加熱を行った加熱産物に対し，MLA（Mineral liberation analyzer）にて CoO 粒子および Co 粒子のグレインサイズを計測した結果を図3に示す。図より，2 K/min にて緩やかに昇温させた産物は，昇温速度 30 K/min の場合と比較して，CoO 粒子ならびに Co 粒子のグレインサイズが大きくなることが確認される。図4に，緩やかに加熱した際に得られた試料の SEM（Scanning electron microscope）写真を示す。明るい領域は Co 粒子であり，比較的色が薄い領域が CoO 粒子であるが，ゆっくりと加熱することによって十分に粒成長させると，CoO 粒子の中に粒成長した Co 粒子が多数存在するような集合体粒子が形成されることが確認された。一般に，10 μm 程度の微粒子に物理選別を施すのは困難を伴うが，100 μm 程度の粒子であれば，湿式磁選をはじめとする各種物理選別の適用が可能となる[13]。したがって，緩やかな加熱プロセスは，物理選別の適用可能性を広げ，良好な濃縮結果を得るためには1つの有効な手段である。

　物理選別によって Co 成分を濃縮するためには，着目成分の動向のみならず，忌避成分の動向も注意する必要がある。例えば後段に湿式処理を施す場合には，物理選別にて Al 成分を分離除去しておくことが必要である。使用済み LIB 内の Al 成分は，元来箔の状態で存在しているが，これが加熱によって脆化し，粉化してしまうと，やはり微粒である Co 成分との相互分離が困難になるため，加熱時およびその後の粉砕時には，Al 成分をできるだけ脆化させず，粉化させないプロセスが必要となる。図2に示した使用済み LIB の加熱時の XRD パターンより，Al 成分は正極活物質の $Li_xCoO_2$ と反応して $LiAlO_2$ を生成するが，この物質が Al 箔の脆化を引き起こすと考えられる。この反応は，以下のように LIB 内に加熱時に発生する CO ガスや $CO_2$ ガスを利用して進行していると推察される。

$$2LiCoO_2 + C + O_2(g) \rightarrow 2CoO + Li_2CO_3 \tag{1}$$

$$Al + CO_2(g) + Li_2CO_3 \rightarrow LiAlO_2 + C \tag{2}$$

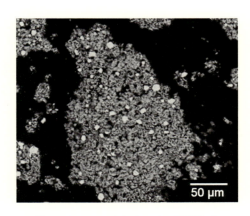

図4　3 K/min で 873 K まで昇温した
CoO/Co 粒子の SEM 画像[10]

図5 加熱後のAl成分に対する昇温速度の影響：
(a) 30 K/min, (b) 2 K/min[11]

$$Al + CO_2(g) + Li_2CO_3 \rightarrow LiAlO_2 + CO(g) \tag{3}$$
$$Al + CO(g) + Li_2CO_3 \rightarrow LiAlO_2 + C \tag{4}$$

したがって，これらの CO や $CO_2$ ガスを LIB 系外へ排出させ，Al 箔のこれらのガスとの暴露をできるだけ防ぐことによって，ある程度 Al 箔の脆化を防ぐことができる。図5は使用済み LIB の駆体に1か所の穴をあけ，昇温速度を2種類に設定して加熱し，得られた Al 箔を粉砕した産物を示したものである。図より，昇温速度 30 K/min の場合には Al 成分は脆化し微粒になりやすいが，より緩やかに昇温させた 2 K/min の場合には，ほとんどが Al 箔の形状のままで残存しており，脆化しにくいことがわかる。これは，昇温速度を遅くすることにより，従来の加熱プロセスよりも CO や $CO_2$ といった気体が LIB 系外に拡散しやすくなり，$LiAlO_2$ 生成の反応が抑制されたためであると考えられる。

## 3　物理選別による Co 成分の濃縮

　物理選別による Co 成分の濃縮では，まず，Al 成分との単体分離を促進するための粉砕を行った後，ふるいわけにより分級される。いずれの物理選別を実施するにしても粒群がある程度限定されていることが分離成績を向上させるには必須であるため，この粉砕とふるいわけは，リサイクルプロセスにおいては必ず実施されるプロセスである。その後，着目成分と忌避成分の性質の差を利用した物理選別が適用されるが，使用済み LIB の場合には，Co 成分と Al 成分との比重の差を利用した比重選別や，Co 粒子が磁性を有することを利用した磁選，あるいは C 粒子が疎水性であることを利用して除去する浮選などが適すると考えられる。使用済み LIB に対し，想定される物理選別フローの一例を図6に示す。

　粉砕プロセスでは，Co 成分と Al 成分の単体分離を可能な限り促進しながら，Al 箔の脆化を防ぐような微妙な制御が求められる。筆者らが，異なる媒体を用いた振動粉砕を試みたところ，

第23章　リチウムイオン電池のリサイクル技術

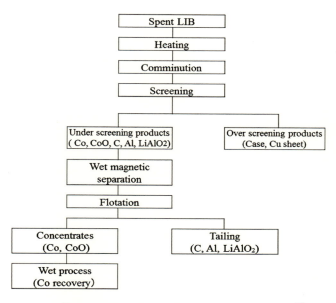

図6　使用済みLIBのリサイクル前処理プロセスの一例[11]

表1　ふるいわけおよび湿式磁選により得られたCo回収およびAl混入率（wt%）

|  | 30 K/min | | 2 K/min | |
| --- | --- | --- | --- | --- |
|  | Co | Al | Co | Al |
| ふるいわけ | 81.0 | 74.4 | 87.2 | 6.4 |
| 湿式磁選 | 61.7 | 29.2 | 75.5 | 3.2 |

　加熱温度が高くなるほどCo成分とAl成分との単体分離は促進されるものの，同時にAl箔の脆化も進むことから，低温での加熱産物に対しては鉄球のように大きな粉砕エネルギーを与える媒体が適しており，高温での加熱産物に対しては木製球のように小さな粉砕エネルギーを与える媒体が適していることを確認している。

　表1は，30 K/minと2 K/minの2種類の昇温速度にて873 K，10分間加熱した産物に対して，粉砕，ふるいわけ（目開き0.5 mm）および模擬湿式磁選を実施した際に得られたCo成分の回収率およびAl成分の混入率を示しているが，昇温速度が遅い2 K/minの場合の方が，圧倒的にAl成分の微粉化を防ぐことが可能であり，Co濃縮物へのAl成分の混入を防ぐことができることが確認された。また，模擬湿式磁選においても，昇温速度が遅い方がAlの混入率を防ぐことが可能であることが確認された。

283

## 4 おわりに

　使用済み LIB のリサイクルプロセスに関して，特に製錬／精錬プロセスの前段である前処理プロセスに着目して紹介した。前処理プロセスは，安全性を確保するための加熱プロセスと，単体分離を促進するための粉砕プロセス，そして物理選別プロセスから成るが，加熱プロセスでは設定温度のみならず，雰囲気や昇温速度が着目成分である Co 成分や忌避成分である Al 成分の挙動に大きく影響することから，後段の粉砕および物理選別プロセスに対して適した条件制御が求められることを示した。また，物理選別プロセスとしては，ふるいわけのほかに比重選別や磁選，浮選などが想定されるが，一例としてふるいわけや湿式磁選による分離濃縮挙動を紹介し，その挙動にはやはり前段の加熱プロセスが大きな影響を与えることを示した。

## 文　　献

1) S. Al-Thyabat et al., *Minerals Engineering*, **45**, 4 (2013)
2) A. M. Bernardes et al., *J. Power Sources*, **130**, 291 (2004)
3) NTS 編集，貴金属・レアメタルのリサイクル技術集成，NTS (2007)
4) T. Oki, *Synthesiology*, **6**, 238 (2013)
5) 所千晴，粉砕，**60**, 55 (2017)
6) 所千晴，大和田秀二，粉体技術，**6** (6), 607 (2014)
7) D. A. Ferreira et al., *J. Power Sources*, **187**, 238 (2009)
8) 田中智史ら，化学工学論文集，**39**, 466 (2013)
9) 古屋仲茂樹ら，*J. of MMIJ*, **128**, 232 (2012)
10) 松岡光昭ら，スマートプロセス学会誌，**5** (6), 358 (2016)
11) 堀内健吾ら，化学工学論文集，投稿中
12) G. Dorella, *J. Power Sources*, **170**, 210 (2007)
13) 大和田秀二，*J. of MMIJ*, **127**, 575 (2007)

【第Ⅷ編　市場展望】

# 第24章　リチウムイオン電池及び部材市場の現状と将来展望

稲垣佐知也[*]

## 1　概要

　リチウムイオン電池（以後，LiB），及びその部材市場が大きく成長している。リチウムイオン電池は1991年にSonyが世界で初めて商品化に成功して以来，大きく成長してきた。最初は携帯電話，ノートPCの普及期，1990年代中頃から後半にかけて第一次成長を迎えた。それぞれのアプリケーションがスマートフォン，タブレットPCへと変化していく中で，また電池としての実績が積まれ，デジカメ，ビデオカメラ，電動工具など，そのアプリケーションを拡大させたのが2000年代前半，第二次成長を迎えた。この頃，それまでは日本企業が部材から電池，そしてアプリケーション市場で多くのシェアを占めてきたが，アプリケーション市場，そしてアプリケーションの最終組立地が中国や台湾を始めとしたアジアに移管して行くに従い，韓国や中国企業が同市場に参入し始め，日系企業のシェアが低下し始めた。

　LiB自身も技術が成熟していくに従い，様々な部材が開発されてきた。正極材で言えばLCOから，LMO，LNO（NCA），LFP，NCM，負極材は黒鉛系（人造，天然），カーボン系（ハードカーボン，ソフトカーボン），LTO，合金系（Si，Snなど），電解液では基本の有機溶媒＋電解質（LiPF6）に様々な添加剤が加えられ，セパレーターでは乾式，湿式に単層，多層など，多くの部材が開発された。

　部材の技術開発が進み，LiBのエネルギー密度が向上。また，幾つかの発火事故をきっかけに安全性の向上も図られてきた。それと同時にアプリケーション市場の更なる多様化につながった。アプリケーション市場が多様化することでLiBにも様々な要求が出され，LiB市場の成長に好循環が訪れ始めた。LiBも量産され，製品価格の低下となり，アプリケーション市場の更なる多様化に繋がった。

　それまではスマホやタブレットPCなど，IT関連機器が中心でサイズも小型であったが，技術開発により，電池サイズも徐々に大型化。そして2010年4月（個人向け販売）に発売された三菱自動車工業のi-MiEV，2010年12月に発売された日産自動車のLEAFをきっかけに電気自動車（以下，HEV，PHEVを含んだxEV）市場が立ち上がり，第三成長期を迎えた。

　2010年以降，TeslaやGM Voltなど，多くの自動車メーカーがxEVを販売し始めたが，走行

---

[*]　Sachiya Inagaki　㈱矢野経済研究所　インダストリアルテクノロジーユニット；
　　 ソウル支社　事業部長；ソウル支社長

距離，車体価格，充電インフラ，充電時間等，既存のガソリン車と比較しての課題が残されたままであり，期待した以上の市場規模にはならず，xEV 市場の拡大は一時期，しぼんだかに見えた。

しかし，2015 年後半以降，中国において自動車の排ガス規制に伴う環境保護に向けた EV の普及政策により，中国での EV 市場が急拡大し，流れが一変した。米国での NEV 規制，欧州での排ガス規制など世界各国・地域で自動車排出ガス規制が導入され，EV 市場の拡大，そして LiB セル・部材市場にとっても追い風が吹いている。一方で，LiB の性能は向上したものの，車載用として使用するという意味では大きく改善した訳ではなく，このまま何の問題もなく順調に市場が拡大していくかについては疑問も残っている。

こうした状況を踏まえ，現在の LiB 市場，特に市場を牽引している車載用 LiB 市場，そして LiB の主要四部材である正極材，負極材，電解液，セパレーター市場を見つつ，将来動向を展望してみたい。

## 2 車載用 LiB 市場動向

現状の車載用電池市場規模（Ni-MH 除く）は，容量ベースで前年比 210.1 % の 27,853 MWh，金額ベースでは前年比 155.9 % の 70 億 2,500 万ドルであったと推計する。深刻な環境汚染問題の改善を図っている政府の積極的な EV 普及支援策を受け，2014〜2015 年にかけて中国を中心に PHEV と EV 販売が急拡大したことが背景として挙げられる。

各国における環境規制が厳しさを増していく中，各国政府は EV の普及を促進すべく，多様な EV 普及支援策を設けており，自動車メーカー各社も相次いで xEV の新車を市場投入している。ただ，米国や中国を含め，多くの国では HEV をエコカーの定義から外しているため，HEV への需要が高い国内市場向けに HEV 車種の上市に注力している日系自動車メーカーを除くと，多くの自動車メーカーは PHEV と EV ラインナップの拡充に取り組んでいる。主に 1 kWh 台の電池パックが用いられる HEV に比較し，PHEV と EV は搭載電池パックの容量が大きく，近年は PHEV や EV の本格普及への重大な障害となっている短い電動航続距離問題を改善するために，動力源となる LiB の高容量化に向けた取り組みも加速化している。

一例を挙げると，BMW の EV「i3」は従来，22 kWh の電池パックを用い，229 km の走行が可能だったが，2017MY モデルには容量を 33 kWh にアップした電池パックを用いることで航続距離が 300 km 以上に延長する予定である。また，中国では政府の補助金政策を後押しに，乗用車だけでなく，PHEV 及び EV バスの販売も増加傾向にある。これらバス向けには乗用車より大容量の電池パック（100 kWh クラス）が用いられるため，2016 年以降の車載用電池市場は容量ベースで高い成長率で推移すると見られる。

一方，金額ベースの車載用電池市場規模は，容量ベースの成長率を下回る形で推移すると見られる。2009 年に kWh 当たり平均 1,200 ドル程度であった EV 用電池パックのコストは現状，

第 24 章　リチウムイオン電池及び部材市場の現状と将来展望

表 1　xEV タイプ別世界車載用 LiB 市場規模推移（容量：CY2012〜CY2020, CY2025）

| 区分 | | CY2012 | 構成比 | CY2013 | 構成比 | CY2014 | 構成比 | CY2015 | 構成比 | CY2016（見込） | 構成比 |
|---|---|---|---|---|---|---|---|---|---|---|---|
| HEV | | 263 | 7.4% | 362 | 5.4% | 427 | 3.2% | 438 | 1.6% | 537 | 1.4% |
| | 前年比 | − | | 138.1% | | 117.9% | | 102.4% | | 122.8% | |
| PHEV | | 911 | 25.6% | 1,297 | 19.5% | 1,854 | 14.0% | 3,303 | 11.9% | 5,200 | 13.2% |
| | 前年比 | − | | 142.3% | | 143.0% | | 178.2% | | 157.4% | |
| EV | | 2,385 | 67.0% | 4,996 | 75.1% | 10,974 | 82.8% | 24,112 | 86.6% | 33,612 | 85.4% |
| | 前年比 | − | | 209.5% | | 219.6% | | 219.7% | | 139.4% | |
| 合計 | | 3,559 | 100.0% | 6,655 | 100.0% | 13,255 | 100.0% | 27,853 | 100.0% | 39,350 | 100.0% |
| | 前年比 | − | | 187.0% | | 199.2% | | 210.1% | | 141.3% | |

| 区分 | | CY2017（予測） | 構成比 | CY2018（予測） | 構成比 | CY2019（予測） | 構成比 | CY2020（予測） | 構成比 | CY2025（予測） | 構成比 |
|---|---|---|---|---|---|---|---|---|---|---|---|
| HEV | | 652 | 1.2% | 815 | 1.1% | 1,058 | 1.0% | 1,788 | 1.2% | 5,335 | 1.3% |
| | 前年比 | 121.4% | | 125.1% | | 129.8% | | 169.0% | | 298.3% | |
| PHEV | | 8,033 | 14.2% | 13,057 | 17.0% | 18,587 | 17.0% | 28,218 | 18.2% | 76,722 | 18.4% |
| | 前年比 | 154.5% | | 162.5% | | 142.4% | | 151.8% | | 271.9% | |
| EV | | 47,832 | 84.6% | 63,024 | 82.0% | 89,532 | 82.0% | 125,424 | 80.7% | 335,337 | 80.3% |
| | 前年比 | 142.3% | | 131.8% | | 142.1% | | 140.1% | | 267.4% | |
| 合計 | | 56,517 | 100.0% | 76,896 | 100.0% | 109,177 | 100.0% | 155,431 | 100.0% | 417,394 | 100.0% |
| | 前年比 | 143.6% | | 136.1% | | 142.0% | | 142.4% | | 268.5% | |

※ CY2025 の前年比は CY2020 対比　　　　　　　　　　　　　　　　（矢野経済研究所推計）
※ マイルド HEV，電気バス用電池含む

kWh 当たり 200 ドル前後まで下落している。しかし，それでも LiB は車体価格において依然大きな比率を占めているため，自動車メーカーではセルメーカーに対し，厳しいコストダウン要求を行っていると見られ，セルメーカーとしては低コスト化を断行せざるを得ない状況にあることが背景として挙げられる。各セルメーカーは 2020 年までに kWh 当たり 100 ドル前半のコストを実現すべく，生産能力の拡大や，生産技術の向上，安価で高性能の部材使用など，様々な取り組みを行っていると見られる。

## 3　主要四部材動向

xEV 市場，並びに車載用 LiB 市場の拡大に伴い，LiB の主要四部材市場も拡大傾向にある。2015 年における LiB 主要四部材の世界市場規模は出荷数量ベースで前年比 139.9％の平均成長率で推移したと推計する。

民生小型セル市場は牽引役であったスマートフォン市場の成長率鈍化により，前年に比べ伸び率が鈍化している。他のアプリケーションでは電動工具向けが成長を維持しており，掃除機向け等，新たな注目アプリケーションも登場しているが，民生小型セル市場全体の成長率が大きく高

まるほどのインパクトには至っていない。

　一方,車載用セル市場は特に中国xEV市場の伸びを牽引役に大きな伸びを見せている。中国政府の積極的な政策（補助金制度）を追い風に,乗用車xEV,商用車xEV（主に電動バス）共に急拡大しており,生産台数ベースでは2015年で37万9,000台（中国工業情報化部発表）となっている。中国市場以外では,米テスラモーターズの「モデルS」や三菱自動車の「アウトランダーPHEV」等が好調に推移している。

　以上のように,2015年は車載用セルの生産需要が大きく伸びたことが主要四部材市場拡大の背景として挙げられる。2016～2017年にかけては民生小型セル市場も徐々に成長率の伸びを取戻し,車載用セル市場は引き続き中国xEV市場を中心に成長が続くと見られ,LiB主要四部材市場の数量ベース規模は拡大し続けると予測する。

　一方,出荷金額ベースでは前年比118.1%の70億5,043万6,000ドルで推移したと見られ,出荷数量ベースでの成長率を下回る結果となった。2015年では各部材で出荷金額ベースの伸び率は数量ベースの伸び率を下回る形で推移しているが,2016年以降は様相が異なってくると予測する。2014～2015年にかけて中国xEV市場が急拡大したことで,2015年後半からセパレーターや電解液・電解質に関しては車載用セル向けで需給バランスのタイト感が出始めているとの声が聞かれた。特に電解液に関しては車載用のハイグレード電解質を供給可能なプレーヤーが限られる等を背景に電解質価格が上昇傾向にあり,2016年の金額ベースの成長率は数量ベースの成長

表2　LiB主要四部材　世界市場規模推移（金額：2012年～2017年予測）

（単位：千USD）

|  | 2012 |  | 2013 |  | 2014 |  | 2015 |  | 2016（予測） |  | 2017（予測） |  |
|---|---|---|---|---|---|---|---|---|---|---|---|---|
|  |  | 前年比 |  | 前年比 |  | 前年比 |  | 前年比 |  | 前年比 |  | 前年比 |
| 正極材 | 2,527,026 | 49.4% | 2,793,967 | 52.5% | 3,173,428 | 53.2% | 3,596,811 | 51.0% | 4,169,816 | 46.8% | 5,109,950 | 44.2% |
| 前年比 | – |  | 110.6% |  | 113.6% |  | 113.3% |  | 115.9% |  | 122.5% |  |
| 負極材 | 679,719 | 13.3% | 726,246 | 13.6% | 843,816 | 14.1% | 1,003,189 | 14.2% | 1,204,229 | 13.5% | 1,553,253 | 13.4% |
| 前年比 | – |  | 106.8% |  | 116.2% |  | 118.9% |  | 120.0% |  | 129.0% |  |
| 電解液 | 681,976 | 13.3% | 667,812 | 12.5% | 717,057 | 12.0% | 1,017,032 | 14.4% | 1,899,830 | 21.3% | 2,942,240 | 25.4% |
| 前年比 | – |  | 97.9% |  | 107.4% |  | 141.8% |  | 186.8% |  | 154.9% |  |
| セパレーター | 1,222,494 | 23.9% | 1,133,321 | 21.3% | 1,234,209 | 20.7% | 1,433,404 | 20.3% | 1,628,514 | 18.3% | 1,966,540 | 17.0% |
| 前年比 | – |  | 92.7% |  | 108.9% |  | 116.1% |  | 113.6% |  | 120.8% |  |
| 合計 | 5,111,215 | 100.0% | 5,321,346 | 100.0% | 5,968,510 | 100.0% | 7,050,436 | 100.0% | 8,902,389 | 100.0% | 11,571,983 | 100.0% |
| 前年比 | – |  | 104.1% |  | 112.2% |  | 118.1% |  | 126.3% |  | 130.0% |  |

（矢野経済研究所推計）

表3　LiB主要四部材　世界市場規模推移（数量：2012年～2017年予測）

（単位：t,千m²）

|  | 2012年 |  | 2013年 |  | 2014年 |  | 2015年 |  | 2016年（予測） |  | 2017年（予測） |  |
|---|---|---|---|---|---|---|---|---|---|---|---|---|
|  |  | 前年比 |  | 前年比 |  | 前年比 |  | 前年比 |  | 前年比 |  | 前年比 |
| 正極材（t） | 98,096 | – | 116,783 | 119.0% | 141,517 | 121.2% | 188,248 | 133.0% | 223,437 | 118.7% | 278,618 | 124.7% |
| 負極材（t） | 52,190 | – | 62,879 | 120.5% | 79,398 | 126.3% | 103,479 | 130.3% | 126,685 | 122.4% | 165,201 | 130.4% |
| 電解液（t） | 45,508 | – | 55,027 | 120.9% | 65,150 | 118.4% | 97,850 | 150.2% | 133,620 | 136.6% | 185,390 | 138.7% |
| セパレーター（m²） | 686,640 | – | 789,630 | 115.0% | 1,006,050 | 127.4% | 1,445,470 | 143.7% | 1,691,260 | 117.0% | 2,106,900 | 124.6% |

（矢野経済研究所推計）

第 24 章　リチウムイオン電池及び部材市場の現状と将来展望

率を上回る形で推移している。正極材，負極材，セパレーターに関しても，原材料動向（正極材における炭酸 Li 価格等）や材料種別の構成比変化（負極における人造黒鉛の比率上昇）などを背景に，2017 年までの予測において数量ベースの成長率と金額ベースの成長率の乖離は小幅に留まると予測する。

続いて，各部材別に見ていきたい。

## 4　正極材動向

2015 年における正極材の世界市場規模は出荷数量ベースで前年比 133.0％の 18 万 8,248 トン，であったと推計する。

LCO は民生小型セル市場においてスマートフォン向けをメインに出荷を伸ばしているが，スマートフォン市場自体の成長が鈍化の流れにあり，LCO を手掛ける正極材メーカーの中には 2015 年で出荷が伸び悩むプレーヤーも見受けられる。今後，スマートフォン向けセルが高容量化に進む流れの中，LCO は引き続き一定規模で成長を続けると予測するが，成長率は NCM を下回り，材料構成比では 2017 年において 2 番目になると予測する。

NCM は 2016 年で LCO を上回る出荷数量となる見込み。背景には車載用セルでの需要増が挙げられる。中国では 2014～2015 年にかけて xEV 市場が急拡大（2015 年：37 万 9,000 台，生産台数ベース）しており，世界 xEV 市場の車種別シェア（2015 年）で上位 20 車種にランクインしている Kandi Panda，BAIC E-Series EV，Zotye Cloud EV，JAC I EV といった車種で NCM を採用したセルが搭載されている（LFP との混合含む）。また，他の主要 xEV でも三菱自動車の Outlander PHEV，BMW i3，GM Chevrolet Volt 等で NCM を採用したセルが搭載されている。加えて，日産自動車「LEAF」は 2015 年末に発表した 30 kWh モデルにおいて NCM を新たに採用した。中国 xEV では LFP メインのセルを採用している車種も多く見られるが，今後は電動航続距離の延長実現に向け NCM 活用が進む流れにあり，車載用セル市場における NCM 需要は 2020 年に向けて増加していくと予測する。なお，民生小型セル向けではバッテリーバンクや電動工具，電動バイク向けで NCM 需要が伸びていると見られる。

LFP は中国を主要マーケットに拡大を続けている。中国 xEV 市場の急拡大が成長エンジンとなっており，2015 年では前年比 2 倍以上の出荷数量となった。中国 xEV のうち，特に E-バス向けではほとんどで LFP セルが採用されている状況にある。LFP メーカーは車載用セル向けの需要拡大を受け，LFP の出荷を伸ばしている状況にあり，加えて中国の車載用セルメーカーでは BYD や合肥国軒などが LFP の内製を行っている。車載用セル以外では ESS 用セル，E-Bike 用セル，電動工具用セル等で LFP が採用されている。

NCA は使いこなせるセルメーカーが限られているため，これらのセルメーカーの NCA 搭載セルの出荷動向に市況は依存する形となっている。現状の牽引役は米テスラモーターズの「モデル S」。NCA プレーヤーの中ではパナソニックに供給する住友金属鉱山が一人勝ちの状況にあ

表4 LiB 正極材　世界市場規模　材料別推移（数量：2012年－2017年予測）

(単位：t)

|  |  | 2012年 |  | 2013年 |  | 2014年 |  | 2015年 |  | 2016年（見込） |  | 2017年（予測） |  |
|---|---|---|---|---|---|---|---|---|---|---|---|---|---|
|  |  |  | 構成比 |  | 構成比 |  | 構成比 |  | 構成比 |  | 構成比 |  | 構成比 |
| NCM |  | 25,102 | 25.6% | 30,112 | 25.8% | 38,852 | 27.5% | 60,451 | 32.1% | 73,850 | 33.1% | 104,804 | 37.6% |
|  | 前年比 | － |  | 120.0% |  | 129.0% |  | 155.6% |  | 122.2% |  | 141.9% |  |
| LCO |  | 45,720 | 46.6% | 53,330 | 45.7% | 58,480 | 41.3% | 62,330 | 33.1% | 64,460 | 28.8% | 69,850 | 25.1% |
|  | 前年比 | － |  | 116.6% |  | 109.7% |  | 106.6% |  | 103.4% |  | 108.4% |  |
| LFP |  | 7,957 | 8.1% | 8,674 | 7.4% | 12,948 | 9.1% | 30,760 | 16.3% | 45,500 | 20.4% | 60,240 | 21.6% |
|  | 前年比 | － |  | 109.0% |  | 149.3% |  | 237.6% |  | 147.9% |  | 132.4% |  |
| NCA |  | 3,487 | 3.6% | 6,387 | 5.5% | 10,467 | 7.4% | 13,847 | 7.4% | 18,747 | 8.4% | 22,774 | 8.2% |
|  | 前年比 | － |  | 183.2% |  | 163.9% |  | 132.3% |  | 135.4% |  | 121.5% |  |
| LMO |  | 15,830 | 16.1% | 18,280 | 15.7% | 20,770 | 14.7% | 20,860 | 11.1% | 20,880 | 9.3% | 20,950 | 7.5% |
|  | 前年比 | － |  | 115.5% |  | 113.6% |  | 100.4% |  | 100.1% |  | 100.3% |  |
| 合計 |  | 98,096 | 100.0% | 116,783 | 100.0% | 141,517 | 100.0% | 188,248 | 100.0% | 223,437 | 100.0% | 278,618 | 100.0% |
|  | 前年比 | － |  | 119.0% |  | 121.2% |  | 133.0% |  | 118.7% |  | 124.7% |  |

（矢野経済研究所推計）

る。米テスラモーターズは2017年末より「モデル3」の上市を予定しており，正極材には引き続きNCAが使用されると見られる。なお，住友金属鉱山以外では韓国エコプロが日系大手セルメーカー，韓国セルメーカー向けにNCAの出荷を伸ばしている。

　LMOは2015年の出荷数量が前年比ほぼ横ばいで推移したと推計する。これまで大きな牽引役の1つとなっていた日産自動車「LEAF」は2015年末に発表した30kWhモデルからNCMをメインに採用したセルへの切り替えを行っている。日産自動車「LEAF」以外にもNCMの混合用途としてのLMOを採用している車載用セルも見られるが，電動航続距離の延長に向けセルの高容量化を進める流れの中でLMO使用量は今後徐々に減っていく流れにあると見られる。また，民生小型セルにおいてもLMO需要を大きく牽引するような動きは見られない。

　一方，今後中国xEV市場においてNCMの採用が増えてくれば，混合用途としてのLMO需要が新たに発生する可能性も考えられる。以上のような背景から2016年以降，LMOは前年比微増で推移すると予測する。なお，E-バス向けのセルは政府方針により2016年に入りLFPセルへ大きくシフトしたが，今後の政策動向次第でE-バス向けセルでNCM需要が伸びれば，混合用途としてのLMOニーズに繋がり，LMOの出荷数量の成長率は予測値を上回る形で推移する可能性もある。

## 5　負極材

　2015年における負極材の世界市場規模は出荷数量ベースで前年比130.3％の10万3,479tであったと推計する。2015年は中国xEV市場の急拡大を受け，車載用セル向けの需要が大きく伸びた点が市場全体の牽引役となっている。

　負極材市場の主役は引き続き黒鉛系負極材であり，構成比で95％以上を占める。弊社推計では2012年以降，人造黒鉛が天然黒鉛を上回る数量で推移しており，年々その差は広がる流れに

第 24 章　リチウムイオン電池及び部材市場の現状と将来展望

ある。2014～2015 年にかけて大きな成長を見せている中国の車載用セルではサイクル特性面から人造黒鉛が好まれており，民生小型セル市場ではスマートフォンをはじめラミネートタイプセルのニーズの高まりから，膨張の懸念の少ない人造黒鉛の需要が増える傾向にある。このような背景から 2016～2017 年にかけても人造黒鉛市場は高い成長率を維持すると予測する。

　カーボン系負極材は容量面で黒鉛系負極材に劣るものの，サイクル特性，入出力特性に優れるため，HEV や一部の PHEV 用セルでの採用が進んでいる。2015 年は HEV 市場が前年比縮小で推移したことを背景に，カーボン系負極材市場も前年に届かない出荷数量であったと推計する。2016 年以降は再び持ち直す見込みだが，カーボン系負極材市場は当初想定された程の規模には至っておらず，主要アプリケーションの HEV 用セルが EV 用セルとの比較で小容量である点を含め，今後も需要量が大きく伸びる要因は今のところ見当たらない。需要が停滞する中，主要プレーヤーが戦略の見直しを余儀なくされている状況にある。

　酸化物系負極材（LTO）はこれまで東芝の SCiB での採用がメインであったが，新たに中国の電動バス向けセルでの需要が立ち上がり，市場規模は拡大傾向に有る。電動バス以外ではマイルド HEV 用セルや ESS 用セルでの需要も注目されており，LTO プレーヤーも徐々に増加傾向にある中で 2017 年に向けて LTO 市場は引き続き伸びて行くと予測する。

　金属・合金系負極材は，従来スマートフォン向けの高容量セル等，民生小型セルの一部のセルでの採用（混合用途として黒鉛系負極材に数％添加）に留まっていたが，テスラモーターズのモデル S に供給されている Panasonic の 18650 セルに使用され，他の負極材に比べ規模は小さいものの，モデル S の販売増と共に出荷数量は伸びる傾向にある。

表 5　LiB 負極材　世界市場規模　材料別推移（数量：2012 年実績～2017 年予測）

（単位：t）

| | 2012 年 | | 2013 年 | | 2014 年 | | 2015 年 | | 2016 年（見込） | | 2017 年（予測） | |
|---|---|---|---|---|---|---|---|---|---|---|---|---|
| | | 構成比 | | 構成比 | | 構成比 | | 構成比 | | 構成比 | | 構成比 |
| 天然黒鉛 | 25,508 | 48.9% | 29,230 | 46.5% | 34,740 | 43.8% | 40,680 | 39.3% | 45,230 | 35.7% | 53,820 | 32.6% |
| 前年比 | - | | 114.6% | | 118.9% | | 117.1% | | 111.2% | | 119.0% | |
| 人造黒鉛 | 25,770 | 49.4% | 32,498 | 51.7% | 42,740 | 53.8% | 60,270 | 58.2% | 78,450 | 61.9% | 107,630 | 65.2% |
| 前年比 | - | | 126.1% | | 131.5% | | 141.0% | | 130.2% | | 137.2% | |
| カーボン系（HC＋SC） | 600 | 1.1% | 660 | 1.0% | 785 | 1.0% | 747 | 0.7% | 820 | 0.6% | 885 | 0.5% |
| 前年比 | - | | 110.0% | | 118.9% | | 95.2% | | 109.8% | | 107.9% | |
| 酸化物系負極材（LTO） | 300 | 0.6% | 414 | 0.7% | 1,029 | 1.3% | 1,621 | 1.6% | 1,895 | 1.5% | 2,263 | 1.4% |
| 前年比 | - | | 138.0% | | 248.7% | | 157.5% | | 116.9% | | 119.4% | |
| 金属・合金系 | 12 | 0.0% | 77 | 0.1% | 103 | 0.1% | 161 | 0.2% | 290 | 0.2% | 603 | 0.4% |
| 前年比 | - | | 657.5% | | 134.5% | | 155.6% | | 180.1% | | 207.9% | |
| 合計 | 52,190 | 100.0% | 62,879 | 100.0% | 79,398 | 100.0% | 103,479 | 100.0% | 126,685 | 100.0% | 165,201 | 100.0% |
| 前年比 | - | | 120.5% | | 126.3% | | 130.3% | | 122.4% | | 130.4% | |

（矢野経済研究所推計）

## 6 電解液

2015年，出荷数量ベースでの電解液の世界市場規模は，前年比150.2％の9万7,850tで推移したと推計する。

LiB市場では成長率に鈍化が見られる民生小型セル向けに代わり，車載用セル向けが大きな伸びを見せている。車載用セル向けでは特にxEV市場の急成長を背景に中国において需要が急増しており，中国ローカル電解液メーカーが市場ニーズに対応すべく能力増強を推進している。従来，中国電解液メーカーは民生小型セル向けを対象にコストパフォーマンスを強みに出荷を伸ばしてきたが，車載用セル向けではサイクル特性，安全性等の性能面がより重視される傾向にあるため，中国ローカルの電解液メーカーは車載用セル向けの添加剤開発にも注力する姿勢を見せている。

2016年以降も中国を中心に車載用セル市場は成長を維持し，電解液市場の牽引役になると見られる。2017年からは北米や欧州での排ガス規制強化の動きに向けて，日欧米の自動車メーカー各社がxEVの新モデルの市場投入を予定しており，車載用セル市場は引き続き活発化する方向にあると見られる。これらを背景に2017年，数量ベースでの電解液の市場規模は18万5,390tになると予測する。

## 7 セパレーター

2015年のセパレーター市場規模は出荷数量ベースで14億4,547万$m^2$であったと推計する。数量ベースでは前年比143.7％で推移しており，背景には中国xEV市場の急成長が挙げられる。中国政府の積極的な政策（補助金制度）を追い風に，中国では乗用車xEV，商用車xEV（主に電動バス）共に2015年で急拡大しており，生産台数ベースでは37万9,000台（中国工業情報化部発表）となっている。

2016年は中大型セル向けが引き続きxEVを牽引役に伸びを見せ，セパレーター市場は前年比117.0％（出荷数量ベース）で推移する見込み。民生小型セル市場は成長率鈍化が見られるも引き続きスマートフォン市場が牽引役になると見られ，今後はミドル～ローエンドモデルの伸びが注目されている。中国市場ではHuawei，OPPOなどのローカルメーカーがiPhoneユーザーの取り込みを狙い，高価格帯セグメントでの製品展開にも注力する姿勢を見せている。ハイエンド機種に関しては，次期iPhoneモデルの動向が注目される。全般的な端末トレンドはデザイン性重視の観点から薄型化がキーワードの1つとなっている。一方，「ポケモンGO」のようなARを利用したゲーム，サービスの今後の展開状況にも依存するが，駆動時間の更なる延長に対するニーズは引き続き高まることも想定され，セルのエネルギー密度は今後も高まる傾向にあると見られる。セルが薄型化，高容量化に向かう中，安全性確保のためにセラミックを用いたコーティングセパレーターに対するニーズが今後スマートフォンにおいて高まると見られる。

第24章　リチウムイオン電池及び部材市場の現状と将来展望

車載用セルにおいても，PHEV，EV向けセルで電動走行距離の延長を目指した高容量化が引き続きテーマとなっている。成長著しい中国市場では足元に置いてLFP採用のセルが多いが，乗用車xEVを中心に徐々にNCMにシフトしていく流れが見られ，安全性確保の観点からコーティングセパレーターへの注目度が高まる傾向にある。

民生小型セルも車載用セルも更なる高容量化に向け，セパレーターは引き続き薄膜化が求められており，共にコーティングセパレーターのニーズは今後高まる方向にあると見られる。

セパレーターメーカー各社はコーティングセパレーターへの取り組みを強化しているが，セパレーターのベースフィルム，コーティング層が徐々に薄くなる流れの中，部材コストや歩留まり面でのコストアップがセパレーターメーカーの課題となっている。「より薄くしながらも安全性を担保する」という，本来であれば高付加価値提案を行うことで価格のアップ，もしくは価格維持を目指したいところであるが，電池部材の中でコスト比率が高く，容量に寄与しないセパレーターは価格を下げることがセルメーカーから要望されており，セパレーターメーカーにとっては厳しい状況にあると見られる。

業界内における動きとしては，これまで自社でコーティングを手掛けてきたLG化学が2015年にコーティングラインを東レバッテリーセパレーターフィルムに売却している（LGグループ内には別途セパレーター用のコーティングラインが残されている様子）。これまで高容量セルの製品開発競争のスピードアップ化を目的に内製を行ってきたLG化学だが，今後は外部調達に徐々に切り替えることによるコストダウンを視野に入れていると見られる。

一方，中国では外部委託によるコートが多く見られる。具体的にはセルメーカーがコーティン

表6　LiBセパレーター　民生小型・中大型（車載・ESS）別　コーティング比率　世界市場規模推移
（数量：2012年～2017年予測）

(単位：千m²)

| | | 2012年 | | 2013年 | | 2014年 | | 2015年 | | 2016年（見込） | | 2017年（予測） | |
|---|---|---|---|---|---|---|---|---|---|---|---|---|---|
| | | | 構成比 | | 構成比 | | 構成比 | | 構成比 | | 構成比 | | 構成比 |
| 民生小型 | コーティング有り | 123,312 | 22.9% | 148,602 | 25.0% | 18,901 | 28.0% | 217,030 | 30.0% | 211,600 | 27.2% | 224,670 | 25.6% |
| | コーティング無し | 415,381 | 77.1% | 446,175 | 75.0% | 488,030 | 72.0% | 506,841 | 70.0% | 567,178 | 72.8% | 653,530 | 74.4% |
| | 小計 | 538,693 | 100.0% | 594,777 | 100.0% | 677,931 | 100.0% | 723,871 | 100.0% | 778,778 | 100.0% | 878,200 | 100.0% |
| | 前年比 | − | | 110.4% | | 114.0% | | 106.8% | | 107.6% | | 112.8% | |
| | 湿式構成比率 | 64.5% | | 64.6% | | 73.6% | | 73.6% | | 74.2% | | 76.1% | |
| | 乾式構成比率 | 35.5% | | 35.4% | | 26.4% | | 26.4% | | 25.8% | | 23.9% | |
| 中大型（車載・ESS） | コーティング有り | 14,087 | 9.5% | 31,742 | 16.3% | 68,982 | 21.0% | 192,634 | 26.7% | 234,520 | 25.7% | 302,608 | 24.6% |
| | コーティング無し | 133,861 | 90.5% | 163,111 | 83.7% | 259,137 | 79.0% | 528,965 | 73.3% | 677,962 | 74.3% | 926,092 | 75.4% |
| | 小計 | 147,948 | 100.0% | 194,853 | 100.0% | 328,119 | 100.0% | 721,599 | 100.0% | 912,482 | 25.7% | 1,228,700 | 100.0% |
| | 前年比 | − | | 131.7% | | 168.4% | | 219.9% | | 126.5% | | 134.7% | |
| | 湿式構成比率 | 22.9% | | 25.5% | | 23.8% | | 16.6% | | 27.7% | | 32.7% | |
| | 乾式構成比率 | 77.1% | | 74.5% | | 76.2% | | 83.4% | | 72.3% | | 67.3% | |
| 総計 | | 686,641 | 100.0% | 789,630 | 100.0% | 1,006,050 | 100.0% | 1,445,470 | 100.0% | 1,691,260 | 100.0% | 2,106,900 | 100.0% |

＊コーティング有りはセパレーターメーカー出荷分＋セルメーカー内製分を含む　　　　　　　　　　　　　　　　（矢野経済研究所推計）
＊Tesla採用のPanasonic製18650セル向けアラミドコートセパレータは中大型（車載/ESS），湿式でカウント
＊不織布セパレーターは乾式でカウント

グレスのセパレーターを調達し，コーティングのみを別途外部に委託する流れになっている。セパレーターメーカーからコーティングセパレーターとして購入するよりも，コーティングレスセパレーターの料金＋コーティング委託料の方が安いという点が背景にあるようだ。

　セパレーターメーカーはコストダウンの実現に向け，生産能力の拡大や生産工程の最適化，コーティング材料の開発等，多面的な取り組みを推進している。上記のように「より良いものを提案しながらも価格を下げることが求められる」という厳しい状況にあるが，xEV市場の拡大に向けて電池コストの継続的な低減がOEMメーカーからセルメーカーに要求されている中，セパレーターメーカーは将来の生き残りをかけて取り組まざるを得ない状況にあると見られる。

## 8　LiB用主要四部材国別動向

　各部材において中国企業の存在感が引き続き高まる傾向にある。2014年までは日韓LiBメーカー側がコストパフォーマンスの向上を図るべく，安価な中国製部材の採用を拡大している点が要因の1つとなっていたが，2015年以降は中国xEV市場の拡大を背景に中国内需が大きく伸びた点が中国企業の更なるプレゼンス向上に繋がったと見られる。中国xEV市場におけるセル，主要四部材のサプライ状況に目を向けると，中国政府の意向もあり足元ではローカルのセルメーカー，部材メーカーがメインとなっている。中国部材メーカーの中には2015年で中国セルメーカー向けの供給比率が一気に高まったプレーヤーも見られる。

　かつて主要四部材市場で高いプレゼンスを有していた日本は，内需拡大を受けた中国に押され，年々シェアを低下させている。中国xEV市場拡大の恩恵を受けられていない背景には中国政府の補助金政策の動向もあるが，日系部材メーカーには従来の日韓セルメーカーへの供給に引き続き注力する姿勢や，中国セルメーカー向けでも組むべきパートナーを慎重に見定める姿勢が見られる。今後に向けて，直近の1～2年は中国の補助金政策に依存するところが大きいが，中国政府はローカル部材メーカーの育成を目標の1つとして掲げており，日韓セルメーカーへの供給実績を有する中国部材メーカーも既に存在しているため，ハイエンド領域狙いの参戦も部材によっては決して楽ではないと見られる。補助金政策次第で中国xEV市場における日韓セルメーカーの存在感が増せば，日系部材メーカーの出荷増に繋がる可能性もあるが，先行きについては不透明感が拭えない。中国市場以外では，2017～2018年にかけて北米や欧州での排ガス規制実施により日欧米の自動車メーカー各社から新規xEV車種の上市が予定されており，日韓セルメーカーに紐づく形で日系部材メーカーの需要増に繋がる可能性があると考える。

　韓国の場合，セパレーターでは小幅シェアアップの動きが見られるものの，正極材，負極材，電解液市場ではプレゼンスの低下が続いている。セパレーターはSKイノベーションが中国セルメーカー向けの供給増を実現しているが，他の部材は引き続き韓国セルメーカー向けがメインになっていると見られる。上記日系企業と同様に中国xEV市場向けに関しては先行きについては不透明感が拭えず，中国市場以外に関しては2017～2018年での需要増の可能性があると考える。

第 24 章　リチウムイオン電池及び部材市場の現状と将来展望

表7　LiB 主要四部材　世界市場規模　国別シェア推移（数量：2013年～2015年）

（単位：%）

|  | 正極材 | | | 負極材 | | | 電解液 | | | セパレーター | | |
|---|---|---|---|---|---|---|---|---|---|---|---|---|
|  | 2013年 | 2014年 | 2015年 | 2013年 | 2014年 | 2015年 | 2013年 | 2014年 | 2015年 | 2013年 | 2014年 | 2015年 |
| 日本 | 25.1% | 25.0% | 18.8% | 29.1% | 26.5% | 22.0% | 22.9% | 22.7% | 19.0% | 39.0% | 35.7% | 31.4% |
| 中国 | 53.3% | 55.0% | 62.6% | 68.6% | 70.2% | 75.2% | 64.0% | 66.5% | 75.3% | 31.4% | 37.2% | 44.8% |
| 韓国 | 11.0% | 9.3% | 8.0% | 1.0% | 2.3% | 1.9% | 13.1% | 10.7% | 5.7% | 15.7% | 16.1% | 16.2% |
| その他 | 10.5% | 10.7% | 10.5% | 1.3% | 1.1% | 0.9% | － | － | － | 13.9% | 11.0% | 7.6% |
| 合計 | 100.0% | 100.0% | 100.0% | 100.0% | 100.0% | 100.0% | 100.0% | 100.0% | 100.0% | 100.0% | 100.0% | 100.0% |

（矢野経済研究所推計）

## 9　今後の展望

　ここまで車載用 LiB，主要四部材，そして部材の国別動向を見てきた。各国・地域の排ガス規制対策もあり，xEV の市場自体は拡大傾向にある。ただ，問題は自動車メーカー，そして関連業界の期待通りに成長するかどうかである。

　xEV を見てみると，現状でも価格，走行距離，充電インフラ，充電時間など，xEV 発展の障害となっている課題は解決されたとは言い難い。走行距離については 300 km 以上の車種が出始め，充電インフラも整いつつある。しかし，特に価格に関しては HEV でさえ通常のガソリン車と比較して 50 万円以上の差があり，経済的観点で言えばメリットはない。簡単に言ってしまえばビジネスとしては成り立ち難い。

　排ガス規制対策により各自動車メーカーは決まった数の xEV を販売していく必要があるが，消費者にとって魅力的な製品でなければ，幾らラインナップを増やしたとしても無駄であろう。そうなると，政策が必要となってくる。中国や欧州などでは潤沢な補助金政策があるが，永遠に続く訳ではない。また，排ガス規制に伴って xEV の購入を促すような政策についてはまだ各国・地域からなされていない。その場合，xEV 自体の車体価格を下げざるを得ない。

　LiB セルメーカーや部材メーカーは常に低価格化要求を受けている。しかし，現状の補助金政策で潤っている中国企業を除き，この産業で十分な利益を得られている企業は少ない。利益が十分でない中，価格を下げながら性能を上げていくことに無理はないのだろうか。一方で xEV 市場の拡大に期待し，多くの企業が生産能力の増設に走っている状況である。ここに，この市場の難しさが見える。

　現状，xEV 市場の拡大に向け，各企業とも生産能力を拡大させている。最たる市場は中国である。補助金政策により多くの企業が参入し，需要を満たすために設備投資を続けている。しかし，中国では 2020 年に補助金政策が終了する。その時点ではある程度普及価格になっているであろうとの読みであるが，上述の通り，実際には難しいであろう。中国市場の成長が停滞すると予測される。

　その段階で何が起きるか？2020 年には中国で 500 万台のエコカー（PHEV，EV）の普及を目

標にしている。現状，500万台の普及は難しいと思われるが，仮に300万台としても相当の実績である。つまり，その間，様々な試行錯誤を続け曲がりなりにも中国では車載用LiB及びLiB部材で300万台分の経験値を積むことが出来る。そうした「そこそこのレベル」の中国製のLiB，部材が中国外の成長を求め，中国外に出てくることが予想される。

　一方，欧米では主要自動車会社が環境規制対策で続々とxEVのラインナップを充実させつつあり，大きな需要が期待されている。しかし，上述のように現状ではビジネスとして進めていくには価格が高く，環境政策として進めていくには政策が明らかになっていない。つまり，本当にxEV市場が立ち上がるか，まだ不透明である。

　そうした中，中国企業が欧米市場に参入してくるだけではなく，LiB，及びLiB部材等を生産しようとする欧米企業が続々と出始めている。彼らはxEVの本格普及期には製品が不足するとの考えの下，大きな設備投資計画を進めている。

　中国企業の製品だけではなく，欧米企業の製品も出始め，市場は過剰供給状況となり，LiBバブルが弾けるリスクが高まっている。

　企業に求められるのは，自社の企業規模，身の丈を判断しつつ，自社の強みを発揮できる領域を探すべきであろう。自助努力で自ら成長でき，かつビジネスを行う際にはサプライチェーン全体で将来ビジョンを共有できるパートナーを見つけるべきであろう。そして，「ハマる」分野で健全な発展ができる道，量ではなく質を求められる道を探すべきと考える。生き残りに向けた近年のビジネスモデルには，大手企業同士による安定供給体制構築を狙った垂直統合も一つの流れとしてある。詳細は省くが，高エネルギー密度だけを目指すのではなく，サイクル特性，急速充電等の特性を向上させ，商用車において自動運転と組み合わせた商品モデルも目指すべき方向の一つかも知れない。

　2020年以降を見据えた慎重な判断が，この業界には求められていると考える。

## 車載用リチウムイオン電池の高安全・評価技術

2017年4月28日　第1刷発行

| | | |
|---|---|---|
| 監　　修 | 吉野　彰，佐藤　登 | (T1044) |
| 発行者 | 辻　賢司 | |
| 発行所 | 株式会社シーエムシー出版 | |
| | 東京都千代田区神田錦町1-17-1 | |
| | 電話 03(3293)7066 | |
| | 大阪市中央区内平野町1-3-12 | |
| | 電話 06(4794)8234 | |
| | http://www.cmcbooks.co.jp/ | |
| 編集担当 | 吉倉広志／廣澤　文／山岡房子 | |

〔印刷　倉敷印刷株式会社〕　　　　　Ⓒ A. Yoshino, N. Sato, 2017

落丁・乱丁本はお取替えいたします。

本書の内容の一部あるいは全部を無断で複写（コピー）することは，法律で認められた場合を除き，著作者および出版社の権利の侵害になります。

ISBN978-4-7813-1242-2　C3054　¥80000E